普通高等教育"十三五"规划教材（计算机专业群）

数据库原理与技术（第三版）
实验指导

主　编　程传庆

中国水利水电出版社
www.waterpub.com.cn
·北京·

内 容 提 要

本书是与数据库课程理论教学配套使用的实验教材，全面回顾理论教学内容，配合课堂教学系统地组织上机操作，通过实践加深对基本知识的认识和理解，并学会应用，培养动手能力。本书从 SQL Server 可视化操作的实验入门，再设计系列验证性实验，为了更深入地学习与掌握数据库基本原理、基本概念，设计了一套实验工具软件，辅助提高实验教学的效果；对数据库数据文件进行解剖，使读者能感性地认识不同类型数据的顺序存储与随机存储方式、数据类型及其意义、数据库对文件管理的不同及优点；辅助生成 SQL 语句程序，帮助读者加深对语句的理解，学习语句的设计方法；管理信息系统软件生产线及软部件库帮助读者了解数据库的用途和应用系统的构成，学习应用系统设计方法；数据挖掘原理实验程序帮助读者了解数据挖掘原理，用分步操作深入学习数据挖掘的基本方法；所有自编软件基于 Java 开发，可在 Windows 系统、SQL Server 2005 到 SQL Server 2016 环境中运行，无需任何程序设计语言基础都能掌握和使用。

本书可作为高等院校本专科及在职职工学习数据库理论与技术的辅助教材，也可供研究生和从事计算机工作的科技工作者学习参考。

本书配有电子教案，读者可以从万水书苑以及中国水利水电出版社网站下载，网址为：http://www.wsbookshow.com 和 http://www.waterpub.com.cn/softdown/。

图书在版编目（ＣＩＰ）数据

数据库原理与技术（第三版）实验指导 / 程传庆主编. -- 北京：中国水利水电出版社，2018.1
普通高等教育"十三五"规划教材. 计算机专业群
ISBN 978-7-5170-6215-8

Ⅰ. ①数… Ⅱ. ①程… Ⅲ. ①关系数据库系统－实验－高等学校－教材 Ⅳ. ①TP311.132.3-33

中国版本图书馆CIP数据核字(2017)第326343号

策划编辑：石永峰　　责任编辑：封裕　　加工编辑：高双春　　封面设计：宇住

书　　名	普通高等教育"十三五"规划教材（计算机专业群） 数据库原理与技术（第三版）实验指导 SHUJUKU YUANLI YU JISHU（DI-SAN BAN）SHIYAN ZHIDAO
作　　者	主　编　程传庆
出版发行	中国水利水电出版社 （北京市海淀区玉渊潭南路 1 号 D 座　100038） 网址：www.waterpub.com.cn E-mail: mchannel@263.net（万水） 　　　　sales@waterpub.com.cn 电话：(010) 68367658（营销中心）、82562819（万水）
经　　售	全国各地新华书店和相关出版物销售网点
排　　版	北京万水电子信息有限公司
印　　刷	三河市铭浩彩色印装有限公司
规　　格	184mm×260mm　16 开本　15 印张　370 千字
版　　次	2018 年 1 月第 1 版　2018 年 1 月第 1 次印刷
印　　数	0001—3000 册
定　　价	40.00 元（赠 1DVD）

凡购买我社图书，如有缺页、倒页、脱页的，本社营销中心负责调换

前　　言

　　数据库是设计与建立管理信息系统的主要支撑，而管理信息系统是计算机应用最主要的内容之一。学习数据库的目的，除了学习其思想、方法之外，还要掌握在管理信息系统中应用它的技术与方法。要学好数据库，除了学好数据库的基本理论、基本知识与基本方法外，还必须联系实际深入进行。数据库是一门实践性很强的课程，孤立地讲述数据库的概念、方法与技术会大大降低这门课程的价值，会使其理论变得枯燥无味和难以理解，会出现理论与实践相脱离的弊病。只有通过实验与社会实践，才能真正掌握数据库的基本知识与技能。本书总结我们长期开发应用系统的实践经验，并将2001年起开始研究的软部件技术用于教学，内容详实丰富、高度创新、紧密联系实际，能大大提高数据库课程教学质量，希望帮助读者了解数据库、学会管理信息系统的开发与维护。

　　对于初次接触计算机的读者来说，数据存储、顺序与随机结构、数据模式、视图与索引、数据类型、数据冗余与数据一致性、数据共享等都是十分抽象的内容，通过解剖一个数据库的数据文件可以切身感受数据库数据独立性、关系表结构、数据库特色、数据存储等概念，加深对数据库的理解。本书设计了以二进制方式读取数据库数据文件的程序，可以让读者进行数据库数据文件分析的实验。该程序还能解剖纯文本文件和Excel文件，通过比较同样数据在不同文件中存放的情况了解数据库和文本文件保存数据的相同和不同之处，深入认识数据库的优点。

　　初学数据库的读者比较容易接受的是数据库可视化操作，对于既是重点又是难点的SQL语句普遍感到困难。本实验手册设计了辅助生成SQL语句程序，包括辅助生成定义数据表结构、修改数据结构、查询数据、数据维护等语句，使读者能更好地了解SQL语句的结构与设计方法，切实掌握SQL语言程序设计方法。

　　学习数据库的目的是应用数据库，掌握数据库应用系统设计技能既能帮助读者深入掌握数据库的基本知识，又能理论联系实际，学会应用系统设计方法，理解学习数据库的意义，了解应用系统的需求与一些基本知识。可以由管理信息系统的需求反过来分析其对数据库技术的要求；通过管理信息系统的设计掌握开发数据库应用系统的技术与方法；从管理信息系统的构成理解数据库的组成与结构；根据管理信息系统的发展考虑数据库理论与技术的变革方向；根据所设计的应用系统在应用中的表现分析与检验所设计的数据库结构的正确性等。近年来，曾一度对我国数据库教学产生极大影响的VFP数据库系统逐渐淡出舞台，有些学校改用实际中用得特别多的SQL Server或Oracle数据库管理系统组织教学，但一般都不再介绍设计数据库应用系统的有关知识和技术。本书设计了独具特色的基于Java开发的软部件库、数据库桌面系统和软件生产线，使读者无需掌握任何编程语言、无需具有任何编码基础就能进行操作数据库、开发应用系统的实验，使数据库实践环节的教学顺利进行。

　　管理信息系统软部件是应用系统中由类和对象组合而成的、集成了多项功能、可以表现多种性能的具有自适应与即插即用特性的通用程序模块，只需输入必要的参数就可以让一个部件程序选择并表现某种具体功能与特殊性能。软件生产线系统提供面向系统建模程序，运行该程序可以建立应用系统模型，只要在建模过程中根据提示输入必要的参数就能在以分钟计的极短时间里搭建一个局域网上的功能比较齐全的管理系统。这个系统可拥有丰富易操作的界面、充分满足用户需要的功能和良好的性能，包括各种数据录入与维护的程序、满足各种需要的查询程序和数据处理程序、各种数据导入或导出程序、多种打印与图形输出程序。将之用于数据库教学，可以不要求学习任何开发语言、不懂程序代码的语法与句法，只要求安装 Java 系统软件 jdk 6.0 和 SQL Server 数据库（SQL Server 2014 及之前版本，也可用 Oracle、MySQL、Access、DB2、达梦等数据库），对应用系统需求进行分析，可以让学生结合数据库设计的实际开发应用系统，通过实践更好地理解和掌握数据库的理论与方法，让学生深入且具体地联系应用系统需求，认识数据冗余、共享、数据独立性、各类数据完整性及数据完整性保护、关键字、视图、数据安全、SQL 语言及其应用、数据表结构及其对系统设计的影响、字典表与数据整合、代码表、派生数据及其处理等基本概念、基本理论和基本方法，掌握数据库系统设计方法，大大提高数据库学习质量与动手能力。

软件生产线技术具有实用价值，随着其技术的发展，能大大提高应用系统设计效率、降低开发成本、提高设计质量、降低维护成本，一般企业管理者将能自己进行应用系统的维护；在管理信息系统建设时，参与原始代码设计的人员将减少，大部分开发人员的主要工作将集中到数据库设计、应用系统结构研究、系统扩展与维护等工作上来，促使数据库应用范围不断扩展。我们目前的研究还处于早期阶段，缺点与错误在所难免，希望广大读者多提宝贵意见。随书发行的光盘中包括全部实验工具程序：辅助生成 SQL 语句程序、管理信息系统软件生产线、数据挖掘实验程序等，为保证所有实验能顺利运行，附加了所有数据文件，其中数据库除附有数据文件和日志文件外，还附有备份文件，考虑到读者环境的不同，另外附加生成数据表与录入数据的 SQL 程序，如果因为版本原因无法恢复数据库，可以将程序拷贝到 SQL Server 查询窗口执行，生成实验所需要的数据表和数据。

本书由程传庆主编，由程学先提供技术支持。参加前期版本编写及软件设计的还有程传慧、曾玲、杨晓艳、童亚拉、方林、夏星、李振立、林姗、刘伟、朗显波、赵岚、肖横艳、龚晓明、王富强、陈义、郑秋华、陈永辉、史涵、刘玲玲、熊晓菁、周金松、祝苏薇、王嘉、谌章恒、张军、赵普、高霞、钱涛、张俊、李珺、张慧萍、顾梦霞、贺红艳、罗红芳、陈小娟、齐赛、聂志恒、王玉民、龚文义等，在此一并表示感谢。

编者

2017 年 11 月

目 录

实验 1   SQL Server 2014 可视化操作实验入门

1.1   实验目的

（1）认识数据库管理系统，了解关系数据库构成。

（2）能使用可视化方式创建和修改数据库。

（3）能使用可视化方式创建数据表，修改表的结构。

（4）能使用可视化方式向表中插入数据，修改表中的记录值。

（5）掌握使用可视化方式进行数据备份与恢复的方法。

1.2   预备知识

（1）SQL Server 是目前使用比较多的一种中等规模的数据库管理系统，提供数据定义和映射、数据操纵、数据库运行控制、数据库的建立和维护、数据组织与存储和管理、程序设计语言等功能。

（2）SQL Server 的管理工具包括管理工作平台（Management Studio）（对象资源管理器）、分析服务工具、集成服务工具、商业智能开发工作平台、配置工具、性能工具等，如图 1.1 所示。对象资源管理器以树形结构显示并管理所有 SQL Server 对象，包括数据库、表、视图、存储过程、触发器、规则、创建与管理用户账号和角色、用户定义的数据类型和函数、数据转换、服务器备份与链接、定义报表、备份与恢复、安全性管理、分布式事务处理、数据库邮件、SQL Server 日志等内容。可以利用它进行建库、建表、建立视图、建立存储过程、建立触发器等常规操作。

（3）SQL Server 的数据库建在服务器上，可以建立服务器组对数据库实例进行分类管理。

（4）SQL Server 数据库中数据及有关数据库结构定义、数据表结构定义、视图定义、索引定义等都存放在数据文件上，其扩展名为.mdf；可以有次数据文件，扩展名为.ndf；为保证数据安全与稳定，利用日志文件记录有关操作情况，其扩展名为.ldf。

（5）定义数据库时要求定义数据文件的初始大小、最大大小、增长方式、文件路径与名字，以及日志文件的初始大小、最大大小、增长方式、文件路径与名字。

（6）定义数据表要求定义数据表名、各字段名及其数据类型、最大宽度、是否主键、是否允许空值、数据完整性约束规则。

（7）为保证数据安全，要求经常进行数据备份。SQL Server 数据库数据备份是将数据文件与日志文件转存到备份文件中，备份文件的扩展名为.bak。

（8）如果要复制数据库文件，需要让其数据文件不受数据库管理系统控制，通过"分离"实现。

（9）如果数据库遭到破坏，可以利用对象资源管理器提供的"还原"功能从备份文件恢复数据库，或利用对象资源管理器中所提供的"附加"功能从所复制的数据文件中恢复原备份的数据文件的内容。

图 1.1　选择 SQL Server 2014

1.3　实验范例

正确安装 SQL Server 2014 系统软件（或 SQL Server 2008 之后版本的系统软件）。

1.3.1　可视化方式创建数据库

1. 创建数据库

用可视化方式也就是利用对象资源管理器提供的向导创建 SDatabase 数据库，要求数据文件的初始大小为 5MB，最大大小为 50MB，增长方式为按 10%增长；日志文件的初始大小为 3MB，按 1MB 增长。数据文件存放在 D:\DB 文件夹中。

（1）双击"计算机"图标→双击打开 D 盘（或其他盘）→右键空白处并选择"新建"选项→选择"文件夹"→输入文件夹名，例如 DB，作为保存将生成的数据库有关文件的文件夹。

（2）单击"开始"按钮→选择"所有程序"选项→选择 Microsoft SQL Server 2014 选项→选择 SQL Server 2014 Management Studio 应用程序，如图 1.1 所示。

（3）在弹出的"连接到服务器"对话框中，输入服务器的名字如图 1.2 所示，如果安装数据库系统时关于"安全性"规定的是"SQL Server 身份验证"，则输入"登录名"与"密码"之后单击"连接"按钮；如果规定的是"Windows 身份验证"，则直接单击"连接"按钮，进入 SQL Server 2014 的"对象资源管理器"。

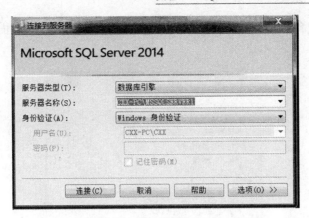

图 1.2　登录选择服务器

（4）右击"数据库"节点，在弹出的快捷菜单中选择"新建数据库"选项，如图 1.3 所示。

图 1.3　可视化新建数据库

在"数据库名称"文本框中输入数据库名称，例如 SDatabase，如图 1.4 所示。

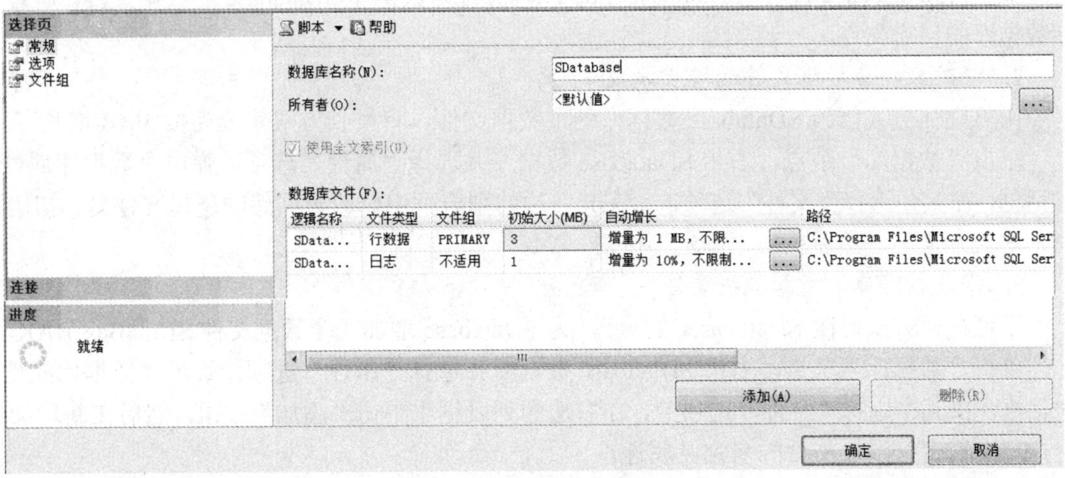

图 1.4　定义数据库名称

数据文件初始的默认大小为 5MB，单击"自动增长"列的内容后面的按钮，弹出如图 1.5 所示的对话框。

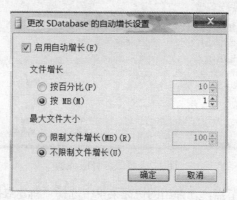

图 1.5　设置增长方式

在该对话框中将文件增长改为"按百分比"。一次增加 10%（默认值），最大文件大小改为"限制文件增长"，数据改为 50。

单击"数据库文件"表 SDatabase 行"路径"列中的按钮，将路径定为"D:\DB"，如图 1.6 所示。

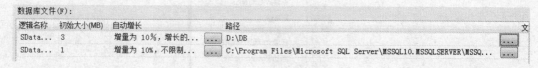

图 1.6　修改数据文件路径

将光标移到日志文件 SDatabase_Log 上，保持初始大小、增长方式不变，路径定为 D:\DB，单击"确定"按钮。

（5）在对象资源管理器中，右击"数据库"节点并选择"刷新"选项，在数据库目录下可见到新建立的数据库 SDatabase。如果进入到系统文件夹 D:\DB 中，可以发现其中新生成了两个文件：SDatabase.mdf 和 SDatabase_Log.ldf，前者为数据库 SDatabase 的数据文件，后者为该数据库的日志文件。

2．修改数据库数据文件的增长方式

用可视化方式修改 SDatabase 数据库的主数据文件，将增长方式修改为按 5MB 增长。

单击"数据库"节点，右击 SDatabase 数据库并选择"属性"选项，弹出"数据库属性"对话框，在其中选择"文件"选项卡，在其右边的列表框中修改数据库的逻辑文件名、初始大小、增长方式等，然后单击"确定"按钮。

3．修改数据库，增加数据文件

用可视化方式修改 SDatabase 数据库，为 SDatabase 增加一个数据文件 SDataBaseBAK。

单击"数据库"节点，右击 SDatabase 数据库并选择"属性"选项，弹出"数据库属性"对话框，在其中选择"文件"选项卡，在右边的列表框中单击"添加"按钮，然后在新增加的空白行中设置新增加文件的名称及属性。

1.3.2　可视化方式创建数据表

创建数据表 Student，假定其中有 Sno 字段，字符类型，数据宽度等于 6；Sname 字段，字符类型，数据宽度等于 12；Age1 字段，整数类型，宽度等于默认值；Sex 字段，字符类型，数据宽度等于 2。

（1）展开数据库 SDatabase 的目录，右击"表"节点，在弹出的快捷菜单中选择"新建表"选项，如图 1.7 所示，在选结构类型弹出框中选择"表"，进入表结构定义对话框（表设计器）。

图 1.7　新建表操作

（2）在表设计器中输入字段名、选择数据类型，如果选择类型后有括号和宽度数字，需要修改表示数据宽度的数字。

依次输入字段名：Sno、Sname、Age1、Sex，每输入一个名字回车后再输下一个。分别选择它们的数据类型 CHAR、NCHAR、INT、CHAR 将 Sno、Sname、Sex 三字段数据类型之后括号内的关于字段宽度的数字分别改为 6、12 和 2；Age 的数据类型设为 INT，即整型，宽度为默认值，不用设置；除 Sno 外均允许 NULL 值，如图 1.8 所示。

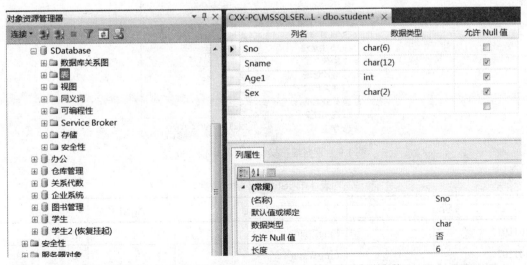

图 1.8　定义字段名、数据类型、宽度、是否允许空值

该操作的意义是：设计一个有四列数据的表，第一列名字为 Sno，该列内数据为学生的学号，其数据类型为 CHAR，表示该列内数据为"字符串"类型，该列内数据最大宽度为 6 字节；第二列名字为 Sname，该列内数据为学生姓名，其数据类型为 NCHAR（UNICODE 类型），列内数据最大宽度为 12 字节，在存放时每个字符占 2 个字符位，全长 24 个字符；第三列名字为 Age1，该列内将填入有关学生年龄的数据，其数据类型为 INT，表示"整数"类型，列内数据宽度等于默认值 4 字节；第四列名字为 Sex，表示该列内数据为学生性别，其数据类型为 CHAR（字符串类型），列内数据最大宽度为 2 字节。记录全长 36 字节。

（3）完毕后单击×关闭表设计器。当问到"保存对以下各项的更改吗"时，回答"是"。之后输入表的名称 Student，单击"确定"按钮。如果在"表"的目录中未见到表 Student，则右击"表"，在弹出的快捷菜单中选择"刷新"选项，将看到新表已经建立。

1.3.3　可视化方式进行数据录入

将表 1.1 中的数据输入到 Studen 表中。

展开表 Student 的目录，右击 dbo.Student 项，在弹出的快捷菜单中选择"编辑前 200 行"选项，如图 1.9 所示，出现表浏览器，按照表 1.1 中的数据情况输入数据，如图 1.10 所示。输入完成后关闭表浏览器。

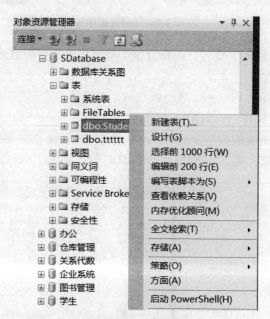

图 1.9　数据维护操作选择编辑前 200 行

表 1.1　Student 初始数据

Sno	Sname	Age1	Sex
201101	PingZhang	21	a1
201102	LingWang	22	a2

CXX-PC.sdatabase - dbo.student			
sno	sname	age1	sex
201101	Ping zhang	21	a1
201102	Ling Wang	22	a2
NULL	*NULL*	*NULL*	*NULL*

图 1.10　按表格将数据输入到表中

1.3.4　分离和附加数据库

1. 分离数据库

将数据库 SDatabase 从数据库管理系统中分离出来。

（1）右击 SDatabase 数据库，在弹出的快捷菜单中选择"任务"→"分离"选项，如图 1.11 所示。

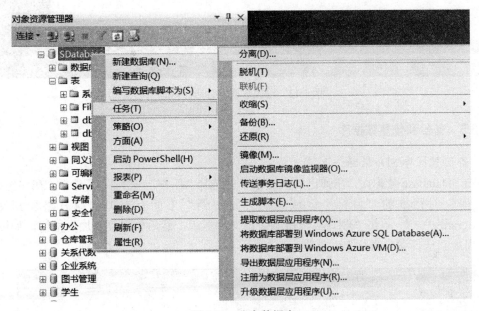

图 1.11　分离数据库

（2）在弹出的分离数据库页面上单击"确定"按钮，实现分离。

如果分离失败，可以尝试关闭 SQL Server 数据库，之后重新登录进入 SQL Server 数据库，进入 SQL Server 对象资源管理器，重做分离。

2. 应用"附加"还原数据库

应用分离出来的数据库文件，利用"附加"功能还原数据库。

（1）右击"数据库"节点，在弹出的快捷菜单中选择"附加"选项，在弹出的"附加数据库"对话框中"要附加的数据库"一栏下面单击"添加"按钮。

（2）在弹出的"定位数据库文件"页面中找到 D:\DB 文件夹，找到 SDatabase.mdf。单击"确定"按钮回到"附加数据库"对话框，其中列出了要附加的数据库的 mdf 数据文件的详细信息和 SDatabase 数据库的详细信息，如图 1.12 所示。单击"确定"按钮，刷新数据库后可看到数据库 SDatabase 已经恢复。

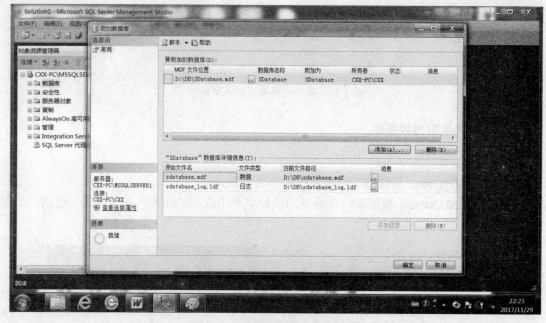

图 1.12　附加数据库对话框界面

1.3.5　备份和恢复数据库

1. 备份数据库 SDatabase

右击 SDatabase 数据库，在弹出的快捷菜单中选择"任务"→"备份"选项，在弹出的"备份数据库"对话框的"目标"区域中的"备份到"下面有虚拟的原有路径和文件名"C:\Program……"，单击"删除"按钮删去该文件标识，然后单击"添加"按钮，如图 1.13 所示，出现"选择备份目标"对话框。

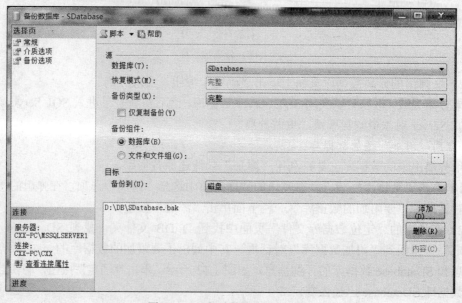

图 1.13　"备份数据库"对话框

可以在"选择备份目标"对话框的文件名文本框中输入目标文件的目录与名称，也可以单击"选择备份目标"对话框"磁盘上的目标"区域中"文件名"右边的 按钮，进入"定位数据库文件"对话框，选择欲存放文件的文件夹，例如 D:\DB 文件夹，在"文件名"文本框中手工输入备份文件名称，例如输入 SDatabase.bak，如图 1.14 所示，单击"确定"按钮，文件名出现在"选择备份目标"对话框的文件名框中，如图 1.15 所示。单击"确定"按钮，文件名出现在"备份数据库"对话框，再单击"确定"按钮，报告备份文件已经成功。

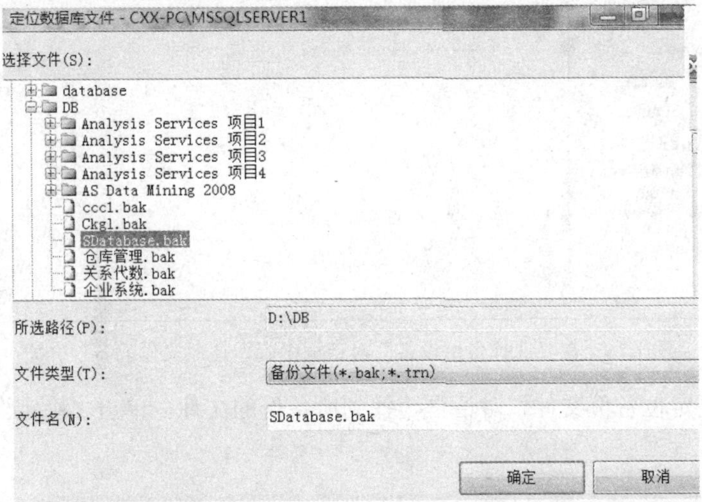

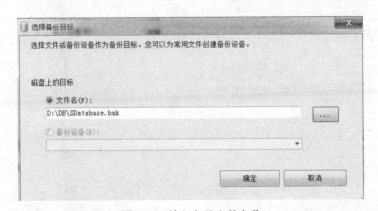

图 1.14　选择文件夹 D:\DB，输入自定义的备份文件名称 SDatabase.bak

图 1.15　输入备份文件名称

在以上操作中，注意所定义的备份目标文件名的扩展名必须为.bak。

2. 还原数据库 SDatabase

（1）如果原来的数据库还存在，需要先分离，并将数据文件与日志文件删除或移到其他文件夹后才能还原。例如，先分离数据库，再进入数据库文件所存放的文件夹，例如 D:\DB，剪切其中数据库数据文件与日志文件（如果要防止"还原"失败，可以将这两个文件更名或复制粘贴到其他地方保存）。

（2）右击"数据库"，选择"还原数据库"选项，进入"还原数据库"对话框，单击"源"中"设备"前的单选按钮，再单击 按钮，进入"选择备份设备"对话框。

（3）"备份介质类型"一栏保持"文本"不变，在"备份介质"一栏中单击"添加"按钮，如图 1.16 所示。

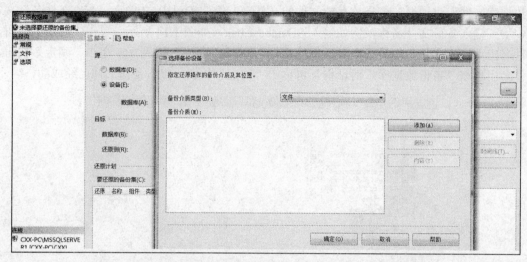

图 1.16　在"选择备份设备"对话框中确定还原操作的备份介质

（4）进入"定位备份文件"对话框，找到所备份的文件，单击"确定"按钮，如图 1.17 所示。

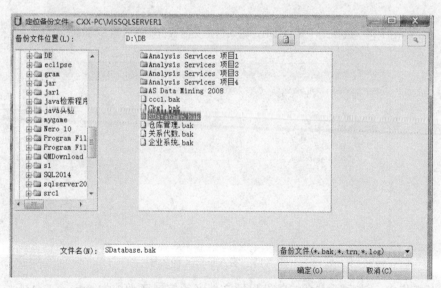

图 1.17　在"定位备份文件"对话框中确定所备份的文件

（5）回到"还原数据库"对话框，在其中可以查看备份时间线、文件有关参数和还原操作的有关数据，如图 1.18 所示。

（6）关闭该对话框，在资源管理器中出现查询编辑器，其中已经自动填写了如下语句：

```
USE [Master]
RESTORE DATABASE [sdatabase] FROM DISK = N'D:\DB\sdatabase.bak'  WITH FILE
= 1,NOUNLOAD,STATS = 5
GO
```

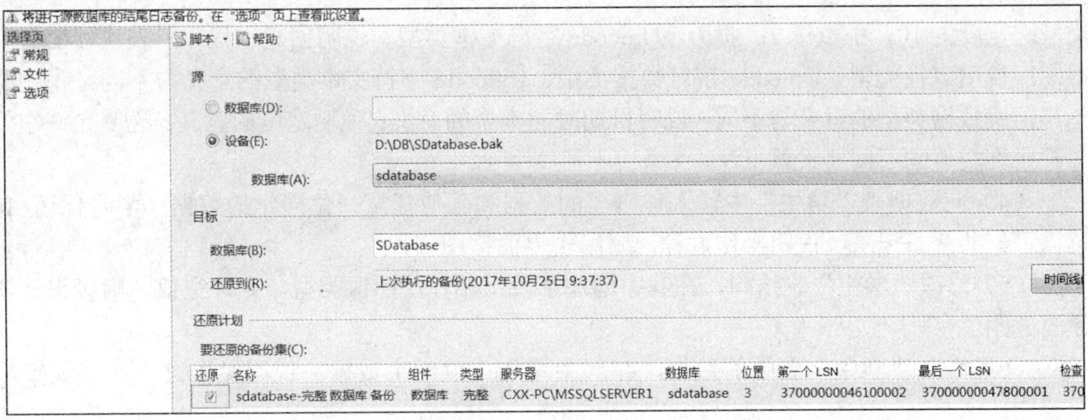

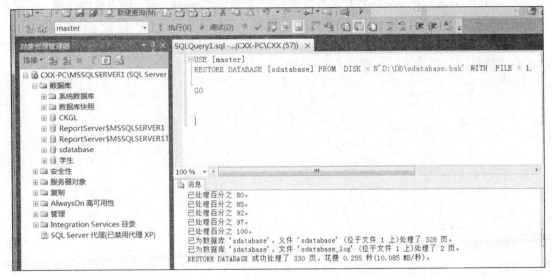

图 1.18　在"还原数据库"对话框中查看有关还原数据

单击工具栏中的"！执行"按钮，数据库 SDatabase 被成功还原，如图 1.19 所示。

图 1.19　在查询编辑器中执行程序完成还原

说明：一般版本在"定位备份文件"对话框中输入了备份的文件名后，单击"确定"按钮就完成还原操作，无需执行程序。

1.4　实验练习

（1）利用对象资源管理器创建 Jxgl 数据库，路径为 D:\Database，初始大小为 5MB，最大大小为 50MB，允许数据库自动增长，增长方式是按 10%比例增长；日志文件初始大小为 2MB，最大可增长到 5MB，按 1MB 增长。说明创建步骤，附"新建数据库"页面截图。

（2）修改 Jxgl 数据库数据文件，将最大大小定为 200MB，说明修改步骤。

（3）在 Jxgl 数据库中创建数据表"学生"。要求包括字段：学号，字符类型，10 字节宽，不允许空值；姓名，Unicode 字符数据类型，宽度为 4，允许空值；出生日期，日期时间类型，允许空值；性别，Unicode 字符数据类型，宽度为 1；成绩排名，整型；平均成绩，精确数据类型，宽度为 10，小数位 2；履历，Unicode 字符文本类型。说明创建过程，附表设计器界面截图；说明字符类型、Unicode 字符数据类型、Unicode 字符文本类型的意义与不同；说明整型与精确数据类型的意义与不同；说明日期时间类型的意义；说明宽度的意义；说明允许空值与不允许空值的不同及设置方法。

（4）向数据表"学生"中输入你自己的数据和其他任意一位同学的数据（学号保留 10 位以下）共两条记录。说明操作过程，附编辑界面截图。

（5）修改"学生"表结构，在其中增加字段：相片，图像类型，允许空值。附表设计器界面截图。

（6）修改"学生"表中的数据，在其中增加一位学生数据。说明操作过程，附编辑界面截图。

（7）备份 Jxgl 数据库，生成 Jxgl.bak 文件，说明操作过程。备份之后，再向"学生"表中录入一条记录。

（8）分离 Jxgl 数据库，将数据文件复制粘贴生成文件 Jxgl1.mdf，说明操作过程。实验并讨论：在做分离之前能否进行复制粘贴操作？说明分离与备份有什么不同。

（9）应用 Jxgl.bak 文件还原 Jxgl 数据库，说明操作过程。报告成功还原数据库后学生表中的数据情况，说明是否存在数据丢失的情况。

实验 2　SQL Server 文件组织分析

2.1　实验目的

（1）进一步掌握数据库分离与附加的概念和方法。

（2）区分数据库中数据结构与数据的概念。

（3）认识数据库的数据存储方式，数据库与文件的不同点在于其存放的内容不仅包括数据，还包括关于数据结构的定义（即数据结构的数据），在 SQL Server 中它们都存放在同一数据文件中。

（4）联系物理文件认识二维表、行、列、记录、字段等概念。

（5）了解数据类型的概念。

（6）了解与区分二进制数据、ASCII 码、Unicode 码。

（7）了解 SQL Server 2014 数据文件是如何存放各种类型数据的。

（8）了解顺序文件结构与随机文件结构的不同特点。

（9）通过解剖纯文本文件和 Excel 文件了解数据库数据文件与文本文件存放数据的相同点和不同点，了解数据库的优点所在。

2.2　预备知识

（1）SQL Server 数据库中数据、数据结构定义、视图、索引定义等都存放在数据文件（.mdf 文件）中，对数据的操作过程存放在日志文件（.ldf 文件）中。数据库较大时，部分数据还存放在附加数据文件（.ndf 文件）中。正常运行时这些文件受 DBMS 保护，不可复制，不能打开。

（2）SQL Server 数据"分离"指让数据文件与 DBMS 分离，数据文件分离后可以复制，可以读取。SQL Server "附加"指应用分离状态的数据文件还原数据库。

（3）数据结构描述的是数据库数据的组成、特性及数据相互间的联系。数据间常见的物理联系有顺序、链表两种方式。关系数据库中顺序存放的数据采取定长存放，链表方式存放的数据可变长存放。数据结构的子集定义数据名字、数据类型、最大宽度，还可加入关于安全管理方面的内容。

（4）SQL Server 数据库为关系数据库，其中数据以二维表格形式组织并存储，每一行称为记录，每一列称为字段。除文本、图像等数据长度变化大的数据外，各字段数据按该字段定义的最大宽度等长存放，实际数据长度超过定义长度的部分会被截掉，不到定义宽度的会补充空格或 0 到定长。数据库数据文件中存放的内容包括对数据结构的定义内容：字段名、字段数据类型、字段最大宽度等。数据类型用类型代码表示，如表 2.1 所示。文本、图像等类型数据用变长链表结构形式在专门区域存放，在记录的有关字段位置存放指向实际存放地的地址数据（称为地址指针）。

（5）所有数据在各种文件中都是以二进制数据存放的，但是有些数据是按某种码表

（ASCII 码、Unicode 码）变换成新的数码后再以二进制数形式存储。

（6）SQL Server 数据以二进制或 ASCII 码、Unicode 码形式存放，所谓二进制是指数值用 0、1 两个码表示，按逢二进一位的数据。一般整型、数值类型数据用二进制形式存放，图像类型数据也用二进制形式存放。ASCII 码用 0～255 的数字（8 位二进制数）表示计算机各键盘字符，数据库中有些数据先按 ASCII 码表变成 ASCII 码数字再存放到文件中，人们看到的还是二进制数，但代表的是字符。中文字每个字用两个 ASCII 码表示，或用一个 16 位码（Unicode 码）表示，一个 16 位码数据位置相当于两个 ASCII 码位置，0～9、A～Z、a～z 的 Unicode 码第 1 个 8 位码为空值，第 2 个 8 位码值等于其 ASCII 码。各种类型数据存储方式如表 2.1 所示。

表 2.1   SQL Server 数据库数据类型说明

类型名称	类型代码	意义	宽度	存储方式	说明
biqint	7F7F	大整型	8	Bit	$-2^{63} \rightarrow 2^{63}-1$ 的整型数据
binary	5353	二进制	*50	Bit	定长二进制数据，最长 8000
bit	6868	位	1	Bit	1 或 0 的整数数据
char	5151	字串	*10	Asc	最大长度为 8000 的固定长度的非 Unicode 字符数据，一个中文字用两个 char 字符表示
DATETIME	3D3D	时间	8	Bit	1753.1.1→9999.12.31 的日期时间数据
DECIMAL	6A6A	精确数据类型	9	Bit	精确数据类型，$-10^{38}+1 \rightarrow 10^{38}-1$ 固定精度和小数位的数字数据
float	3E3E	浮点	8	Bit	-1.79E+308→1.79E+308 的浮点数
image	2222	图像	16	Bit	变长二进制数据，最长 $2^{31}-1$ 字节
int	3838	整型	4	Bit	$-2^{61} \rightarrow 2^{61}-1$ 的整型数据
money	3C3C	货币	8	Bit	$-2^{63} \rightarrow 2^{63}-1$ 之间的货币数值
nchar	1111	字串	*10	Asc	最大长度为 4000 的固定长度的 Unicode 码字符数据，一个中文字用一个 nchar 字符表示
ntext	6363	文本	16	Asc	可变长度的 Unicode 码字符数据，最大长度由内存限定
numeric	6C6C	精确数据类型	9	Bit	精确数据类型，功能上等同于 DECIMAL
nvachar	1919	字串	*50	Asc	最大长度为 4000 的可变长度的 Unicode 码字符数据
real	3B3B	逻辑	4	Bit	-3.40E+38→3.40E+38 的浮点数
smallDATETIME	3A3A	小时间	4	Bit	1900.1.1～2079.6.6 的日期时间数据
smallint	3434	小整型	2	Bit	$-2^{15} \rightarrow 2^{15}-1$ 的整型数据
smallmoney	7A7A	小货币	4	Bit	-214748.36→+214748.36 的货币数值
sql_variant	6262	SQL 变量		Bit	支持 SQL Server 的多种数据类型
text	2323	文本	16	Asc	可变长度的非 Unicode 字符数据，最大长度由内存限定

类型名称	类型代码	意义	宽度	存储方式	说明
timestemp	4343	时间容器	8	Bit	数据库范围的数字，随更新而更新
tinyint	3030	微整型	1	Bit	0～255 的整型数据
uniqueidentifi	2424		16	Bit	全局唯一标识符（GUID）
varbinary	5B5B	（变）二进制	*50	Bit	可变长二进制数据，最长 8000
varchar	5151	（变）字串	*50	Asc	最大长度为 8000 的可变长度的非 Unicode 字符数据

（7）"文件分析.jar"是专门设计的可以读取任何文件二进制数据的程序，它可以打开一个文件，读取其中的数据，按一定格式存放到一个纯文本文件（.txt 文件）中，所有数据用 16 进制数字表示，每个 8 位二进制数据用 2 个 16 进制数字表示。该文件中每 16 个 8 位数据显示在一行，最左边一个数是一行数据第一个数据的存放地址，所有数据从 100$_{(16)}$ 起计算地址；中间部分是实际存放的二进制码数据，右边是各二进制码数据对应的 ASCII 码。

双击该程序文件名（文件分析.jar）后开始执行，要求填入欲分析的文件的文件路径与名字和保存读取文件结果的文件路径与文件名，扩展名为.txt。

2.3　实验范例

正确安装 JDK 6.0，正确设置环境变量。

设置环境变量操作方法："控制面板"→"系统"→"高级系统设置"→"环境变量"→在系统变量页面单击"新建"按钮，变量名中填写：JAVA_HOME，变量值中填写 JDK 6.0 的安装路径，例如 C:\Program Files\Java\jdk1.6.0_27\→单击"确定"按钮。

单击"新建"按钮→变量名：CLASSPATH，变量值：.;%Java_Home%\jre\lib\rt.jar;%Java_Home%\lib\Tools.jar;% Java_Home%\lib→单击"确定"按钮。

单击 path→单击"编辑"→在变量值最后添加：;%Java_Home%\bin;→单击"确定"按钮。

注意：修改环境变量 path 时不要删去原来的内容，一定是在后面添加，而且新添加的路径名前面要有分号。

假设本书"实验 1"中的数据文件保存在文件夹 D:\DB 中，将实验工具程序"文件分析.jar"复制粘贴到该文件夹内。

实验内容：分析 SDatabase.mdf 文件是如何存放数据表名、字段名、字段属性以及数据的。

利用对象资源管理器按表 2.2 的内容在 SDatabase 数据库内建立数据表，假定数据表名字为 ttttt。为了便于搜索，采用多位重复数字命名。

其中各字段属性：aaaaaa，CHAR(10)；bbbbbb，NCHAR(8)；cccccc，INT；dddddd，NUMERIC(12,2)；eeeeee，float；ffffff，DATETIME；gggggg，TEXT。

注意：文本数据（gggggg 字段数据）中存在回车换行，而在该表格式数据编辑器中输入数据时只接受一行数据，因此，要先将文本数据写到记事本文件中，再复制粘贴过去，否则该数据回车换行之后的数据会被丢弃。

表 2.2 数据表 tttttt

aaaaaa	bbbbbb	cccccc	Dddddd	eeeeee	ffffff	gggggg
123456	7891011	121314	1516.17	181920	2017-06-01	Hhhhhh iiiiii
jjjjjj	kkkkkk	212223	242526	272829	1753-01-01	Oooooo pppppp

接下来分离数据库 SDatabase。

保存 D:\DB\SDatabase.mdf 为 D:\DB\SDatabase1.mdf 和 D:\DB\SDatabase.ldf 两个文件以防被破坏。

双击"文件分析.jar"程序名，执行该 Java 程序。注意，如果不能执行，则检查执行方式是否设置为 java(TM)。

填入所分析的文件名（如 D:\DB\SDatabase.mdf）和结果文件名（如 D:\DB\a1.txt）。注意必须带路径且包括扩展名全名。

等候片刻，等待运行结束，结果文件生成之后双击打开结果文件，例如双击 a1.txt。

该文件前六位为数据存放地址，为 16 进制码，000100 实际为十进制数 65536。每 16 个数据为一段，000100 起下一段起始地址为 000110。每一行后面 16 个数据为实际存放的数据，为二进制码数据，用 16 进制数表示。每一行最后 16 个数字是对应实际数据每一个数据的翻译：如果实际数据是可见字符的 ASCII 码，则将数据翻译成字符显示。例如实际数据为 63，代表该数据为二进制数 01100011，它对应字符 c 的 ASCII 码，将在该行后面对应位置显示 c。

查找数据表结构定义存放位置：单击记事本菜单"编辑"→"查找"，例如查字段名 a.a.a.a（字段名采用 Unicode 码存放，每个字符后面有空格）。

截取前后有关数据：

07E2400000100000051510000000A0000002430..............$.
07E2500000002000000A000000000000000000...............
07E2600000000001000008001004100061006100....┼.....A.a.a.
07E270061006100610061003000 2D0017305D0Ea.a.a.a.0.-..0..
07E28000000020000001111000000100000024...........┼...$
07E290300000002000000100000000000000000.......┼........
07E2A000000000001000008001004100062006200....┼.....A.b.b
07E2B0006200620062006200300 02D0017305D.b.b.b.b.0.-..0..
07E2C00E00000300000383800000004000A00.......88.......
07E2D00000000000000000004000000000000000...............
07E2E00000000001000008001004100631000000...┼.....A.c.
07E2F063006300630063006300300 02D001730c.c.c.c.c.0.-..0
07E3005D0E0000040000006C6C00000009000C........ll......
07E310020000000000000000009000000000000000...............
07E3200000000000001000008001004100064.......┼.....A.d
07E330006400640064006400640030002D0017.d.d.d.d.d.0.-..

07E340305D0E0000050000003E3E00000008000........>>....
07E3503500000000000000000000800000000005..............'
07E360000000000000000001000008001004100........┼.....A.
07E37065006500650065006500650030002D00e.e.e.e.e.0.-.
07E38017305D0E0000060000003D3D00000008.0........==..
07E390001703000000000000000000800000000.┤..............
07E3A0000000000000000000010000080010041..........┼.....A
07E3B00066006600660066006600660030002D.f.f.f.f.f.0.-
07E3C00017305D0E000007000000232300000000..0........##...
07E3D010000000243000000000000010000000┼...$......┼...
07E3E00000000000000000000000100000800100..........┼...
07E3F0410067006700670067006700670067000000A.g.g.g.g.g...
07E4006E0074003B3B3B3B501D461A281E461An.t.....P.→...→
07E4102A01000028000000783B5800390C2000*...(...x;..9...

其中 07E240 为地址，之后是 00 01 00 00 00 51 51 等数据，均为 16 进制数据，例如 51 实际是 10 进制数 16×5+1=81。进一步分析可见在数据文件中保存了关于数据结构的定义，其中字段名用 Unicode 码存放，字段数据类型用类型码表示，如 5151 代表 CHAR 数据类型、1111 代表 NCHAR 类型、3838 代表 INT 类型等，类型码详见表 2.1，字段最大宽度用宽度的二进制数存放，如 0A 表示宽度为 10（定义第 1 个字段为 CHAR 类型，宽度 10）；10 表示宽度为 16（定义第 2 个字段为 NCHAR 类型，宽度 8，但每个字符占 2 个字符位）；04000A 表示 INT 类型数据存放宽度为默认值 4 字节，十进制数据最大长度 10 位（小于 4294967296）；09000C02 表示 NUMERIC(12,2)，整数部分 9 位，总长 12 位，小数 2 位，……

注意：如果修改了数据结构，那么改前结构依然会存放在数据库数据文件中，改后结构内容在其后存放，因此查找字段名可能会找到多个。

再查找普通数据存放位置，例如查 "1234"，截取前后有关数据：
0A016030003F003132333435362020202037000.?.1234567.
0A0170380039003100300031003100200020008.9.1.0.1.1...
0A018020001E27010001415002000000000000......AP......
0A0190000000000350641000000007B59000007....5.A.........
0A01A0000000100568000002F07000000002800...V......
0A01B0000000100000030003F006A6A6A6A6A6A......0.?.jjjjjj
0A01C0202020206B006B006B006B006B006B00k.k.k.k.k.
0A01D02000200020002000013C030001481072.....<...r
0A01E00100000000000000000C5A1041000000..........A...
0A01F000462E0101070000010056800002E07.F........V....
0A020000000000280000001000100000000000..............

分析可见所有记录顺序存放，每条记录占据空间相同，各条记录相同字段存储所占空间大小相同。这就是所说的"所有记录按顺序等长存放"。有的数据以 ASCII 码值存放，例如 CHAR 类型的 123456；有些用二进制码值存放，在该文件中二进制码值用 16 进制码形式表示，

16 进制码显示时高位在后，低位在前。存储的数据与实际数据根据某种函数计算（不必掌握计算方法）。以 ASCII 码值存放适用于那些只需进行查询和连接的数据类型，而二进制值适用于大数据或需要进行较复杂运算的数据类型。

在上面的数据中未发现所存放的文本数据 hhhhhhiiiiii 和 ooooooppppppp。再一次搜索文本字段数据存放位置，例如查"hhhh"：

0F01700000000006868686868680D0A69696969....hhhhhh..iiii

0F0180696923090000000023635F1300070000ii..............

0F01907E5B066B425C00002A666713020700007~...B...........

0F01A0605B6E1E010000002B345B56425C0000..........[.B...

0F01B0000000000080054000000731700000000......T...s┤....

0F01C000000E00000000006F6F6F6F6F6F0D0A........oooooo..

0F01D07070707070702309000000023635F13pppppp..........

0F01E0000070000 7E5B066B425C00002A666713....~...B........

可见文本字段数据在另外的存储区按实际大小存放。

2.4　实验练习

（1）按表 1.1 在 SDatabase 数据库中建立数据表 Student（如果该表已在库中则无需再建）。分离数据库，对数据文件进行分析，找到数据结构数据及数据表数据存放位置，分别截图到实验报告中。

（2）复制表 2.2 中的数据到记事本文件（.txt 文件）中，应用文件分析.jar 程序对之进行分析，观察数据存放情况。

（3）复制表 2.2 中的数据到 Excel 文件（.xls 文件）中，应用文件分析.jar 程序对之进行分析，观察数据存放情况。

（4）总结上述实验结果，说明文本文件与数据库文件存储数据的相同点与不同点，回顾课堂教学内容，说明数据库的优点。

实验 3 SQL 数据定义语句

3.1 实验目的

（1）掌握应用 SQL 语句建立数据库及修改数据库的技能。

（2）学习应用 SQL 语句建立数据表的技能。

（3）学习应用 SQL 语句修改数据表结构的技能。

3.2 预备知识

1. 创建数据库的语句

CREATE DATABASE <数据库名> [ON[PRIMARY][<文件1> [,<文件2>…]]][,<文件组和文件>]][LOG ON <文件>][COLLATE <排序规则名称>][FOR LOAD|FOR ATTACH]

其中 PRIMARY 表示定义数据主文件，其后是关于数据文件的描述。如果没有 PRIMARY 字样，第一个文件为主文件。

文件的格式：

(NAME=<文件逻辑名称>,FILENAME=<操作系统中的文件名称>,SIZE=<文件大小>,MAXSIZE=<文件最大尺寸>,FILEGROWTH=<每次文件添加空间的大小>)

其中，"文件逻辑名称"指将来在指令中使用的名称；"操作系统中的文件名称"指存盘路径与文件名称；大小与尺寸默认单位为 MB，每次需要增加空间时添加空间的大小可以用默认单位 MB，也可以用百分比%，默认为 10%。

文件可以是多个文件，对每一个文件的描述用括号括起来，彼此间用逗号分隔。

主文件组用 PRIMARY 定义，可以再增加用户定义文件组及文件组中的文件，格式为：

FILEGROUP <文件组名> <文件1> [,<文件2>…]

LOG 子句中定义的文件指日志文件名。COLLATE 指定默认的排序规则，排序规则可以是 Windows 排序规则，也可以是 SQL Server 排序规则。FOR LOAD 指可以从备份数据库中加载。FOR ATTACH 指将已脱机的数据库重新联机。

2. 创建数据表的基本语句

CREATE TABLE <表名说明> ({列定义})

其中"表名说明"有三种格式：①直接用表名，表示在当前数据库下建表；②<数据库名>.<表名>，只有数据库属主有权操作；③<数据库名>.<架构名>.<表名>。

架构名可用 dbo。

列定义的最基本格式：

<列名> <数据类型> [<宽度>][NOT[NULL]]

数据类型详见表 2.1。{}表示其中内容为多个类似结构的集合，例如"{列定义}"表示多个列定义的集合，列定义之间用逗号分隔。

3. 修改数据表结构的基本语句

（1）添加新列。

```
ALTER TABLE <表名> ADD <列名> <类型>
```

（2）修改列名。

```
EXEC Sp_Rename '表名.原列名','新列名','COLUMN '
```

（3）修改列属性。

```
ALTER TABLE <表名> ALTER COLUMN <列名> <类型> [(<宽度>)[,<小数位>]]
```

（4）删去列。

```
ALTER TABLE <表名> DROP COLUMN <列名>
```

4. 删除基本表的语句

```
DROP TABLE <表名>
```

3.3 实验范例

3.3.1 SQL 语句创建数据库

（1）试用 SQL 语句创建 Zygl（职员管理）数据库，要求数据文件的初始大小为 5MB，最大大小为 50MB，增长方式：按 10%增长；日志文件的初始大小为 3MB，按 1MB 增长。

在 D 盘建立文件夹 Database。

在对象资源管理器中单击"新建查询"按钮，将下述程序复制到查询窗口中。

```
CREATE DATABASE Zygl
ON PRIMARY
(NAME='Zygl',
FILENAME='d:\Database\Zygl.mdf',
SIZE=5mb,
MAXSIZE=50mb,
FILEGROWTH=10%
)
LOG ON
(NAME='Zygl_Log',
FILENAME='d:\Database\Zygl_Log.ldf',
SIZE=3mb,
FILEGROWTH=1mb
)
```

单击"执行"按钮完成建库。

刷新数据库，右击所建数据库，选择"属性"选项后选择"文件"，可见数据库情况。

注意：①如果输入的程序中引号、逗号、括号是中文的（或格式错）都将不能正确执行，请仔细检查修正。

②注意区分程序建立的库名与图形界面中建立的库名，不能建立名字相同的数据库。

（2）创建一个名为 Test2 的数据库的 SQL 语句，它有 3 个数据文件，其中主数据文件为 100MB，最大大小为 200MB，按 20MB 增长；2 个辅数据文件为 20MB，最大大小不限，按 10%增长；2 个日志文件，大小均为 50MB，最大大小均为 100MB，按 10MB 增长。

单击"新建查询"按钮，将下述程序复制到查询窗口中。

```
CREATE DATABASE Test2
  ON
  PRIMARY
  ( NAME='Test2_Data1',
  FILENAME='d:\Database\Test2_Data1.mdf',
  SIZE=100MB,
  MAXSIZE=200MB,
  FILEGROWTH=20MB
  ),
  ( NAME='Test2_Data2',
  FILENAME='d:\Database\Test2_Data2.ndf',
  SIZE=20MB,
  MAXSIZE=UNLIMITED,
  FILEGROWTH=10%
  ),
  ( NAME='Test2_Data3',
  FILENAME='d:\Database\Test2_Data3.ndf',
  SIZE=20MB,
  MAXSIZE=UNLIMITED,
  FILEGROWTH=10%
  )
  LOG ON
  ( NAME='Test2_Log1',
  FILENAME='d:\Database\Test2_Log1.ldf',
  SIZE=50MB,
  MAXSIZE=100MB,
  FILEGROWTH=10MB
  ),
  ( NAME='Test2_Log2',
  FILENAME='d:\Database\Test2_Log2.ldf',
  SIZE=50MB,
  MAXSIZE=100MB,
  FILEGROWTH=10MB
  )
GO
```

单击"执行"按钮。

右击所建数据库，选择"属性"选项后选择"文件"，可见所生成数据库的情况。

3.3.2　修改数据库定义

（1）试用 SQL 语句修改 Zygl 数据库的主数据文件，将增长方式修改为按 5MB 增长。

单击"新建查询"按钮，将下述程序复制到查询窗口中。注意在"新建查询"按钮下方有一个组合框，其中列出了当前数据库的名字，当前数据库的名字应当为 Zygl。

```
ALTER DATABASE Zygl
MODIFY FILE
```

```
(NAME='Zygl',
FILEGROWTH=5mb)
```
单击"执行"按钮。

（2）试用 SQL 语句修改 Zygl 数据库，为 Zygl 增加一个数据文件 Zygl.bak。

单击"新建查询"按钮，将下述程序复制到查询窗口中。

```
ALTER DATABASE Zygl
 ADD FILE
(NAME=Zyglbak,
FILENAME='d:\Database\Zyglbad.ndf'
)
```
单击"执行"按钮。

（3）为数据库 Jxgl 添加文件组 Fgroup，并为此文件组添加两个大小均为 10MB 的数据文件，写出 SQL 语句。

单击"新建查询"按钮，将下述程序复制到查询窗口中。

```
ALTER DATABASE Jxgl
 ADD FILEGROUP Fgroup
GO
ALTER DATABASE Jxgl
    ADD FILE
   ( NAME=Jxgl_Data2,
     FILENAME='d:\Database\Jxgl_Data2.ndf',
     SIZE=10MB,
     MAXSIZE=30MB,
     FILEGROWTH=5MB
   ),
   ( NAME=Jxgl_Data3,
     FILENAME='d:\Database\Jxgl_Data3.ndf',
     SIZE=10MB,
     MAXSIZE=30MB,
     FILEGROWTH=5MB
   )
   TO FILEGROUP Fgroup
GO
```
单击"执行"按钮。

（4）为数据库 Jxgl 添加一个日志文件，初始大小为 3MB，最大大小为 500MB。

单击"新建查询"按钮，将下述程序复制到查询窗口中。

```
ALTER DATABASE Jxgl
    ADD LOG FILE
   ( NAME=Jxgl_Log2,
     FILENAME='d:\Database\Jxgl_Log2.ldf',
     SIZE=5MB,
     MAXSIZE=10MB,
     FILEGROWTH=1MB
   )
GO
```

单击"执行"按钮。

3.3.3　删除数据库

试用 SQL 语句删除 Zygl 数据库。

单击"新建查询"按钮，将下述程序复制到查询窗口中。

```
DROP DATABASE Zygl
```

单击"执行"按钮。

3.3.4　创建数据表 CREATE TABLE 语句

1. 在 Jxgl 数据库中创建表

学生表 Student，由学号（Sno）、姓名（Sname）、年龄（Sage）、性别（Ssex）、所在系（Sdept）五个属性组成，记作：Student(Sno,Sname,Ssex,Sage,Sdept)。

课程表 Course，由课程号（Cno）、课程名（Cname）、先修课号（Cpno）、学分（Ccredit）四个属性组成，记作：Course(Cno,Cname,Cpno,Ccredit)。

学生成绩表 Sc，由学号（Sno）、课程号（Cno）、成绩（Grade）三个属性组成，记作：Sc(Sno,Cno,Grade)。

（1）单击"新建查询"按钮，将下述程序复制到查询窗口中。

```
CREATE TABLE Student
(Sno CHAR(5) NOT NULL,Sname CHAR(20),Sage INT,Ssex CHAR(2),Sdept CHAR(20));
Go
CREATE TABLE Course
(Cno CHAR(2),Cname CHAR(20),Cpno CHAR(2),Ccredit INT);
Go
CREATE TABLE Sc
(Sno CHAR(5) NOT NULL,Cno CHAR(2) NOT NULL,Grade INT, PRIMARY KEY (Sno,Cno);
Go
```

（2）单击"执行"按钮，建立三个数据表。

（3）右击所建的每个数据表，打开每个表的设计，可见所生成的数据表的情况。

2. 在学生数据库中创建表

学生 0：学生基本信息表。

课程：课程信息表。

成绩：学生选课表。

各表的结构如表 3.1 至表 3.3 所示。

表 3.1　学生信息表：学生 0

列名	数据类型	长度	是否允许为空值
学号	字符型	10	否
姓名	Unicode 字符型	4	否
性别	字符型	2	否
年龄	整数型		是
系	Unicode 字符型	12	否

表 3.2　课程信息表：课程

列名	数据类型	长度	是否允许为空值
课程号	字符型	3	否
课程名	Unicode 字符型	15	否
学分	整数型		是
先行课程号	字符型	3	是

表 3.3　学生选课表：成绩

列名	数据类型	长度	是否允许为空值
学号	字符型	10	否
课程号	字符型	3	否
分数	整数型		是

（1）单击"新建查询"按钮，将下述程序复制到查询窗口中。

```
CREATE TABLE 学生 0(学号 CHAR(10) NOT NULL,姓名 NCHAR(4) NOT NULL,性别 CHAR(2) NOT
NULL,年龄 INT,系 NCHAR(12));
Go
CREATE TABLE 课程
(课程号 CHAR(3) NOT NULL,课程名 NCHAR(15) NOT NULL,学分 INT,先行课程号 CHAR(3));
Go
CREATE TABLE 成绩(学号 CHAR(10) NOT NULL,课程号 CHAR(3) NOT NULL,分数 INT);
Go
```

（2）单击"执行"按钮，建立三个数据表成功。

注意： 在输入 SQL 语句时要特别注意符号必须全为英文状态下输入的符号，如果输入的逗号、引号、括号、分号是在中文状态下输入的符号，将导致报错。注意中文字段名与英文字母定义的字段名是不同的名字，例如 Name 和"姓名"是不同的字段名，"学生""学生 0"和"学生表"是不同的表名。

3.3.5　修改数据表结构 ALTER TABLE 语句

将下述各题中的语句程序复制到查询窗口中，然后单击"执行"按钮。

（1）为"学生 0"表增加字段：班级，字符类型，宽度 6；专业，Unicode 字符类型，宽度 8；身份证，字符类型，宽度 18。

```
ALTER TABLE 学生 0 ADD 班级 CHAR(6),专业 NCHAR(8),身份证 CHAR(18)
```

（2）将"学生 0"表中字段身份证更名为身份证号。

```
EXEC Sp_Rename'学生 0.身份证','身份证号','COLUMN '
```

（3）将"学生 0"表中字段班级改为 Unicode 字符类型，宽度 8。

```
ALTER TABLE 学生 0 ALTER COLUMN 班级 NCHAR(8)
```

（4）删除"学生 0"表专业字段。

```
ALTER TABLE 学生 0 DROP COLUMN 专业
```

3.4　实验练习

（1）设计创建"仓库管理"数据库的 SQL 语句，数据库名：Ckgl，路径为 D:\Database，其初始大小为 5MB，最大大小 50MB，允许数据库自动增长，增长方式是按 10%比例增长；日志文件初始大小为 2MB，最大可增长到 5MB，按 1MB 增长。将所设计的语句及目前数据库情况截图。

（2）试用 SQL 语句修改仓库管理数据库的主数据文件，将增长方式修改为按 10MB 增长。

（3）试用 SQL 语句修改仓库管理数据库，增加一个数据文件 Ckgl.bak。

（4）欲为数据库仓库管理添加文件组 Fgroup，并为此文件组添加两个大小均为 20MB 的数据文件，求设计 SQL 语句。

（5）为数据库仓库管理添加一个日志文件，初始大小为 3MB，最大大小为 500MB。

（6）在仓库管理数据库中创建四个数据表：员工、客户、供应商、商品，各属性如下：

员工：No，字符类型，宽度 8；姓名，Unicode 字符类型，宽度 4；性别，字符类型，宽度 2；出生日期，日期类型；所属部门，Unicode 字符类型，宽度 12；家庭地址，Unicode 字符类型，宽度 16；电话，字符类型，宽度 11；职务，Unicode 字符类型，宽度 6；职称，Unicode 字符类型，宽度 6；岗位类别，字符类型，宽度 4。

客户：客户编号，字符类型，宽度 8；身份证号，字符类型，宽度 18，不得空；姓名，Unicode 字符类型，宽度 4，不得空；性别，字符类型，宽度 2；工作单位，Unicode 字符类型，宽度 16；职务，Unicode 字符类型，宽度 6；联系地址，Unicode 字符类型，宽度 16，不得空；电话，字符类型，宽度 11，不得空。

供应商：供应商编号，字符类型，宽度 6；身份证号，字符类型，宽度 18，不得空；姓名，Unicode 字符类型，宽度 4，不得空；地区，Unicode 字符类型，宽度 14；性别，字符类型，宽度 2；公司名称，Unicode 字符类型，宽度 14；公司地址，Unicode 字符类型，宽度 16；公司法人，Unicode 字符类型，宽度 4；联系电话，字符类型，宽度 11，不得空；邮政编码，字符类型，宽度 6。

（7）将员工字段 No 改名为职工号。

（8）删除供应商表中字段：地区。

（9）将员工出生日期数据类型改为日期时间型。

（10）将客户表中字段电话更名为座机号码，宽度改为 8 位；增加字段：手机号码，字符类型，宽度 11。

实验 4　定义数据完整性

4.1　实验目的

（1）掌握数据完整性控制的基本概念与在 SQL Server 数据库中可视化定义的技术。

（2）掌握实体完整性控制的意义及在 SQL Server 数据库中可视化定义的方法。

（3）掌握域完整性控制的意义及在 SQL Server 数据库中可视化定义的方法。

（4）掌握参照完整性控制的意义及在 SQL Server 数据库中可视化定义的方法。

（5）掌握在应用 SQL Server 数据库建立数据表时定义数据完整性约束的技能。

（6）掌握在应用 SQL Server 数据库的数据表中添加数据完整性约束的技能。

4.2　预备知识

（1）数据的完整性指数据的正确性、有效性和相容性。数据的完整性控制指在数据库的使用过程中，防止错误或不恰当的数据进入数据库。有效性是指数据的合法性；相容性是指表示同一个事实的两个数据应当相同；正确性是指数据应当客观真实地表现周围事物，每个属性的数据要在一定的取值范围（域）内。

（2）关系数据库的数据完整性中，实体完整性指每条记录存在唯一一个关键字值，关键字不得为空值或重复值。一对多联系的两个表（实体），一方为主表，设有一个关键字，多方为子表，在多方表中有　个与一方表同名的字段，称为主表的外码，参照完整性要求外码要么为空值，要么必须是主表主码中的一个值。域完整性保护指控制数据只能在一定范围内才能存进数据库。

（3）利用 SQL Server 数据库对象资源管理器可采用可视化方式定义数据完整性约束。

（4）T-SQL 语言是标准 SQL 语言的扩展，是 SQL Server 系列产品独有的程序设计语言，其他的关系数据库不支持 T-SQL。它包括数据定义语言（DLL）：用于在数据库系统中对数据库、表、视图、索引等数据库对象进行创建和管理；数据控制语言（DCL）：用于实现对数据库中数据的完整性、安全性等的控制；数据操纵语言（DML）：用于插入、修改、删除和查询数据库中的数据。内置程序设计语言，可以用以编写较复杂的应用程序。

（5）T-SQL 创建数据表语句。

```
CREATE TABLE <表名说明>({列定义或列计算式}[CHECK 子句][ON{<文件组名>|DEFAULT}])
[Textimage_On{<文件组名>|DEFAULT}])
```

其中"表名说明"和标准 SQL 语句相同，有三种格式：①直接用表名，表示在当前数据库下建表；②<数据库名>.<表名>，只有数据库属主有权操作；③<数据库名>.<架构名>.<表名>。

列定义的一般格式是：

```
<列名> <数据类型> [<宽度>][NOT[NULL]][CONSTRAINT 子句][UNIQUE 子句][PRIMARY 子
```

句]〔FOREIGN 子句〕〔DEFAULT 子句〕

数据类型详见表 2.1。CONSTRAINT 子句是可选关键字，表示 PRIMARY KEY、NOT NULL、UNIQUE、FOREIGN KEY 或 CHECK 约束定义的开始，同时定义索引名称，格式为：CONSTRAINT <索引名>。UNIQUE 表示唯一性，表示该列不允许有重复值。它和主键不同的是，主键除不允许有重复值外，还不允许空值。PRIMARY 子句说明该列为主键，格式为：PRIMARY KEY CLUSTERED。DEFAULT 子句定义默认值，如果该列不允许空值，而在录入时又未说明该列的值，则自动用默认值填充；否则填入 NULL。FOREIGN 子句定义外键，格式为：FOREIGN KEY <外键名> REFERENCES <主表名称>(主键名称)。其中外键名可以是多个列的列名，用逗号分隔，但其数量与类型必须与其后主表中说明的相关列的列名与类型一一对应。CHECK <约束>的格式为：CHECK(<条件表达式>)。{}表示其中内容为多个类似结构的集合，例如{列定义}表示多个列定义的集合，列定义之间用逗号分隔。{列计算式}指可有多个列计算式，每个列计算式指某列的数据可以由另外一些列的数据根据具体的公式（计算列值的表达式）计算得到，称为派生数据。在列定义中，这样的列可以用如下格式定义：<列名> AS <计算列值的表达式>。

注意：<列名>字段与表达式必须为相同的数据类型。如果表达式中包括常量，常量的类型必须和<列名>字段数据类型相同，如果<列名>字段为字符类型，常量需要加单引号。

计算列不能作为 INSERT 或 UPDATE 语句的目标，也不能作为 DEFAULT 和 FOREIGN KEY 约束定义。

CHECK 子句定义域约束条件，说明对"列"中数据定义的约束条件，格式为：CHECK (<约束条件表达式>)。其中约束条件表达式可为：①<字段名> IN (<值表>)；②<字段名> <关系符> <数据值>；③<字段名> LIKE <匹配表达式>。其中约束条件表达式可以由多个表达式组成，彼此间用 AND、OR 连接。

ON {<文件组名>|DEFAULT}定义存储表的文件组，该文件组必须在数据库中存在。如果使用 DEFAULT 或没有该子句表示存储在默认文件组中。Textimage_On{<文件组名>|DEFAULT}定义 TEXT、NTEXT、IMAGE 等类数据所存储的文件组名称。

（6）添加完整性控制约束子句的修改数据表结构语句。

T-SQL 语言修改数据表与删除数据表的语句和标准 SQL 语言中修改数据表与删除数据表的语句基本相同，但修改数据表的语句中可包括添加约束的内容。

语句格式：

```
ALTER TABLE <表名> ADD [CONSTRAINT<约束名>]<约束说明>(<字段名>)|(<涉及某字段的条件表达式>)
```

其中，约束说明可以是：添加主键：PRIMARY KEY(<字段名>)、唯一约束：ADD UNIQUE (<字段名>)、添加外键：FOREIGN KEY(<字段名>) REFERENCES <主表>(<主表中字段名>)、CHECK 约束：CHECK (<条件表达式>)、默认值：DEFAULT <默认值> FOR <字段名>。

注意：①约束的名字不能与前面已经建立的约束名字相同；②已经填入的数据不能与将建立的约束相冲突。

1）添加主键的语句格式。

```
ALTER TABLE <表名> ADD CONSTRAINT <约束名> PRIMARY KEY (<字段名>)
```

如果建立后不进行删除操作，可以不定义约束名称，语句格式：

```
ALTER TABLE <表名> ADD PRIMARY KEY (<字段名>)
```

2）添加唯一约束的语句格式。

```
ALTER TABLE <表名> ADD CONSTRAINT <约束名> ADD UNIQUE (<字段名>)
```

如果建立后不进行删除操作，可以不定义约束名称，语句格式：

```
ALTER TABLE <表名> ADD UNIQUE (<字段名>)
```

3）添加外键约束的语句格式。

```
ALTER TABLE <表名> ADD CONSTRAINT <约束名> FOREIGN KEY (<字段名>) REFERENCES
<主表> (<主表中字段名>)
```

如果建立后不进行删除操作，可以不定义约束名称，语句格式：

```
ALTER TABLE <表名> ADD FOREIGN KEY (<字段名>) REFERENCES <主表> (<主表中字段名>)
```

注意：设置外键，要求主表中对应键必须是主键，添加外键时不能与现有数据冲突。

4）添加 CHECK 约束的语句格式。

```
ALTER TABLE <表名> ADD CONSTRAINT <约束名> CHECK (<条件表达式>)
```

CHECK 约束可以和一个列关联，也可以和一个表关联，因为只要这些列都在同一个表中以及值是在更新或者插入的同一行中，就可以用它们检查一个列的值相对于另外一个列的值的关系。CHECK 约束还可以用于检查列值组合是否满足某一个标准。

可以像使用 WHERE 子句一样的规则来定义 CHECK 约束。所有可以放到 WHERE 子句的条件都可以放到该约束中。

5）添加默认值约束的语句格式。

```
ALTER TABLE <表名> ADD CONSTRAINT <约束名称> DEFAULT <默认值> FOR <字段名>
```

（7）删除创建的约束。

```
ALTER TABLE <表名> DROP CONSTRAINT <约束名>
```

注意：如果约束是在创建表的时候创建的，要在"管理工作平台"里面删除。

（8）创建复合主键。

如果在已经存在的表中创建包括多个字段的主键，称为复合主键，语句格式为：

```
ALTER TABLE <表名> WITH NOCHECK ADD
CONSTRAINT <约束名> PRIMARY KEY NONCLUSTERED ([<字段名1>],[<字段名2>])
```

如果建立后不进行删除操作，可以不定义约束名称，语句格式：

```
ALTER TABLE <表名> ADD PRIMARY KEY ([<字段名1>],[<字段名2>])
```

涉及 2 个及以上字段的约束称为表级约束。

（9）关于级联动作的说明。

语句格式：

```
ALTER TABLE <表名> ADD FOREIGN KEY (<字段名>) REFERENCES <主表> (<主表中字段名>)
<级联说明>
```

外键和其他类型键的一个重要区别是：外键是双向的，即不仅是限制子表的值必须存在于父表中，还在每次对父表操作后检查子表以避免孤行。T-SQL 语言的默认行为是在子表相关记录存在时"限制"父表相关记录被删除。

然而，有时希望能自动删除任何依赖的记录，而不是防止删除被引用的记录。同样在更新记录时，可能希望依赖的记录自动引用刚刚更新的记录，还可能希望将引用行改变为某个已知的状态。为此，可以选择将依赖行的值设置为 NULL 或者那个列的默认值。

这种进行自动删除和自动更新的过程称为级联。这种过程，特别是删除过程，可以经过几层的联系关联（一条记录依赖于另一条记录，而这另一条记录又依赖其他记录）。在 SQL

Server 中实现级联动作需要做的就是修改外键语法，只需要在添加的前面加上 ON 子句。例如要求修改时不级联更新子表，删除时级联删除依赖行。

其中"ON UPDATE CASCADE ON DELETE CASCADE"表示级联更新，级联删除，这样在删除主表 Student 时，成绩表中该学生的所有成绩都会删除。

级联动作除了 NO ACTION、CASCADE 之外，还有 SET NULL 和 SET DEFAULT。后两个是在 SQL Server 中引入的，其意义是：如果执行更新而改变了一个父行的值，那么子行的值将被设置为 NULL 或者设置为该列的默认值（不管 SET NULL 还是 SET DEFAULT）。

4.3　实验范例

4.3.1　T-SQL 语言可视化定义数据完整性约束

利用对象资源管理器在职员管理数据库 Zygl 中创建表 4.1 至表 4.3 所示的三张数据表："职员"表、"部门"表、"工资"表。

表 4.1　"职员"表结构

列名	数据类型	长度	是否允许空值	说明
员工号	定长字符型（CHAR）	3	×	主键
姓名	定长字符型（CHAR）	8	×	
性别	定长字符型（CHAR）	2	×	要检查是否为"男"或"女"
出生日期	日期时间型（DATETIME）	4	√	
手机号码	定长字符型（CHAR）	11	√	
工龄	整型（INT）	1	√	应在 0～35 的范围
部门号	定长字符型（CHAR）	2	√	要参照部门表的部门号
备注	文本型（TEXT）	16	√	

表 4.2　"部门"表结构

列名	数据类型	长度	是否允许空值	说明
部门号	定长字符型（CHAR）	2	×	主键
部门名	定长字符型（CHAR）	10	×	
电话	定长字符型（CHAR）	4	√	

表 4.3　"工资"表结构

列名	数据类型	长度	是否允许空值	说明
部门号	定长字符型（CHAR）	2	√	
员工号	定长字符型（CHAR）	3	×	参照"职员"表的员工号，主键1
月份	整型（INT）		×	主键2
基本工资	精确数据类型，NUMERIC（7，2）	7，2	√	

续表

列名	数据类型	长度	是否允许空值	说明
职务工资	精确数据类型，NUMERIC（5，2）	5，2	√	
三金扣款	精确数据类型 DECIMAL（6，2）	6，2	√	
应发工资	精确数据类型 DECIMAL（7，2）	7，2	√	为基本工资+职务工资
实发工资	精确数据类型 DECIMAL（7，2）	7，2	√	为基本工资+津贴-三金扣款

操作方法说明：

单击"新建表菜单项"，弹出"表设计器"窗口，在该窗口中定义列名称、列类型、长度、精度、小数位数、是否允许为空、默认值、标识列、标识列的初始值。

如果要求设置主键，右击有关字段名，选择"设置主键"选项。如果设置多个字段为主键，按住 Ctrl 键后单击欲设置为主键的那多个字段，使多个字段定义行改变颜色，右击变色区域，再选择"设置主键"选项。

如果要求设置"男"或"女"、0～35 的范围等类问题，右键点有关字段名，选择"CHECK约束"选项，再单击"添加"按钮，添加一个约束名，之后单击"表达式"，输入约束条件表达式。

例如，要求设置"男"或"女"的问题的约束条件表达式：性别='男' OR 性别='女'.

要求设置 0～35 的范围问题的约束条件表达式：年龄>=0 AND 年龄<=35.

设置"职员"表要参照部门表的部门号时，首先确保将部门表中的部门号设置为主键；再进入设计职员表的设计器，右击"部门号"，选择"关系"，"添加"一个约束，单击表和列规范中的[…]按钮，主键表选部门表，外键表选职员表，对应的相关字段名均为部门号；然后单击"确定"按钮。

如果要求设置应发工资为基本工资+职务工资，单击"应发工资"，再单击展开下方"列属性"中"计算列规范"左边的加号，选择"公式"，在右边文本框中输入"基本工资+职务工资"，结束。如果录入数据，录入时可以仅仅输入基本工资和职务工资的数据。

如果原来的表中填有数据，可能会因为与约束要求不符而无法建立约束，可以先修改表中数据，或直接删除表中数据后再设置，设置成功后再补录数据。

在修改数据表结构后存盘的操作中如果提示阻止保存表的修改，可进行如下操作：

在系统菜单中选择"工具"→"选项"→"设计器"（Designers），打开"表设计器和数据库设计器"，取消对"阻止保存要求重新创建表的修改"复选项的选择。

（1）将员工号定为主键。

右击"职员"表，选择"设计"选项，打开表设计器，右击"员工号"左边的灰色标记框，在弹出的快捷菜单中选择"设为主键"选项，可以看到"员工号"左边的标记框中出现一个像是钥匙的图案，表示已成功地将员工号字段定为主键。

（2）同样方法将部门表中的部门号定为主键。

（3）将工资表中的员工号与月份定为主键。

选择"工资"表，打开表设计器，单击"员工号"左边的标记框，按住 Ctrl 键的同时单击"月份"，松开 Ctrl 键，右击变色区域左边的标记框，选择"设为主键"选项。

（4）测试实体完整性。

查看在主键值不唯一或为空值时会出现什么提示信息。

右击"职员"表，在弹出的快捷菜单中选择"编辑前 200 行"选项。在表浏览器中修改某条记录的员工号数据，使等于表中另一记录的员工号，再单击另一行记录，可以看到报错信息。

在表浏览器中将某条记录的员工号数据清空，再单击另一行记录，可以看到报错信息。

右击"工资"表，在弹出的快捷菜单中选择"编辑前 200 行"选项。在表浏览器中修改某条记录的员工号数据，使等于表中另一记录的员工号，再单击另一行记录，可以看到报错信息。

对上一实验的记录同时修改月份，使员工号与月份同时等于另一条记录的数据，可以看到报错信息。

实验说明，当定义了主键后，如果主键为单字段，该字段将不允许为空，也不能有重复值。如果主键为多字段，其中各字段都不允许为空，也不允许不同记录中这些字段全部数据出现重复值。

（5）测试域完整性的实验。

选择"工资"表，打开表设计器，右击"基本工资"→选择"CHECK 约束"→单击"添加"按钮→单击"表达式"→单击▢▢▢按钮，输入：基本工资>1200 AND 基本工资<10000，单击"确定"按钮（如果出错，先退出设置，检查是否已经向该表输入了数据，如果已经输入，检查有无不满足上面条件的记录，修改这些记录，退出后重新设置表达式）。

右击"工资"表，在弹出的快捷菜单中选择"编辑前 200 行"选项。在表浏览器中修改某条记录的基本工资，使等于 1000 或 11000，可以看到报错信息。

实验说明，如果对某字段定义了 CHECK 约束条件表达式，那么任何记录中该字段的数据不能满足该条件表达式的要求，都将无法录入到数据库中。

（6）创建三个表之间的外键关系。

选择"工资"表，打开表设计器，右击"员工号"→选择"关系"→单击"添加"按钮→单击"表和列规范"→单击▢▢▢按钮，选主键表为职员表，点下面的文本框，选择"员工号"，选外键表为工资表，选择"员工号"，将"月份"改选为"无"，单击"确定"按钮。

（7）测试参照完整性控制情况。

在职员表中添加员工号分别为 1、2、3 的三条数据，再在工资表中添加员工号为 1、2、3 的员工的 1、2 月份工资数据。

删除职员表中员工号为 1 的记录，可以看到报错信息。

修改职员表中员工号为 2 的记录，将员工号改为 5，可以看到报错信息。

实验说明，如将某字段定义为另一个表某主键的外键，则该字段数据要不为空，要不在主键表中必须存在。如果想删除主表中某条记录，该记录的主键的值在子表外键字段中存在，由于得到数据库的保护，该删除操作将不能成功。如果欲修改该主键的值，使得修改后相关外键的值在主键表中找不到相关的值，修改操作将无法完成。

4.3.2 添加 CHECK 约束的语句

从随书光盘"实验数据文件备份/实验 4"所附的 Jxgl.bak 恢复 Jxgl 数据库或将"实验 4 数据备份.doc"中语句复制到查询编辑器并"执行"，要求生成"学生 0""课程""成绩"等数据表。

（1）在查询窗口中输入以下各题中的语句后单击"执行"按钮。

1）将学生 0 表中的学号设置为主键。

```
ALTER TABLE 学生 0 ADD PRIMARY KEY (学号)
```

2）要求规定学生 0 表中姓名不能有重复值。

`ALTER TABLE 学生 0 ADD UNIQUE(姓名)`

3）设置成绩表中学号为学生 0 表中学号的外键。

`ALTER TABLE 成绩 ADD FOREIGN KEY(学号) REFERENCES 学生(学号)`

4）为成绩表定义 CHECK 约束，要求分数不超过 100 分。

`ALTER TABLE 成绩 ADD CHECK(分数<=100)`

5）为课程表课程名设置默认值：英语。

`ALTER TABLE 课程 ADD DEFAULT '英语' FOR 课程名`

6）在成绩表中将学号和课程号两个字段设置为关键字。

`ALTER TABLE 成绩 ADD PRIMARY KEY (学号,课程号)`

（2）检查之前建立的员工、客户、供应商三个表的结构是否与下面相同，如果不同，按下面的结构修改。

员工：职工号，字符类型，宽度 8；姓名，Unicode 字符类型，宽度 4；性别，字符类型，宽度 2；出生日期，日期类型；所属部门，Unicode 字符类型，宽度 12；家庭地址，Unicode 字符类型，宽度 16；电话，字符类型，宽度 11；职务，Unicode 字符类型，宽度 6；职称，Unicode 字符类型，宽度 6；岗位类别，字符类型，宽度 4。

客户：客户编号，字符类型，宽度 8；身份证号，字符类型，宽度 18，不得空；姓名，Unicode 字符类型，宽度 4，不得空；性别，字符类型，宽度 2；工作单位，Unicode 字符类型，宽度 16；职务，Unicode 字符类型，宽度 6；联系地址，Unicode 字符类型，宽度 16，不得空；手机号码，字符类型，宽度 11，不得空；座机号码，字符类型，宽度 8。

供应商：供应商编号，字符类型，宽度 6；身份证号，字符类型，宽度 18，不得空；姓名，Unicode 字符类型，宽度 4，不得空；性别，字符类型，宽度 2；公司名称，Unicode 字符类型，宽度 14；公司地址，Unicode 字符类型，宽度 16；公司法人，Unicode 字符类型，宽度 4；联系电话，字符类型，宽度 11，不得空；邮政编码，字符类型，宽度 6。

在查询窗口中输入以下各题中的语句后单击"执行"按钮。

1）将员工表中的职工号设置为主键，将客户表中的客户编号设置为主键，将供应商表中的供应商编号设置为主键。

`ALTER TABLE 员工 ADD PRIMARY KEY (职工号)`
`ALTER TABLE 客户 ADD PRIMARY KEY (客户编号)`
`ALTER TABLE 供应 ADD PRIMARY KEY (供应商编号)`

2）在三个表中分别规定性别只能是男或女，并设置默认值：男。

`ALTER TABLE 员工 ADD CHECK(性别='男' OR 性别='女'),DEFAULT '男' FOR 性别`
`ALTER TABLE 客户 ADD CHECK(性别='男' OR 性别='女'),DEFAULT '男' FOR 性别`
`ALTER TABLE 供应商 ADD CHECK(性别='男' OR 性别='女'),DEFAULT '男' FOR 性别`

注意：在写约束条件时，字符类型常量（例如上面例子中的男、女）需要加单引号，而数字类型等常量不能加单引号。此处字符类型的数据常量指和如下类型字段有关的数据：CHAR、NCHAR、VARCHAR、NVARCHAR、TEXT、NTEXT。不加引号的数据类型：BIT、SMALLINT、INTEGER、INT、TINYINT、REAL、MONEY、SMALLMONEY、BIGINT、FLOAT、DOUBLE、NUMERIC。

日期类型常量格式一般为：YYYY-MM-DD，表示年份数据 4 位、月 2 位、日期 2 位，之间用减号分隔。例如 2017-02-01，其中月份数据和日期数据打头的 0 可以不写，在写条件式时日期类型常量可以不加单引号。

以下写其他表达式时规则相同。

3）要求规定客户表中身份证号不能有重复值。

`ALTER TABLE 客户 ADD UNIQUE(身份证号)`

单击"新建查询"按钮，在查询窗口中输入语句后单击"执行"按钮。

4）如果两个实体是多对多的关系，在设计关系模型时要设计一个数据表来描述两实体数据表之间的关系，例如两个实体：读者（关键字：借书证号）和图书（关键字：图书号），需要建立"借阅"关系，其主键由借书证号和图书号两个字段构成，求定义"借阅"表主键的语句。

`ALTER TABLE 借阅 ADD CONSTRAINT Pk_Reader PRIMARY KEY NONCLUSTERED(借书证号,图书号)`

也可以使用语句：

`ALTER TABLE 借阅 ADD PRIMARY KEY (借书证号,图书号)`

（5）为成绩表定义学号为学生表的外键，要求设置级联更新，设约束名为 FK_学生。

`ALTER TABLE 成绩表 ADD CONSTRAINT Fk_学生 FOREIGN KEY (学号) REFERENCES 学生(学号) ON UPDATE CASCADE ON DELETE CASCADE`

4.3.3　T-SQL 语言建表语句内定义数据完整性约束

（1）创建"商品"表语句，其字段及属性如下：

商品：商品编号，字符类型，宽度 6，关键字；商品代码，字符类型，宽度 8，不得空，不重复；商品名称，Unicode 字符类型，宽度 12，不得空；类别，Unicode 字符类型，宽度 4，不能空；型号，字符类型，宽度 8；规格，字符类型，宽度 8；参考单价，精确数据类型，整数部分 9 位，小数部分 2 位，最高 1000，最低为 0；库存上限，整型，最高 100；库存下限，整型，最高 10，最低为 1；质量标准，Unicode 字符类型，宽度 20。

将以下语句写到查询窗口中后单击"执行"按钮。

`CREATE TABLE 商品 (商品编号 CHAR (6) PRIMARY KEY(商品编号),商品代码 CHAR (8) NOT NULL CONSTRAINT Uq_CHAR UNIQUE ,商品名称 NCHAR (12) NOT NULL ,类别 NCHAR (4) NOT NULL ,型号 CHAR (8) ,规格 CHAR (8) ,参考单价 NUMERIC (12,2) CHECK(参考单价>=1000 AND 参考单价<=0) ,库存上限 INT CHECK(库存上限<=100),库存下限 INT CHECK(库存下限<=10 AND 库存下限>=1),质量标准 NCHAR (20))`

（2）创建"营业表"表语句，其字段及属性如下：

营业表：商品编号，字符类型，宽度 6，参照商品表；客户编号，字符类型，宽度 8，参照客户表；供应商编号，字符类型，宽度 6，参照供应商表；单价，NUMERIC 类型，整数部分 9 位，小数部分 2 位，不能空，最高 200 元；数量，整型，不能空；价格，NUMERIC 类型，整数部分 9 位，小数部分 2 位，等于单价乘数量；备注，文本类型。关键字：商品编号、客户编号、供应商编号。

将以下语句写到查询窗口中后单击"执行"按钮。

`CREATE TABLE 营业表 (商品编号 CHAR (6) CONSTRAINT Fr_商品编号 FOREIGN KEY REFERENCES 商品(商品编号),客户编号 CHAR (8) CONSTRAINT Fr_客户编号 FOREIGN KEY REFERENCES 客户(客户编号),供应商编号 CHAR (6) CONSTRAINT Fr_供应商编号 FOREIGN KEY REFERENCES 供应商(供应商编号),单价 NUMERIC (12,2) NOT NULL CHECK(单价<=200) ,`

数量 INT NOT NULL ,价格 AS 单价*数量,备注 TEXT ,PRIMARY KEY NONCLUSTERED (商品编号,客户编号,供应商编号)

可以看到数据表建立成功。

4.4 实验练习

（1）按如下模式在 Ckgl 数据库中利用对象资源管理器建"出入库"表，说明建表步骤。

出入库（序号，字符类型，宽度 8，主键；商品编号，字符类型，宽度 6，不能重复，参照商品表中商品编号；出入库时间，日期时间类型，默认值为当前日期；保管，Unicode 字符类型，宽度 4，不能为空值；单价，精确数据类型，总宽度 10，小数位 2，大于等于 0 且小于等于 200；数量，整型；金额，精确数据类型，总宽度 12，小数位 2，等于单价乘数量；备注，Unicode 文本类型）

说明：当前日期用函数 Getdate()获取。

（2）删除出入库表，再写出实现练习（1）的 SQL 建出入库表语句，将所设计的语句写到查询窗口中后单击"执行"按钮，截图记录执行过程。

（3）利用对象资源管理器在商品表中输入商品记录如表 4.4 所示，再按表 4.5 向出入库表输入数据，如有误提示，试给出解决办法。

表 4.4 "商品"表数据

商品编号	商品代码	商品名称	参考单价
A21101	2001C1	移动电源	200
A21102	2001C2	U 盘	130
A21103	2002B1	内存条	190
A21104	2002B2	台灯	100

表 4.5 "出入库表"数据

序号	商品编号	出入库时间	保管	单价	数量	金额	备注
1	A2110	2017-01-25	张平	120	50	6000	
2	A21101	2017-01-28	李玖	200	70	3000	
3	A21102	2017-02-05	张平	230	100	23000	
4	A21101	2017-02-05	李玖	140	200	400	
5	A21103	2017-02-20	张平	300	100	NULL	
6	A21103	2017-02-25	张平	100	80	8000	

（4）按如下模式在 Ckgl 数据库中建表，写出 SQL 语句。

采购计划（商品代码，字符类型，宽度 16，参照商品表中的商品代码；时间，日期时间类型 buneng，不能为空；质量类别，字符类型，宽度 3；生产单位，Unicode 字符类型，宽度 16；供应商编号，字符类型，宽度 6，参照供应商表中的供应商编号；公司名称，Unicode 字符类型，宽度 8；计量单位，字符类型，宽度 3；单价，精确数据类型，整数部分 8 位，小数部分 2 位，最小为 0 最大 1000；数量，整型，最大 500；金额，等于单价乘数量；经办人，字符类型，宽度 8，不能为空；负责人，字符类型，宽度 8；商品代码与时间为关键字）

以下实验基于 3.3.4 节所建的 Student 表、Course 表、Sc 表，写出各题 SQL 语句并执行，记录实验步骤。

（5）分别定义 Student 表、Course 表、Sc 表的主键为：Sno、Cno 和 Sno 加 Cno。

（6）规定 Student 表中 Sname 只能取唯一值。

（7）规定 Ssex 只能取男或女之一。

（8）规定 Sdept 的默认值为"计算机系"。

（9）向 Student 表增加"入学时间"列，其数据类型为日期型。

（10）将 Sage 的数据类型改为 SMALLINT。

（11）规定 Grade 值不能超过 100。

（12）删除学生姓名必须取唯一值的约束。

（13）禁止 Sc 表中的参照完整性。

（14）向 Course 表中增加一个约束，以限制 Ccredit 的取值范围为 1～4。

记录所设计的语句及执行情况。

实验 5　应用工具程序定义数据表

5.1　实验目的

（1）深入掌握 SQL 数据库定义语句与数据维护语句。
（2）了解通过高级语言操纵数据库的方法。
（3）了解通过 JDBC-ODBC 联系数据库的理论与方法。
（4）学习应用辅助生成 SQL 建表语句程序并建立数据表的技术。
（5）学习应用辅助生成表结构维护的 SQL 语句程序和修改数据表结构的技术。
（6）深入掌握数据完整性控制的理论与技术。

5.2　预备知识

（1）ODBC 是微软定义的一种开放式数据库连接技术，为异种数据库的访问提供了统一的接口。它基于 SQL，并且作为访问数据库的标准，为应用程序提供了一套数据库调用接口函数和基于动态链接库的运行支持环境，使开发数据库应用程序时可以使用标准的 ODBC 函数和 SQL 语句。一个应用程序可以通过一组通用的代码访问不同的数据库管理系统，可以为不同的数据库提供相应的驱动程序，提供统一接口，是一种公认的关系数据源的接口界面。

（2）ODBC 应用程序的任务包括：①连接数据源；②向数据源发送 SQL 语句；③为 SQL 语句执行结果分配存储空间；④读取结果；⑤提交处理结果；⑥请求提交和回滚事务；⑦处理出错；⑧在处理完毕后断开与数据源的连接。

（3）应用 ODBC 开发应用系统先要建立数据源，之后建立程序与数据源的联系。例如创建连接 SQL Server 中"学生"数据库的数据源的步骤为：开始→控制面板→管理工具→数据源（ODBC）→用户 DSN→添加。

选择驱动程序的名称，如图 5.1 所示，之后单击"完成"按钮。

图 5.1　选择驱动程序的名称

确定数据源和服务器名称，本书有关实验程序要求在"名称"文本框中填 sql1，在"描述"文本框中填 sql1，在"服务器"组合框中填 SQL Server 2014，服务器类型选择数据引擎时所填写的服务器名，单击"下一步"按钮，如图 5.2 所示。

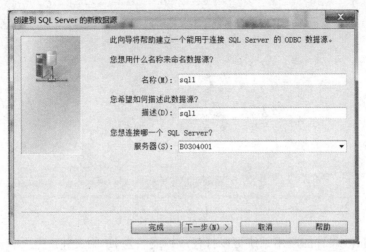

图 5.2　确定数据源和服务器名称

选择"使用网络登录 ID 的 Windows NT 验证"单选项，单击"下一步"按钮，如图 5.3 所示。

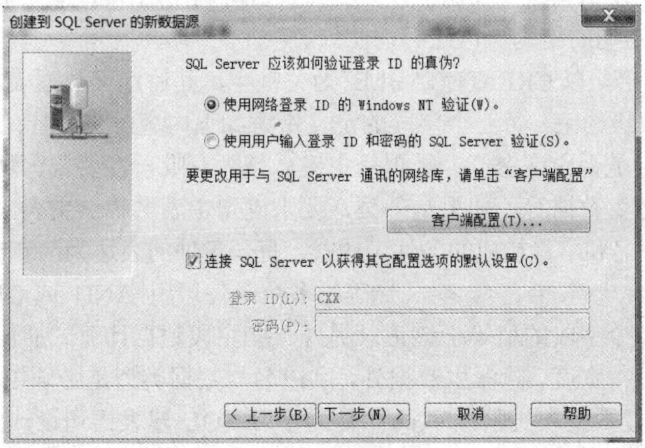

图 5.3　选择验证方式

在"更改默认的数据库为："复选项的下拉列表框中选择所建数据库名（例如选择"学生"），单击"下一步"按钮，如图 5.4 所示。

选择语言，单击"下一步"按钮，再单击"完成"按钮，测试数据源，验证连接成功后单击"确定"按钮。

（4）JDBC 是 Sun 公司制定的 Java 数据库连接技术，由一组用 Java 语言编写的类和接口组成，是 Java 应用程序连接 DBMS 的标准方式，使用 Java 语言开发。步骤：①将 JDBC 化为 ODBC 驱动，利用 JDBC-ODBC 桥和 ODBC 驱动访问数据库；②连接数据库驱动程序；③建立执行数据库操作的接口；④执行 SQL 语句，产生执行结果集；⑤运行 Java 语言程序对结果集进行处理。以上内容在 Java 程序中实现，应用人员无需掌握。

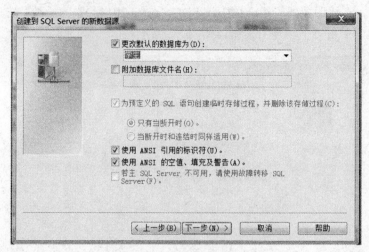

图 5.4　选择联系的数据库

（5）应用 Java 设计的应用系统可以打包成扩展名为.jar 的文件，当正确安装 JDK 及设置环境之后（见实验 2），只需双击其文件名就可以执行 Java 程序。程序会将对数据库进行的操作过程对应用人员隐藏起来，使得应用人员无需学习高级语言就能快速地操作数据库。

（6）本书设计了生成建表 SQL 语句的程序"新建数据表实验程序.jar"和表结构维护 SQL 语句生成程序"数据表结构维护实验.jar"。实验人员可利用这两个程序练习 SQL 语句设计技术，深入了解 SQL 语句的结构、语法、句法。

（7）SQL 建表语句以 CREATE TABLE 为关键字，其后定义数据表名，再依次定义每一个字段，最后定义表级约束。每一个字段的定义考虑如下内容：字段名、选择数据类型、定义最大宽度、小数位、是否允许空值、是否是主键、是否有唯一性要求、默认值、是否是外键、域约束条件、是否派生数据等。如果是外键，要求确定主表名称、主表主键名称、外键名称。域约束条件是由字段名和常量构成的条件表达式，每一条件的表达为：<字段名><关系符><常量>。其中关系符有>、>=、=、<、<=、!=等，多个条件可用 AND 或 OR 联系在一起。派生数据指一条记录中一个字段的值等于该记录另外一些字段数据计算式的值，如果指定公式，在语句中不写数据类型与宽度。除派生数据外，字段名与数据类型是必须填写项，其他内容根据设计需要填写。"新建数据表实验程序.jar"是为学习 SQL 建表语句设计的程序，用于辅助生成建立数据表的 SQL 语句。操作时首先定义数据表名称，之后在 SQL 语句框中建立语句。随着定义字段名、数据类型、宽度、小数位数、主键、外键等操作过程，不断修改 SQL 语句，帮助读者了解 SQL 语句的结构与内涵。当输入完各项参数后，单击"生成新表"按钮，执行 SQL 语句，完成建表操作。也可以复制所生成的 SQL 语句到查询窗口中后单击"执行"按钮。每个字段定义先从定义字段名、选择数据类型、定义数据宽度开始。之后逐一填写：是否允许空值、是否要求唯一、是否主键、是否外键及所涉及的主表、主键、默认值、域完整性约束条件、派生数据有关公式。在填写默认值、约束条件时需要注意格式，如果是非数字类型，其常量要加单引号，数字类型常量不加引号。建表数据类型限用：字符型、整型、数字类型、日期时间型、文本类型、图像类型。操作者可修改 SQL 语句用于其他数据类型。可以直接写入 SQL

语句，再执行。全部定义完成后，单击"执行"按钮完成建表操作。

（8）SQL 修改数据表结构的语句以 ALTER TABLE 为关键字，之后分别为添加字段、添加约束、字段更名、修改字段属性、删除字段等语句。"数据表结构维护实验.jar"实验程序根据这些内容分别通过不同的按钮程序实现，其中添加约束与修改字段采用同一按钮。设计者首先选择当前数据库中要修改结构的表，在表格中将显示当前设计的表结构情况。如果要修改某字段属性，可单击该字段所在行，该字段原设计的属性将显示到字段属性文本框中，操作者只需填写修改后的数据，之后单击相应按钮，即可生成相关 SQL 语句。可以单击"执行"按钮完成对数据表结构的修改操作，也可以复制 SQL 语句到查询窗口中，单击"执行"按钮。

5.3　实验范例

（1）安装 SQL Server 2014、JDK 6.0 并正确配置环境变量，保证能正确执行 Java 程序。

（2）建立实验用文件夹。

（3）进入 SQL Server 2014 系统，建立数据库，例如"图书管理"数据库。

（4）建立 ODBC 数据源 sql1，操作步骤如下：开始→设置→控制面板→管理工具→数据源（ODBC）→添加→SQL Server→输入名称：sql1、描述：sql1、选择当前服务器名称→下一步→下一步→更改数据库名称为所选择的数据库，例如"图书管理"→下一步→完成。

注意数据源名称为 sql1，必须正确选择数据库。

（5）将程序文件"新建数据表实验程序.jar"复制到实验用文件夹中并双击。

5.3.1　建立数据表——生成CREATE TABLE语句

1. 建立"图书信息"表

表的结构：书号，字符类型，宽度 13，主键；书名，Unicode 字符类型，宽度 20，不得空；类别，字符类型，宽度 4，不得空；作者，Unicode 字符类型，宽度 4，不得空；译者，Unicode 字符类型，宽度 4；出版日期，日期时间类型，默认为当前系统日期；价格，精确数据类型，整数部分 9 位，小数部分 2 位，最大不超过 1000 元。

双击"新建数据表实验程序.jar"。

（1）在"新表名称"输入框中输入表名"图书信息"。

（2）在"字段名称"输入框中输入第一个字段名"书号"，选择 CHAR 数据类型，输入宽度 13，选择"是"主键。单击"加入表格"按钮添加到表格中。

（3）输入第二个字段名"书名"，选择 NCHAR 数据类型，输入宽度 4。

可以同步看到在 SQL 文本框中生成语句的过程，如图 5.5 所示。当前在 SQL 文本框中生成的未完成的语句如下：

```
CREATE TABLE 图书信息(书号 CHAR(13) PRIMARY KEY(书号),书名 NCHAR(4))
```

（4）在"字段名称"输入框中输入字段名"类别"，选择 CHAR 数据类型，输入宽度 4，"允许空？"选择"否"。单击"加入表格"按钮添加到表格中。

（5）在"字段名称"输入框中输入字段名"作者"，选择 NCHAR 数据类型，输入宽度 4，"允许空？"选择"否"。单击"加入表格"按钮添加到表格中。

（6）在"字段名称"输入框中输入字段名"译者"，选择 NCHAR 数据类型，输入宽度 4。单击"加入表格"按钮添加到表格中。

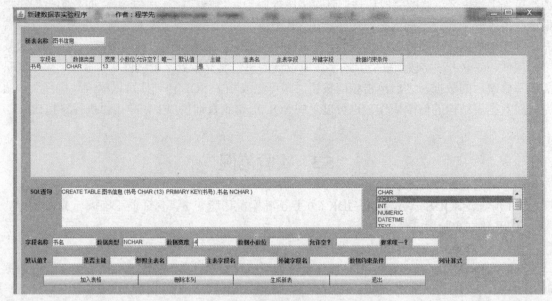

图 5.5　新建数据表实验程序界面

（7）在"字段名称"输入框中输入字段名"出版日期"，选择 DATETIME 数据类型，默认值输入 GETDATE()。单击"加入表格"按钮添加到表格中。

（8）在"字段名称"输入框中输入字段名"价格"，选择 NUMERIC 数据类型，输入宽度 12，小数位 2，在数据约束条件中输入：价格<=1000。单击"加入表格"按钮添加到表格中，如图 5.6 所示。

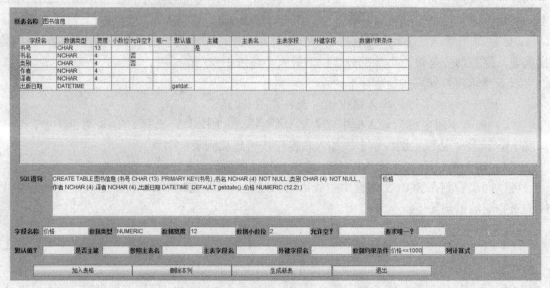

图 5.6　生成建立图书信息表 SQL 语句

（9）可以看到在 SQL 语句文本框中生成语句：

```
CREATE TABLE 图书信息(书号 CHAR(13) PRIMARY KEY(书号),书名 NCHAR(4) NOT NULL,类
别 CHAR(4) NOT NULL,作者 NCHAR(4),译者 NCHAR(4),出版日期 DATETIME DEFAULT
GETDATE()价格 NUMERIC(12,2) CHECK(价格<=1000))
```

（10）单击"生成新表"按钮，可以发现图书信息表已经建立。如果操作失败，可将所生成的语句复制到查询窗口中试执行，检查错误所在。

2. 建立"借阅信息"表

表的结构：书号，字符类型，宽度 13，参照图书信息表中的书号；读者姓名，Unicode 字符类型，宽度 4，不得空；操作员姓名，Unicode 字符类型，宽度 4，不得空；借书日期，日期时间类型，默认为当前系统日期；还书日期，日期时间类型；书价，精确数据类型，整数部分 9 位，小数部分 2 位，最大不超过 1000 元。主键：书号加读者姓名。

双击"新建数据表实验程序.jar"。

（1）在"新表名称"输入框中输入表名"借阅信息"。

（2）在"字段名称"输入框中输入第一个字段名"书号"，选择 CHAR 数据类型，输入宽度 13，选择"是"主键。在"参照主表名"中输入"图书信息"，在"主表字段名"中选择"书号"，在"外键字段名"中选择"书号"。单击"加入表格"按钮添加到表格中。此时生成的 SQL 语句为：

```
CREATE TABLE 借阅信息(书号 CHAR(13) PRIMARY KEY (书号) CONSTRAINT Fr_书号 FOREIGN
KEY REFERENCES 图书信息(书号))
```

（3）输入第二个字段名"读者姓名"，选择 NCHAR 数据类型，输入宽度 4，选择"是"主键。在 SQL 文本域框中生成语句为：

```
CREATE TABLE 借阅信息(书号 CHAR(13) CONSTRAINT Fr_书号 FOREIGN KEY REFERENCES 图
书信息(书号),读者姓名 NCHAR(4),PRIMARY KEY(书号,读者姓名))
```

单击"加入表格"按钮。

（4）在"字段名称"输入框中输入字段名"操作员姓名"，选择 NCHAR 数据类型，输入宽度 4，"允许空？"选择"否"。单击"加入表格"按钮添加到表格中。

（5）在"字段名称"输入框中输入字段名"借书日期"，选择 DATETIME 数据类型，默认值输入 GETDATE()。单击"加入表格"按钮添加到表格中。

（6）在"字段名称"输入框中输入字段名"还书日期"，选择 DATETIME 数据类型，单击"加入表格"按钮添加到表格中。

（7）在"字段名称"输入框中输入字段名"书价"，选择 NUMERIC 数据类型，输入宽度 12，小数位 2，在数据约束条件中输入：价格<=1000。单击"加入表格"按钮添加到表格中。可见到在 SQL 语句文本域框中生成语句：

```
CREATE TABLE 借阅信息(书号 CHAR(13) CONSTRAINT Fr_书号 FOREIGN KEY REFERENCES 图
书信息(书号),读者姓名 NCHAR(4),操作员姓名 NCHAR(4) NOT NULL,借书日期 DATETIME
DEFAULT GETDATE(),还书日期 DATETIME,书价 NUMERIC(12,2) CHECK (书价
<=1000),PRIMARY KEY (书号,读者姓名))
```

（8）单击"生成新表"按钮，可以发现借阅信息表已经建立。如果操作失败，可将所生成的语句复制到查询窗口中试执行，检查错误所在。

5.3.2 修改数据表结构——生成ALTER TABLE语句

（1）在图书信息表中添加字段：入库日期，日期时间类型，不大于当前系统日期；借阅

次数，整型，大于等于 0；出版社，Unicode 字符类型，宽度 20；目录，文本类型；封面图片，图像类型。利用程序"数据表结构维护实验.jar"写出 SQL 语句并上机验证。

1）添加"入库日期"字段。

双击"数据表结构维护实验.jar"，选择输入表名"图书信息"，可以发现在表格中显示了当前"图书信息"表的结构信息。在"字段名称"输入框中输入"入库日期"，"数据类型"选择 DATETIME，在"数据约束条件"输入框中输入"入库日期>=GETDATE()"，如图 5.7 所示。

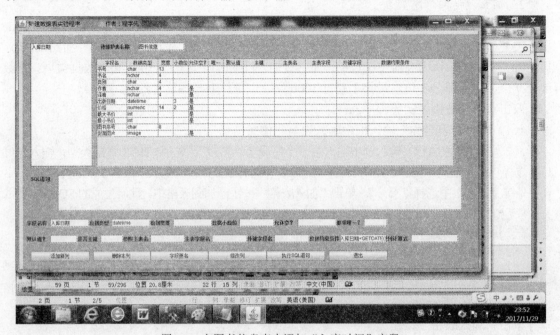

图 5.7　在图书信息表中添加"入库时间"字段

单击"添加新列"按钮，生成 SQL 语句：ALTER TABLE 图书信息 ADD 入库日期 DATETIME CHECK (入库日期<GETDATE())。单击"执行 SQL 语句"按钮完成添加。如果操作失败，可将所生成的语句复制到查询窗口中试执行，检查错误所在。

进入对象资源管理器，尝试向图书信息表输入一条记录，例如输入入库日期为 2021-01-01，将报错。可见所添加的 CHECK 约束已经生效。

2）添加"借阅次数"字段。

在程序"数据表结构维护实验.jar"运行界面的"字段名称"输入框中输入"借阅次数"，"数据类型"选择 INT，在"数据约束条件"输入框中输入"借阅次数>=0"，单击"添加新列"按钮，生成 SQL 语句：

ALTER TABLE 图书信息 ADD 借阅次数 INT CHECK (借阅次数>=0)

单击"执行 SQL 语句"按钮完成添加。

3）添加"出版社"字段。

在"字段名称"输入框中输入"出版社"，"数据类型"选择 NCHAR，在"宽度"输入框中输入 20，单击"添加新列"按钮，生成 SQL 语句：

ALTER TABLE 图书信息 ADD 出版社 NCHAR(20)

单击"执行 SQL 语句"按钮完成添加。

4）添加"目录"字段。

在"字段名称"输入框中输入"目录"，"数据类型"选择 TEXT，单击"添加新列"按钮，生成 SQL 语句：

```
ALTER TABLE 图书信息 ADD 目录 TEXT
```

单击"执行SQL语句"按钮完成添加。

5）添加"封面图片"字段。

在"字段名称"输入框中输入"封面图片"，"数据类型"选择 IMAGE，单击"添加新列"按钮，生成 SQL 语句：

```
ALTER TABLE 图书信息 ADD 封面图片 IMAGE
```

单击"执行 SQL 语句"完成添加。

注意：本程序可以修改 2 个以上主键或 2 个以上外键的结构。但要注意，单击表中一行，如果不是建立双字段主键，要先将原字段名称删除，否则后面移下来的字段数据不全。

（2）修改图书信息表中的字段"入库日期"为"入库时间"。

在程序"数据表结构维护实验.jar"运行界面表格中单击"入库日期"行，在"字段名称"中见到"入库日期"等属性数据，单击"字段更名"按钮，在弹出的"输入"对话框中输入字段新名"入库时间"，单击"确定"按钮，回到运行界面，可以看到新生成 SQL 语句：

```
EXEC Sp_Rename '图书信息.入库日期','入库时间','COLUMN'
```

单击"执行 SQL 语句"按钮完成修改。

（3）将图书信息表中字段"出版社"的宽度从 20 改为 16。

在程序"数据表结构维护实验.jar"运行界面表格中单击"出版社"行，"字段名称"中见到"出版社"等属性数据，在"宽度"中将 20 改为 16，单击"修改列"按钮，可以看到新生成 SQL 语句：

```
ALTER TABLE 图书信息 AFTER COLUMN 出版日期 NCHAR(20)
```

单击"执行 SQL 语句"按钮完成修改。

（4）将图书信息表中的"译者"字段删除。

在表格中单击"译者"行，单击"删除本列"，可以看到新生成 SQL 语句：

```
ALTER TABLE 图书信息 DROP COLUMN 译者
```

单击"执行 SQL 语句"按钮完成删除。

（5）一般管理系统对于主要管理对象常需要设置一个代码作为主键。例如"图书信息"表中，全国统编的"书号"字段代表的是书名、作者、出版社等发行信息，在一个图书馆内，同一书号的书可能有多本，该属性字段不具有唯一性。另外，该数据太长，一般可长达 22 位以上，不方便平时的管理，因此，一般设计内部使用的图书代码，例如"图书序号"作为主键，原"书号"不再作为主键。

要求删除图书信息表中书号的主键，宽度改为 25。添加"图书序号"字段，字符类型，宽度 8，将该字段定为主键。将"借阅信息"表中的"书号"更名为"图书序号"，为"图书信息"表中"图书序号"的外键。

1）删除"借阅信息"表中的外键。

进入 SQL Server 对象资源管理器，进入图书管理数据库，进入借阅信息表的设计状态，右击"书号"，选择"关系"选项，可以见到"选定的关系"中有约束名"Fr_书号"，如果单击右边对话框中"表和列规范"右边的［…］按钮，可以见到关于外键设置定义的主键和外键信息。单击"Fr_书号"，单击"删除"按钮，删除书号关于图书信息表的外键约束。

注意，要删除图书信息表中书号的主键约束，必须先删除与其有关的外键约束。在创建表的时候定义的约束，要进入对象资源管理器，应用可视化操作删除。其方法是单击约束名称，之后单击"删除"按钮。

2）删除"图书信息"的主键。

进入 SQL Server 对象资源管理器，进入图书管理数据库，进入图书信息表的设计状态，右击"书号"左边的钥匙图案，选择"删除主键"，删除书号的主键，同时将其宽度改为 25。

3）删除"借阅信息"的主键。

进入"借阅信息"表的设计状态，右击"书号"左边的钥匙图案，选择"删除主键"，删除"书号"和"读者姓名"双字段的主键。

4）在"图书信息"中添加新列。

双击"数据表结构维护实验.jar"，选择输入表名"图书信息"，可以发现在表格中显示了当前"图书信息"表的结构信息。在"字段名称"输入框中输入"图书序号"，"数据类型"选择 CHAR，"数据宽度"输入 8，"是否主键"选择"是"，单击"添加新列"按钮。可见生成 SQL 语句：ALTER TABLE 图书信息 ADD 图书序号 CHAR(8) PRIMARY KEY(图书序号)。单击"执行 SQL 语句"完成添加。（也可将 SQL 语句复制到查询窗口中执行，比较二者的异同。）

5）在"借阅信息"中添加新列"图书序号"。

在程序"数据表结构维护实验.jar"运行界面选表名"借阅信息"，表格中数据将变为"借阅信息"中字段属性。

在"字段名称"输入框中输入"图书序号"，"数据类型"选择 CHAR，在"数据宽度"输入框中输入 8，在"参照主表名"输入框中输入"图书信息"，在"主表字段名"中选择"图书序号"，在"外键字段名"中选择"图书序号"。单击"添加新列"按钮，生成的 SQL 语句为：

```
ALTER TABLE 借阅信息 ADD 图书序号 CHAR(8) CONSTRAINT Fr_图书序号 FOREIGN KEY
REFERENCES 图书信息(图书序号)
```

单击"执行 SQL 语句"按钮完成添加。

注意：由于本表将"图书序号"和"读者姓名"定义为双主键，因此本句不定义主键。

特别注意，本例中先在对象资源管理器中删除借阅信息表中外键，再删除两个表中原主键，之后再用 SQL 语句添加新字段，定义图书信息表中新主键，定义借阅信息表中外键与新主键。这样的次序如果打乱，将出现错误。

6）将"借阅信息"表中"书号"字段的宽度改为 25。

在表格中单击"书号"行，书号行的有关信息将显示在下面文本框中，将"宽度"改为25，单击"修改列"按钮，生成的 SQL 语句：

```
ALTER TABLE 借阅信息 AFTER COLUMN 书号 CHAR(25)。
```

单击"执行 SQL 语句"按钮完成修改。

7）将"借阅信息"表中"图书序号"和"读者姓名"字段定为主键。

在表格中单击"图书序号"行，在"字段名称"中显示"图书序号"；再单击表格中"读者姓名"行，在"字段名称"输入框中显示"图书序号,读者姓名"；在"是否主键"中选择"是"，单击"修改列"按钮，生成 SQL 语句：

```
ALTER TABLE 借阅信息 ADD PRIMARY KEY(图书序号,读者姓名)。
```

单击"执行 SQL 语句"按钮完成修改。

5.4　实验练习

（1）求应用"新建数据表实验程序.jar"生成"图书管理"数据库中"读者信息"表的语句。要求包括如下字段：读者编号，字符类型，宽度 8，主键；读者姓名，Unicode 字符类型，宽度；身份证号，字符类型，宽度 18；性别，字符类型，宽度 2，只能为男或女，默认值：男；年龄，整型；电话，字符类型，宽度 11；办证日期，日期时间类型；押金，精确数据类型，总长 12，小数位 2，大于等于 0 小于等于 200。

要求写出操作步骤，写出生成的 SQL 语句，报告调试情况。

（2）求应用"数据表结构维护实验.jar"生成删除"借阅信息"表中"读者姓名"字段的 SQL 语句。说明在删除该字段前需要做的工作。

（3）求应用"数据表结构维护实验.jar"在"借阅信息"表中生成"读者编号　字符类型　宽度 8"字段的 SQL 语句。

（4）求应用"数据表结构维护实验.jar"在"借阅信息"表中生成定义"读者编号"和"图书序号"字段为主码的语句。

（5）求应用"数据表结构维护实验.jar"规定在"借阅信息"表中"读者编号"字段为"读者信息"表中"读者编号"字段的外码。

（6）求应用"新建数据表实验程序.jar"或"数据表结构维护实验.jar"生成以下关于实验 3、实验 4 中实验课题的 SQL 语句，与之前结果对照。

1）应用程序生成语句建立表 4.3 所要求的工资表。

2）求新建列：应发工资，其"计算式"为：基本工资+津贴。

3）求在工资表中建新列：实发工资=基本工资+津贴-三金扣款。

4）在 Student 表中增加"班级"列，NCHAR 数据类型，宽度 16。

5）将"入学时间"列数据类型改为日期时间型。

6）将 Student 表中"学号"和 Course 表中"课号"定为主键。

7）为"学分"增加约束：大于 0 且小于 6。

8）为"性别"添加约束：只能取男或女二者之一。

9）将 Sc 表中的"学号"和"课号"定为主键。

10）将 Sc 表中的"学号"和"课号"分别定为 Student 表中"学号"和 Course 表中"课号"的外键。

11）将 Course 表中"课名"改名为"课程名"。

12）将部门表中"部门号"设置为主键。

13）要求规定部门表中"部门名称"不能有重复值。

14）设置职员表中"部门号"为部门表中"部门号"的外键。

15）为工资表定义 CHECK 约束，要求"基本工资"不超过 5000 元。

16）为职员表"部门号"设置默认值：10。

17）为工资表定义主键："员工号"与"发放年月"。

实验 6 数据维护

6.1 实验目的

（1）掌握 SQL 数据录入语句结构与设计方法，掌握应用 SQL 语句录入数据的技能。

（2）掌握 SQL 修改数据表中数据的语句结构与设计方法，掌握应用 SQL 语句修改数据库中数据的技能。

（3）掌握 SQL 删除数据表中数据的语句结构与设计方法，掌握应用 SQL 语句删除数据库中数据的技能。

（4）应用"录改删 SQL 语句生成.jar"程序学习带图与不带图 SQL 数据维护语句设计方法。

6.2 预备知识

1. 向数据表录入数据的 INSERT INTO 语句

（1）格式 1：INSERT INTO{<表名>|<视图名>}[(<字段名> [,<字段名>]…)]
VALUES({DEFAULT|NULL|<表达式>} [,<表达式>]…)

其中[(<字段名> [,<字段名>]…)]指一到多个列的名字，彼此用逗号分隔。如给了字段名，则要求表达式的值的个数和字段名的个数相同，且类型等属性对应相同。表名后如不写字段名，表示准备给出表的所有字段的数据，要求表达式个数与表的字段个数相同，且类型一一对应。{DEFAULT|NULL|<表达式>}表示多个 DEFAULT|NULL|<表达式>的集合，彼此用逗号分隔，其数量与顺序要和[(<字段名> [,<字段名>]…)]一致，如果语句中省略[(<字段名> [,<字段名>]…)]，要和表定义的结构中列的数量与顺序一致。DEFAULT|NULL|<表达式>可以是DEFAULT，或者是 NULL，或者是<表达式>，DEFAULT 表示按表定义中关于列默认值的定义填入。NULL 表示填入"空"，只有表定义中允许为空值的列允许填入。<表达式>指当前可以计算得到具体数据的计算式或函数式。

（2）格式 2：INSERT INTO <表名> [(<字段名> [,<字段名>]…)]<子查询>

这一格式将子查询结果插入表中，同样子查询的结果表中字段个数应与标明的字段名个数相同且类型一一对应，表中未插入的字段值取空值 NULL。如语句中不标明字段名，则子查询中目标列个数应和表中字段个数相同且类型一一对应。

上述修改、删除、录入语句中所针对的表也可以是针对行列子集视图的，通过视图实现对基本表的更新。但如果是非行列子集视图，其中某些字段对应的是按某种表达式对基本表运算的结果，或者视图是基于多表建立的，将不能通过这样的视图对视图涉及的所有字段实现对所有有关基本表的更新。

有些数据库系统，在定义视图时规定了某些限制，例如限定某些字段允许更新，某些字段不允许更新，或规定筛选条件，则视图更新必须在其预定范围内。

2. 修改数据表中数据的 UPDATE 语句

格式：UPDATE <表名> SET <字段 1>=<表达式 1> [,<字段 2>=<表达式 2>]…

[WHERE <条件表达式>]

3. 删除数据表中数据的 DELETE 语句

格式：DELETE FROM <表名> [WHERE <条件表达式>]

6.3　实验范例

6.3.1　向数据表录入数据的 INSERT INTO 语句

从随书光盘"实验数据文件备份/实验 6"所附 Gzgl.bak 恢复 Gzgl 数据库，如果因为 DBMS 版本关系无法还原或附加，可将"实验 6 数据备份.doc"中语句复制到查询编辑器并执行，要求生成职员表、部门表、工资表等数据表。

（1）已知某职员工号为 009，姓名：周杰伦，性别：男，出生日期：1983 年 1 月 1 日，手机号码：13976629547，工龄：8 年，部门号：01，备注：爱好音乐。已知部门号 01 代表销售科。

求使用 T-SQL 语句向职员表录入该员工记录。

操作：在对象资源管理器中单击"新建查询"按钮，注意数据库名应为 Gzgl，将以下语句输入到查询窗口中：

```
INSERT INTO 职员 VALUES ('009','周杰伦','男','1983-1-1','13976629547',8,'01','爱好音乐')
```

单击"执行"按钮，报错：

```
消息 547，级别 16，状态 0，第 1 行
INSERT 语句与 FOREIGN KEY 约束"Fr_部门号 1"冲突。该冲突发生于数据库"Gzgl"，表"dbo.部门"，COLUMN '部门号'。
语句已终止。
```

检查知道根据结构定义，"职员"表中"部门号"存在对"部门"表中"部门号"的参照关系，目前，在"部门"表中不存在部门号为 01 的记录，因此本次录入失败。

重新执行以下两句语句，执行成功。

```
INSERT INTO 部门表 VALUES ('01','销售科','')
INSERT INTO 职员 VALUES ('009','周杰伦','男','1983-1-1','13976629547',8,'01','爱好音乐')
```

注意：目前向"部门"表录入数据时尚未知道其电话号，而为了方便，本语句中没有写出字段名，那么意味我们必须输入所有字段的数据。为了保证数据个数与字段个数的一致，在"电话"字段位置放置了空字符常量""。

右击"职员表"，选择"编辑前 200 行"选项，可见数据录入成功。

注意在写语句时书写常量的格式。凡是字符类型的常量数据必须加单引号，而数字类型数据不能加单引号。日期类型常量格式一般为：YYYY-MM-DD，表示年份数据 4 位，月 2 位，日期 2 位，之间用减号分隔。例如 2017-02-01，其中月份数据和日期数据打头的 0 可以不写，在写条件式时其常量可以加也可以不加单引号。

（2）已知职员表、部门表中数据如表 6.1 和表 6.2 所示，求将数据输入到两个表中。写出 SQL 语句并输入到查询窗口中执行。

表 6.1　职员表数据

员工号	姓名	性别	出生日期	手机号码	工龄	部门号	备注
001	刘宇	男	1972-1-3	13971235426	12	01	爱好书法
002	张建英	女	1974-8-4	13982734521	10	01	爱好体育
003	余贺	男	1975-7-5	13823683432	11	01	爱好文学
004	李方弟	男	1973-2-4	13993234211	30	02	
005	王紫	女	1972-3-12	15902323321	5	01	01 负责人
006	岳亮	男	1973-10-2	15923132953	25	01	
007	袁缘	女	1972-9-6	13979923813	3	02	02 负责人
008	黎冰清	女	1974-11-30	13934257613	3	02	爱好音乐

表 6.2　部门表数据

部门号	部门名	电话
01	销售科	6011
02	采购科	6015
03	管理科	5103

操作：第一个部门的数据已经录入，下面录入后两个部门的数据。将以下语句输入到查询窗口中：

```
INSERT INTO 部门表 VALUES ('02','采购科','6015')
INSERT INTO 部门表 VALUES ('03','管理科','5103')
INSERT INTO 职员表 VALUES ('001','刘宇','男','1972-1-3','13971235426',12,'01','爱好书法')
INSERT INTO 职员表 VALUES ('002','张建英','女','1974-8-4','13982734521',10,'01','爱好体育')
INSERT INTO 职员表 VALUES ('003','余贺','男','1975-7-5','13823683432',11,'01','爱好文学')
INSERT INTO 职员表 VALUES ('004','李方弟','男','1973-2-4','13993234211',30,'02','')
INSERT INTO 职员表 VALUES ('005','王紫','女','1972-3-12','15902323321',5,'01','01 负责人')
INSERT INTO 职员表 VALUES ('006','岳亮','男','1973-10-2','15923132953',25,'01','')
INSERT INTO 职员表 VALUES ('007','袁缘','女','1972-9-6','13979923813',3,'02','02 负责人')
INSERT INTO 职员表 VALUES ('008','黎冰清','女','1974-11-30','13934257613',3,'02','爱好音乐')
INSERT INTO 职员表 VALUES ('009','周杰伦','男','1983-1-1','13976629547',8,'01','爱好音乐')
```

单击"执行"按钮，完成录入。

进入各表数据编辑窗口可见到数据已经成功录入。

（3）工资表的数据每月变化，其中有些数据除调资时改变，其余时候常年不变。如表 6.3 中数据就是一般常年不变的数据，欲录入到数据库中。写出实现此目标的 SQL 语句。

表 6.3　工资表一般不变的数据

员工号	基本工资	职务工资	三金扣款	应发工资	实发工资
001	5660	500			
002	5560	380			
003	5680	610			
004	5730	680			
005	5450	430			
006	5850	710			
007	5420	310			
008	5520	380			

操作：由于本表中许多字段的数据未知，因此在语句中有必要写明与输入的数据所相关的字段名，使不必填入太多的空数据。将以下语句输入到查询窗口中。

```
INSERT INTO 工资表(员工号,基本工资,职务工资) VALUES ('001',5660,500)
INSERT INTO 工资表(员工号,基本工资,职务工资) VALUES ('002',5560,380)
INSERT INTO 工资表(员工号,基本工资,职务工资) VALUES ('003',5680,610)
INSERT INTO 工资表(员工号,基本工资,职务工资) VALUES ('004',5730,680)
INSERT INTO 工资表(员工号,基本工资,职务工资) VALUES ('005',5450,430)
INSERT INTO 工资表(员工号,基本工资,职务工资) VALUES ('006',5850,710)
INSERT INTO 工资表(员工号,基本工资,职务工资) VALUES ('007',5420,310)
INSERT INTO 工资表(员工号,基本工资,职务工资) VALUES ('008',5520,380)
```

单击"执行"按钮，完成录入。

上一组实验中录入销售科数据，所知数据不全，缺少"电话"字段的数据，但语句中并未标明字段名，而是在数据中用空填充未知数据，其语句为：INSERT INTO　部门表　VALUES ('01','销售科','')。比较以上两种策略，可以得到这样的经验：在使用 INSERT INTO　语句录入数据时，如果只知道少数字段的数据，或者不能保证所知道数据顺序与数据表定义时字段的顺序相同，就应当在表名后声明字段名。

要注意的是，如果在语句中声明了部分字段名，在录入数据时，填入到未声明的那些字段中的数据除规定了默认值的以外都是 NULL，这些字段必须允许空值。

6.3.2　修改数据表中数据的 UPDATE 语句

将下列各题中的语句输入到查询窗口中后单击"执行"按钮。

（1）已知销售科电话号码为 6011，将之录入到数据表中。

分析：虽然本题用的汉语词汇是"录入"，但是是在已经输入的记录中修改一个字段的数据值，因此要采用数据修改语句。

UPDATE 部门表 SET 电话='6011' WHERE 部门号='01'

（2）职员表中9号职工姓名是周杰伦，但实际是周杰，求修改数据。

UPDATE 职员表 SET 姓名='周杰' WHERE 员工号='009'

（3）如果某月工资表数据如表6.4所示，求在工资表不变数据的基础上完成全部数据录入。

表6.4　工资表数据

员工号	基本工资	职务工资	三金扣款	应发工资	实发工资
001	5660	500	268.8	6160	5891.2
002	5560	380	300.5	5940	5639.5
003	5680	610	330.7	6290	5959.3
004	5730	680	380.8	6410	6029.2
005	5450	430	258.3	5880	5621.7
006	5850	710	480.3	6560	6079.7
007	5420	310	269.5	5730	5460.5
008	5520	380	263.8	5900	5636.2

分析：这个问题属于数据修改问题，其中应发工资与实发工资为派生数据，无需录入，将自动填充。

UPDATE 工资 SET 三金扣款=268.8 WHERE 员工号='001'
UPDATE 工资 SET 三金扣款=330.7 WHERE 员工号='003'
UPDATE 工资 SET 三金扣款=380.8 WHERE 员工号='004'
UPDATE 工资 SET 三金扣款=258.3 WHERE 员工号='005'
UPDATE 工资 SET 三金扣款=480.3 WHERE 员工号='006'
UPDATE 工资 SET 三金扣款=269.5 WHERE 员工号='007'
UPDATE 工资 SET 三金扣款=263.8 WHERE 员工号='008'

6.3.3　删除数据表中的数据

如果周杰离职，删除其记录。

将以下语句输入到查询窗口中后单击"执行"按钮，完成删除。

DELETE FROM 职员表 WHERE 员工号='009'

右击"职员表"，选择"编辑前200行"选项，可见到数据删除情况。

6.3.4　运行"录改删SQL语句生成.jar"程序

双击"录改删SQL语句生成.jar"，输入表名、关键字，可选择字段后执行"普通录改"，如果表中有image字段，也可执行"含图形录改"。进入程序后可在表单中选择已经录入的记录，也可以录入新的数据，可以单击"录入语句""修改"或"删除"按钮，观察生成的SQL语句，也可以单击"执行SQL语句"或复制所生成的语句到查询编辑器中执行。在数据录入语句中，如果表单中空控件较多或表中有image字段，所生成的语句中会列出字段名，否则语句中不含字段名。如果数据表中有image字段，录入与修改语句中用问号代表其值。

6.4 实验练习

（1）欲按表 6.5 至表 6.7 所示向 Jxgl 数据库中的 Student、Course、Sc 三个表插入数据，请写出 SQL 语句。

表 6.5 Student 表

Sno	Sname	Sage	Ssex	Sdept
98001	钱横	18	男	CS
98002	王林	19	女	CS
98003	李民	20	男	IS
98004	赵三	16	女	MA
98005	欧阳勇	19	男	MA
98019	李四	18	男	IS

表 6.6 Course 表

Cno	Cname	Cpno	Ccredit
1	数据库系统	5	4
2	数学分析		2
3	信息系统导论	1	3
4	操作系统原理	6	3
5	数据结构	7	4
6	数据处理基础		4
7	C 语言	6	3

表 6.7 Sc 表

Sno	Cno	Grade
98001	1	87
98001	2	67
98001	3	90
98002	2	95
98002	3	88
98004	2	Null

（2）将学生 98001 的年龄改为 22 岁。

（3）将所有学生的年龄增加 1 岁。

（4）将信息系（IS）所有学生的年龄增加 1 岁。

（5）删除学号为 98019 的学生记录。

（6）删除 2 号课程的所有选课记录。

记录所设计的语句及执行情况。

实验 7　对单一表查询实验

7.1　实验目的

（1）掌握 SQL 查询语句的一般格式。
（2）掌握无条件的单表查询方法。
（3）掌握有条件的单表查询技术。
（4）掌握含有聚集函数的单表查询。
（5）掌握单表嵌套查询语句设计方法。
（6）掌握对查询结果排序与分组。
（7）掌握根据查询结果建立新表的方法。

7.2　预备知识

（1）查询又称检索，指在一个或多个表内找寻满足条件的记录，进行一定的处理，再按照一定的格式输出到屏幕上显示或存放到其他文件或变量集中。SQL 语句完成这一工作的是SQL 查询语句：SELECT 语句。

（2）查询以行为单位进行，首先应根据查询要求形成条件表达式，再一行行分析数据构成，当一行数据满足条件表达式时提交输出。

（3）SQL 语言数据库查询语句一般格式是：

SELECT *|{<表达式>}[INTO<新表名>] FROM {<表名>}[WHERE <条件表达式 1>][GROUP BY{<列名 1>}[HAVLNG<条件表达式 2>]][ORDER BY{<列名 2> [ASC/DESC]}]

其中 WHERE 子句、GROUP 子句、HAVING 子句、ORDER 子句均为可选项。

注意：这一条语句的意义是从 FROM 选定的基本表（或视图）中根据 WHERE 子句中的条件表达式找出满足条件的记录，按所指定的目标列选出记录中的分量形成结果表。如果有GROUP 子句，则按列分组并根据 HAVING 给定的内部函数筛选，统计各组中数据，每组产生一个元组，再按目标列选出分量形成结果表。如果有 ORDER 子句，则应对结果表按<列名 2>排序再显示。

|{<表达式>}为输出要求目标列，""表示全部列，{<表达式>}表示一到多个<表达式>，各<表达式>之间用逗号分隔。这些<表达式>可以是列名，可以是 SQL 提供的库函数，也可以是其他函数或计算式。{<表名>}可以是一到多个数据表的名字，也可以是视图的名字，如果是多个名字，名字之间用逗号分隔。{<列名 1>}指分组列的名字，如果需要对某列根据数据相同进行分组，按组输出数据，可以选择 GROUP BY 子句。{<列名 1>}中的列名可以是一个，也可以是多个。如果是多个，列名间用逗号分隔。如果是多个，分组时先按第 1 列分大组，同一大组中再按第 2 列名进一步分组，以下类同。{<列名 2> [ASC/DESC]}指排序列的名字，{}

表示可以有多个<列名> [ASC/DESC]，之间用逗号分隔，对每一列都可以指定是升序还是降序。如果是多个列，排序时先按第 1 列排，第 1 列值相同的再按第 2 列排序，以下类同。子句"HAVING 条件表达式 2"只当有 GROUP 子句的情况下才能存在，其中"条件表达式 2"只对各分组后的数据进行条件处理。

{<表达式>}的格式可以是以下格式：

1）<列名 1>,<列名 2>,…

其中<列名 1>,<列名 2>,…为 FROM 子句中所指基本表或视图中的列名。如果 FROM 子句中指定多个表，且列名有相同的时，则列名应写为"表名.列名"的形式。

2）<表达式 1>,<表达式 2>,…

其中表达式可以是涉及列的计算式，也可以是常量或其他计算式。

3）<表达式 1>，<表达式 2>还可以是 SQL 提供的库函数形成的表达式。常用的库函数（又称为聚集函数）如下：

COUNT(列名)：计算列名那一列除空值（NULL）外记录的条数。

COUNT(*)：计算记录条数。

SUM(列名)：计算某一列值的总和，该列必须为数值类型，不得为字符、文本、图像类型。

AVG(列名)：计算某一列值的平均值，该列必须为数值类型。

MAX(列名)：计算某一列值的最大值，该列不得为文本、图像类型。

MIN(列名)：计算某一列值的最小值，该列不得为文本、图像类型。

如无 HAVING 子句，上述函数完成对全表统计，否则作分组统计。

4）可以在 SELECT 与表达式表之间加一个词：DISTINCT，表示在最终结果表中，如果取出的内容中存在完全相同的记录，将只留下其中一条。

在书写时，允许使用通配符"*"和"?"。其中"*"表示任意一字符串，"?"表示任意一个字符。

5）INTO<新表名>：表示可以将查询结果输出生成一个新表，结果将不在屏幕上显示。

6）{<表名>}可以是以下形式的格式：

<表名 1>|<视图名 1> [<别名 1>] [,<表名 2>|<视图名 2> [<别名 2>]]…

注意：<表名 1>|<视图名 1>和<别名 1>间要求有空格。

7）<条件表达式 1>结构为：

<关系式 1> [AND |OR<关系式 2>]…

其中关系式一般结构为：<字段名><关系符><常量>。

其中关系符有：>、>=、<、<=、=、!=、<>、LIKE、IN、BETWEEN。

7.3　实验范例

从随书光盘"实验数据文件备份/实验 7"所附 Jxgl.bak 恢复 Jxgl 数据库或将"实验 7 数据备份.doc"中语句复制到查询编辑器并执行，要求生成 Student、Course、Sc 等数据表并输入数据。

7.3.1　实现投影运算的查询

将以下各题中语句输入到查询窗口中后单击"执行"按钮。

（1）查询全体学生的学号与姓名。

分析：如果无 WHERE 子句，输出内容就是全表所有数据。操作时注意选择数据库名称为"Jxgl"。

```
SELECT Sno,Sname FROM Student
```

说明：为了表现 SQL 语句的结构，常常将一条 SQL 语句分行书写，实际操作时也可以将语句写在同一行上，以下操作也都如此。

（2）查询全体学生的姓名、学号、所在系。

分析：查询所在系就是要求输出"系"字段这一列中的数据，只需要在上一 SELECT 语句中将"系"列入。

```
SELECT Sname,Sno,Sdept FROM Student
```

（3）查询全体学生的详细记录。

分析：详细记录实际就是一条记录所有字段的全部数据，在语句中用星号表示就可以了。

```
SELECT * FROM Student
```

（4）查询全体学生的姓名及其出生年份。

分析：如果数据表中存放的是年龄数据，要求输出出生年份，可用当前年份减去年龄得到出生年份。应用 Getdate()函数可以得到当前系统日期，用 Year(Getdate())得到当前年份。

```
SELECT Sname,Year(Getdate())-Sage AS 出生年份 FROM Student
```

（5）查询全体学生的姓名、出生年份和所在系，要求用小写字母表示所有系名。

分析：T-SQL 语言提供了许多函数（小程序），直接调用可进行相应的数据处理，可以用 Lower 函数将数据库中取出的数据中的大写字母变换为小写字母显示。使用函数的方法是在语句中用函数名调用，其后加括号，括号内提供所需要的参数。

```
SELECT Sname,Year(Getdate())-Sage AS 出生年份,Lower(Sdept) FROM Student
```

（6）查询选修了课程的学生学号。

分析：在成绩表中一条记录表示某个学生学习某一门课程的成绩，因此只要一个学生在其中有记录，就表示他选修了课程。一个学生学习的课程可能很多，如果直接输出成绩表中所有学号，就会有很多重复值，有必要用 DISTINCT 删除重复值。

```
SELECT DISTINCT Sno FROM Sc
```

7.3.2 包含有选择运算的查询（条件查询）

将下列各题中语句输入到查询窗口中后单击"执行"按钮。

（1）查询所有年龄在 20 岁以下的学生姓名及其年龄。

分析："年龄在 20 岁以下"用语句表示的方法是在 WHERE 子句中加入条件表达式：Sage<20。

```
SELECT Sname,Sage FROM Student WHERE Sage<20
```

（2）查询年龄在 20～23 岁（包括 20 岁和 23 岁）之间的学生的姓名、系别和年龄。

分析：SQL 语句中可以用谓词 BETWEEN<值 1> AND <值 2>表示要求数据在值 1 和值 2 之间。"Sage BETWEEN 20 AND 23"和"Sage<=23 AND Sage>=20"等价。

```
SELECT Sname,Sdept,Sage FROM Student WHERE Sage BETWEEN 20 AND 23
```

（3）查询年龄不在 20～23 岁之间的学生姓名、系别和年龄。

```
SELECT Sname,Sdept,Sage FROM Student WHERE Sage NOT BETWEEN 20 AND 23
```

（4）查询信息系（IS）、数学系（MA）和计算机科学系（CS）学生的姓名和性别。

分析：SQL 语句中谓词 IN<值集>表示条件是字段数据在值集数据之中。例如：A IN(10,20,25) 表示 A 的值是 10、20、25 三个值中的某一个。它和"A=10 OR A=20 OR A=25"等价。

```
SELECT Sname,Ssex FROM Student WHERE Sdept IN ('IS','MA','CS')
```

（5）查询既不是信息系、数学系，也不是计算机科学系的学生的姓名和性别。

```
SELECT Sname,Ssex FROM Student WHERE Sdept NOT IN ('IS','MA','CS')
```

（6）查询学号为 95001 的学生的详细情况。

```
SELECT * FROM Student WHERE Sno='95001'
```

（7）查考试成绩大于等于 90 的学生的学号。

```
SELECT Sno FROM Sc WHERE Grade>=90
```

（8）查询所有姓"刘"学生的姓名、学号和性别。

分析：SQL 语句中用 LIKE<模式>表示要求数据和"模式"格式相同，在<模式>中可以列出必须有的数据，也可以用特殊的符号："%"和"_"表示特定的意思，"%"（百分号）表示任意多个任意字符，"_"（下横线）表示任意一单个字符。"姓刘"用"LIKE'刘%'"表示。

```
SELECT Sname,Sno,Ssex FROM Student WHERE Sname LIKE '刘%'
```

（9）查询姓"欧阳"且全名为三个汉字的学生的姓名。

分析："姓'欧阳'且全名为三个汉字"这句话要求姓名开头二字必须是"欧阳"，其后有一个任意字符。

```
SELECT Sname FROM Student WHERE Sname LIKE '欧阳_'
```

（10）查询名字中第 3 个字为"阳"字的学生的姓名和学号。

分析：姓名第 3 个字为"阳"字，表示姓名开始有二个任意的字，后跟"阳"字，其后可能还有 1 个汉字。

```
SELECT Sname,Sno FROM Student WHERE Sname LIKE '__阳_'
```

（11）查询所有不姓"刘"的学生姓名。

```
SELECT Sname,Sno,Ssex FROM Student WHERE Sname NOT LIKE '刘%'
```

（12）某些学生选修课程后没有参加考试，所以有选课记录，但没有考试成绩。查询缺少成绩的学生的学号和相应的课程号，假定缺少成绩时分数一列的数据为空（NULL）。

分析：SQL 语句中用 IS NULL 表示为空值，IS NOT NULL 表示为非空值。

```
SELECT Sno,Cno FROM Sc WHERE Grade IS NULL
```

（13）查所有有成绩的学生学号和课程号。

```
SELECT Sno,Cno FROM Sc WHERE Grade IS NOT NULL
```

（14）查询信息系（IS）年龄在 20 岁以下的学生姓名及其年龄。

```
SELECT Sname,Sage FROM Student WHERE Sdept='IS' AND Sage<20
```

（15）查询信息系（IS）、数学系（MA）和计算机科学系（CS）男学生的姓名和性别。

```
SELECT Sname,Ssex FROM Student WHERE Sdept IN ('IS','MA','CS') AND Ssex='男'
```

（16）查询所有信息系（IS）或数学系（MA）姓刘学生的姓名、学号和性别。

```
SELECT Sname,Sno,Ssex FROM Student WHERE (Sdept='IS' OR Sdept='MA') AND Sname LIKE '刘%'
```

7.3.3　包含聚集函数的查询

将下列各题中语句输入到查询窗口中后单击"执行"按钮。

（1）查询学生总人数。

分析：学生表中每个学生有且只有一条记录，那么，记录条数就是学生人数。

`SELECT COUNT(*) FROM Student`

（2）假定成绩表中每个学生都有记录，其中什么课程什么成绩都没有的学生也有一条记录，该记录课程号字段中填写的是 NULL。求查询选修了课程的学生人数。

分析：SQL 语句中 COUNT 函数格式有两种：COUNT(*)表示记录条数，COUNT(<字段名>)表示字段值不为空值的记录条数。根据题意，在成绩表中没有成绩的学生，在其课程号字段中填写的是 NULL，那么选修了课程意思就是去掉课程号为空的记录后的记录条数。

`SELECT COUNT(DISTINCT Sno) FROM Sc`

（3）计算选修 1 号课程的学生平均成绩。

`SELECT AVG(Grade) FROM Sc WHERE Cno='1'`

（4）查询选修 1 号课程的学生最高分数。

`SELECT MAX(Grade) FROM Sc WHERE Cno='1'`

（5）计算选修 1 号课程的学生人数、最高成绩、最低成绩及平均成绩。

`SELECT COUNT(*),MAX(Grade),MIN(Grade),AVG(Grade) FROM Sc WHERE Cno='1'`

（6）求各个课程号及相应的选课人数。

分析：按课程号分组后的求每组记录条数就得到选某个课程的人数。

`SELECT Cno,COUNT(*) FROM Sc GROUP BY Cno`

（7）查询选修了 3 门以上课程的学生学号。

分析：按学号分组之后统计的每组记录数是某个学生选修课程门数，"选修了 3 门以上课程"需要在 HAVING 子句中表述。

`SELECT Sno FROM Sc GROUP BY Sno HAVING COUNT(*)>3`

（8）查询有 3 门以上课程是 90 分以上的学生的学号。

`SELECT Sno FROM Sc WHERE Grade>90 GROUP BY Sno HAVING COUNT(*)>3`

（9）查询计算机系年龄在 20 岁以下的学生姓名。

`SELECT Sname FROM Student WHERE Sage<20 AND Sdept='CS'`

7.3.4　对查询结果排序输出

将以下各题中语句输入到查询窗口中后单击"执行"按钮。

（1）查询选修了 3 号课程的学生的学号及其成绩，查询结果按分数降序排列。

`SELECT Sno,Grade FROM Sc WHERE Cno='3' ORDER BY Grade DESC`

（2）查询全体学生情况，查询结果按所在系的系号升序排列，同一系中的学生按年龄降序排列。

`SELECT * FROM Student ORDER BY Sdept,Sage DESC`

7.4　实验练习

（1）设计语句建立职员管理数据库 Zygl，参照实验 4 中的表 4.1 至表 4.3 设计语句建立职员表、部门表、工资表，参照表 6.1、表 6.2、表 6.4 设计语句录入数据。

记录全部所设计的语句。

（2）欲在职员管理数据库 Zygl 中完成以下查询，请写出 SQL 语句。

1）查询每个雇员的所有数据。

2）查询每个雇员的手机号码和工龄。

3）查询员工号为 001 的雇员的手机号码和工龄。

4）查询职员表中女雇员的手机号码和出生日期。使用 AS 子句将结果中各列的标题分别指定为 Phone_No 和 Birth_Date。

5）找出所有姓"王"的雇员的部门号。

6）找出所有收入在 2000～3000 元之间的雇员号。

7）找出所有收入不在 2000～3000 元之间的雇员号。

8）求所有手机号为空的记录。

9）求所有手机号不空的记录。

10）求所有基本工资在 1500 到 1800 之间，且三金扣款大于 300 的员工号、基本工资、津贴及三金扣款。

11）求所有 01 号部门和 02 号部门的职工的员工号、姓名、性别、部门号、工龄。

12）求基本工资的最大值、津贴的平均值、三金扣款的最小值。

13）求员工人数。

14）求部门号不空的员工人数。

15）求每个部门员工的平均工龄。

16）求平均工龄大于 10 的部门号。

17）求所有 01 号部门的职工的员工号、姓名、性别、部门号、工龄。查询结果要求先按性别排序，在性别相同情况下按工龄排序。

18）要求将 17 小题的结果存放到新表"职工简表"中。

说明每小题查询语句与查询结果。

实验 8　多表查询及查询工具的使用

8.1　实验目的

（1）掌握多表连接查询语句的格式与设计方法。
（2）掌握多表外连接查询语句的格式与设计方法。
（3）掌握多表嵌套查询语句的格式与设计方法。
（4）了解应用查询工具程序生成 SQL 查询语句的方法。

8.2　预备知识

（1）多表查询指查询条件表达式涉及多个表或输出内容涉及多个表的查询（检索）。SQL 查询语句以连接或嵌套方式适应多表查询要求。所有连接查询都以行为单位，根据一个表的一行数据和另一个表的一行数据是否满足连接条件决定是否连接到一个表之中，再判断连接后的记录是否满足检索要求。

（2）普通连接查询将多个表连接成一个表之后组织查询，其语句特点在于 FROM 子句和 WHERE 子句的变化：在 FROM 子句中指定多个表名，之间用逗号分隔；在 WHERE 子句中需要有连接条件，其结构为：

<表名 1>.<字段 1> <关系符> <表名 2>.<字段 2>

其中使用较多的"关系符"是等号。例如：有"学生"和"成绩"两个表，它们都有字段：学号，则连接查询语句中有如下内容：FROM 学生,成绩 WHERE 学生.学号=成绩.学号

进行普通连接时，原表中可能有某些记录因为不能找到另一表中满足连接条件的记录而不能形成输出。

（3）可以为表指定别名，格式为：<表名><别名>

指定别名可以理解为是在内存中复制了一个与原表相同的表，在其后语句中均用别名称呼该表，对不同别名的表可类似于多表进行连接运算。

（4）查询语句中能将参加连接的某个表或某些表中没有被连接进去的那些记录的数据也输出出来的连接称为外部连接。实现外部连接的方法是在 FROM 子句中增加有关连接的语句成分，格式为：

<表名 1> <连接类别> OUTER JOIN <表名 2>

连接类别有三种选择：LEFT、RIGHT、FULL，分别表示左、右、全。

左外连接格式为：<表名 1> LEFT OUTER JOIN <表名 2>，意义为可供选作输出内容的记录除了满足连接条件的记录之外，还要加上那些左表（<表名 1>）中不满足连接条件的记录（即<表名 1>中实际未被列入结果的记录）。

右外连接格式为：<表名 1>RIGHT OUTER JOIN <表名 2>，意义为可供选作输出内容的

记录除了满足连接条件的记录之外，还要加上那些右表（<表名 2>）中不满足连接条件的记录（即<表名 2>中实际未被列入结果的记录）。

全外连接格式为：<表名 1>FULL OUTER JOIN <表名 2>，意义为可供选作输出内容的记录除了满足连接条件的记录之外，还要同时加上那些左表（<表名 1>）中不满足连接条件的记录以及右表（<表名 2>）中不满足连接条件的记录。

（5）在连接基础上实现的多表查询可能因为连接的中间结果规模极大而大大降低查询效率。可以先对某表按某些条件组织查询并形成一个数据集，再对另外的表根据与该数据集之间的关系组织查询，可以用一条语句实现，这样的查询称为嵌套查询。嵌套查询的语句格式为一条 SELECT 查询语句的 WHERE 条件部分包含有另外的 SELECT 查询语句。

还有一些多表查询要求实现如求二表交集、求差、求商等运算，操作时需要遍历一个表的所有记录，对每一条记录又都要遍历另一个表的所有记录，才能找到满足检索要求的记录，实现的 SQL 语句也是嵌套语句，这样的查询也属于嵌套查询。

（6）"查询实验程序.jar"是一款基于 Java 设计的可视化实验工具程序，可帮助生成单表查询语句、多表等值查询语句、多表外连接查询语句，还可以在生成连接方式 SQL 语句同时生成简单的嵌入式 SQL 语句，"简单"指所生成的嵌入式 SQL 语句只能通过第一个字段的 IN 关系连接。

程序中将当前数据库（ODBC 指定的数据库）中所有表名、操作者所选择表中所有字段名、部分所选字段的数据值、关系符显示在列表框或组合框中，只需单击就可录入。会根据字段数据类型对有关常量自动加或不加单引号，以帮助提高操作效率与正确性，使操作者更好地了解 SQL 语句的格式要求。

该程序将生成 SQL 查询语句的过程分为：选择表并确定连接方式、确定查询条件表达式、确定输出，输出部分包括分组、聚集函数运算，选择生成连接方式 SQL 语句或嵌套查询语句格式，之后生成 SQL 语句。根据程序提示一步步操作，有助于理解 SELECT 语句的结构，更好地理解并学到 SQL 语句的设计方法。

操作时首先选择表名称，如果不是第一个表，可在"所选连接条件"框中显示连接条件。可选择等值连接、左连接、右连接或全连接。

"等值连接"的连接条件式写在 where 语句中，"JOIN 连接"等连接条件式写在 where 语句之前。两种条件语句不能混用。要求连接的两个数据表必须有且只有一个同名字段，连接条件是它们的值相等。

继而选择查询条件，可逐一选择字段、关系符、查询数据，单击"添加条件"按钮将查询条件子句添加到条件文本框中。之后再逐一生成其他查询条件子句。注意各子句间需用 AND 或 OR 相连。

然后生成输出要求，包括字段名、也可以有聚集函数。注意，如果有聚集函数，出现在输出要求中的字段名必须出现在聚集函数、连接条件或分组条件中。

可以选择分组要求、排序要求、转存新表要求。

之后，单击"生成 SQL 语句"按钮。如果是多表查询，将同时生成采用连接方式查询的语句和采用嵌套方式查询的语句，连接方式查询的语句显示在"SQL 语句 1"文本域框中，嵌套方式查询的语句显示在"SQL 语句 2"文本域框中。之后，单击"执行 SQL 语句 1"按钮或"执行 SQL 语句 2"按钮，可以分别执行两种 SQL 语句。

如果需要建立更复杂的 SQL 语句，需要逐一生成 SQL 子句，再自行拼接成完整语句。在 SQL 语句框中可以对语句重新编辑，也可以输入自行设计的其他 SQL 语句，之后单击"执行 SQL 语句 1"按钮执行。

8.3　实验范例

从随书光盘"实验数据文件备份/实验 8"所附 Jxgl.bak 恢复 Jxgl 数据库、从所附 Zygl.bak 恢复 Zygl 数据库，或将"实验 8 数据备份.doc"中语句复制到查询编辑器并执行，要求生成 Student 表、Course 表、Sc 表、部门表、职员表、工资表等数据表并输入数据。

8.3.1　多表连接查询

1. 在 Jxgl 数据库中完成

选择数据库名称为 Jxgl，将下列各题中的语句输入到查询窗口中后单击"执行"按钮。

（1）查询每个学生及其选修课程的课程号与分数。

分析：要求输出学生情况涉及学生表，要求输出选修课程课程号与分数，涉及成绩表。因此，在 FROM 子句中需要给出学生和成绩两个表，如果采用连接方式，在 WHERE 子句中要给出连接条件。

```
SELECT Student.*,Sc.* FROM Sc,Student WHERE Sc.Sno=Student.Sno
```

（2）查询每个学生的学号、姓名、选修的课程名及成绩。

分析：本查询涉及学生与成绩两个表，其中都有学号字段，在写语句时凡是学号字段都要在字段名前加表名。

```
SELECT Student.Sno,Sname,Cno,Grade FROM Student,Sc WHERE Student.Sno=Sc.Sno
```

（3）查询计算机系（CS）选修了 2 门及以上课程的学生的学号。

分析：条件"选修了 2 门及以上"应当在 HAVING 子句中表达。

```
SELECT Student.Sno FROM Student,Sc WHERE Student.Sno=Sc.Sno AND Sdept='CS' GROUP
BY Student.Sno HAVING COUNT(*)>=2
```

（4）查询性别为男、课程成绩及格的学生信息及课程号、成绩。

```
SELECT Student.*,Cno,Grade FROM Student,Sc WHERE Student.Sno=Sc.Sno AND Ssex='
男' AND Grade>=60
```

（5）查询选修了课程名为"数据库系统"的学生学号、姓名和所在系。

```
SELECT Student.Sno,Sname,Sdept FROM Student,Sc,Course WHERE Student.Sno=Sc.Sno
AND Sc.Cno=Course.Cno AND Cname='数据库系统'
```

（6）查询平均成绩大于 85 分的学号、姓名、平均成绩。

分析：涉及聚集函数的条件式应当书写在 HAVING 子句中。

```
SELECT Student.Sno,Sname,AVG(成绩) FROM Student,Sc WHERE Student.Sno=Sc.Sno
GROUP BY Student.Sno,Sname HAVING AVG(成绩)>=85
```

（7）查询既选修了 1 号课程，又选修了 2 号课程的学生学号。

分析：课程号是成绩表或课程表中都有的字段，选修某号课程的学生号涉及成绩表中数据。每选修一门课，在成绩中就有一条记录。如果提问既选修 1 号课程，又选修 2 号课程，将涉及成绩表中两条以上记录。简单的查询语句无法查询涉及两条记录的数据，采用的方法之一是二次列举同一表，每次给一个别名，将两个名字不同的别名表连接起来后再查询。起别名的方法可以有两种格式：方法 1，<表名> <别名>；方法 2，<表名> AS <别名>。

```
SELECT F1Sc.Sno FROM Sc F1Sc,Sc F2Sc WHERE F1Sc.Sno=F2Sc.Sno AND F1Sc.Cno='1'
AND F2Sc.Cno='2'
```

2. 在职员管理数据库 Zygl 中完成

选择数据库名称为 Zygl，将下列各题中的语句输入到查询窗口中后单击"执行"按钮。

（1）查询每个雇员的情况以及其薪水的情况。

```
USE Zygl SELECT 职员表.*,工资表.* FROM 职员表,工资表 WHERE 职员表.员工号=工资表.员工号
```

（2）查找销售科收入在 2200 元以上的雇员姓名及其薪水详情。

```
SELECT 姓名,基本工资,津贴,三金扣款,应发工资,实发工资 FROM 职员表,工资表,部门表 WHERE 职
员表.员工号=工资表.员工号 AND 职员表.部门号=部门表.部门号 AND 部门名='销售科' AND 实发
工资>2000
```

（3）将各雇员的情况按实际收入由低到高排列。

分析：用 ORDER 子句可实现对查询结果按某字段数据排序显示。如果要求从小到大排序，可以不写 ASC，否则必须写 DESC。

```
SELECT 职员表.*,工资表.*
    FROM 职员表,工资表
    WHERE 职员表.员工号=工资表.员工号
    ORDER BY 实发工资
```

8.3.2 多表外部连接查询

选择数据库名称为 Jxgl，将下列各题中的语句输入到查询窗口中后单击"执行"按钮。

（1）查询每个学生及其选修课程的情况包括没有选修课程的学生信息。

分析：多表查询时要输出不满足连接条件的数据可以用外部连接的方法。要包括第一个表没能输出的数据用左外连接。

```
SELECT Student.*,Sc.* FROM Student LEFT JOIN Sc ON Student.Sno=Sc.Sno
```

（2）查询每个学生及其选修课程的情况包括没有被学生选修的课程的信息。

分析：要输出连接后第二个表没能输出的数据，要用右连接。

```
SELECT Student.*,Sc.* FROM Student RIGHT JOIN Sc ON Student.Sno=Sc.Sno
```

（3）查询每个学生及其选修课程的情况包括没有选修课程的学生信息及没有被学生选修的课程的信息。

分析：要全部输出二个表中都没能输出的数据，要采用全连接。

```
SELECT Student.*,Sc.* FROM Student FULL JOIN Sc ON Student.Sno=Sc.Sno
```

（4）求销售商表与产品销售表左连接后输出销售商编号、销售商名称、产品编号及销售日期。

选择数据库名称为 Zygl。

```
SELECT 销售商表.销售商编号,销售商名称,产品销售表.产品编号,销售日期 FROM 销售商表 LEFT
JOIN 产品销售表 ON 销售商表.销售商编号=产品销售表.销售商编号
```

（5）查询每一门课的间接先修课（即先修课的先修课）。

分析：本例虽然只涉及一个表，但每查获一个数据涉及两条记录。SQL 查询语句以行为单位进行判断，不能用一条语句实现对两条记录的关联查询，可以将一个表定义成两个别名表，

将二个别名表错位连接起来，就能将两条记录的数据放到一条记录中，满足查询的需要。连接方式可以用普通连接，也可以用外连接。

```
SELECT a.Cno,b.Cpno FROM Course a JOIN Course b ON a.Cpno=b.Cno
```

8.3.3 嵌套查询

1. 在 Jxgl 数据库中完成

选择数据库名称为 Jxgl，将下列各题中的语句输入到查询窗口中后单击"执行"按钮。

（1）查询与"钱横"在同一个系学习的学生信息。

分析：可以先得到"钱横"所在系的系名，只要在学生表中求该系的学生就得到结果。用嵌套查询可以得到表达清晰的语句。

```
SELECT * FROM Student WHERE Sdept=(SELECT Sdept FROM Student WHERE Sname='
钱横')
```

（2）查询选修了课程名为"数据库系统"的学生学号、姓名和所在系。

分析：可以先在课程表中求选修了课程名为"数据库系统"的课程号，再求成绩表中所有学习该课程号的学生的学号，最后得到所有这些学号的学生的数据。在写嵌入式语句时要倒过来写。

```
SELECT Sno,snme,Sdept FROM Student WHERE Sno IN (SELECT Sno FROM Sc WHERE Cno
IN (SELECT Cno FROM Course WHERE Cname='数据库系统'))
```

（3）查询其他系中比信息系 IS 所有学生年龄均大的学生名单。

分析：嵌入式语句中 SELECT 子句之间关系中有一种是：<第 1 个表的某个字段 C>IN<关于第 2 表的 SELECT 语句>，要求 SELECT 子句中 SELECT 后面有一个字段名，它必须和 C 为同一数据类型，最常见的是相同字段名。除了用 IN 外还常用关系符，包括等号，如果是等号，SELECT 子句中输出的必须是唯一值。这一种关系在查询过程中先进行最里层 SELECT 子句的处理，再向外逐一处理嵌套的 SELECT 子句，直到最外层括号。本题要求查"比信息系 IS 所有学生年龄均大"的学生，应当使用关系符">"，要表现比所有年龄都大，一种方法是求 IS 系学生中的最大年龄，如果其他系学生年龄比该值大，就满足要求；另一种方法请见本例如下语句结构。

```
SELECT Student.* FROM Student WHERE Sdept<>'IS' AND Sage>all (SELECT Sage FROM
Student WHERE Sdept='IS')
```

或在查询窗口中输入以下语句后执行：

```
SELECT Student.* FROM Student WHERE Sdept<>'IS' AND Sage>(SELECT MAX(Sage) FROM
Student WHERE Sdept='IS')
```

（4）查询选修 2 号课程且成绩在 90 分以上的所有学生的学号、姓名。

分析：可以先找到所有选修 2 号课程且分数大于 90 的所有学生学号集合，再在学生表中找到所有学号在该学号集合中的学生的学号和姓名。

```
SELECT Sno,Sname FROM Student WHERE Sno IN (SELECT Sno FROM Sc WHERE Grade>=90
AND Cno='2')
```

（5）查询既选修了 1 课程又选修了 2 课程的学生的姓名。

分析：只要学生在选修了 1 号课程的学号集合中，同时又在选修了 2 号课程的学号集合中，就满足要求。

```
SELECT Sname FROM Student WHERE Sno IN (SELECT Sno FROM Sc WHERE Cno='1' AND
```

Sno IN(SELECT Sno FROM Sc WHERE Cno='2'))

2. 在职员管理数据库 Zygl 中完成

选择数据库名称为 Zygl，将下列各题中的语句输入到查询窗口中后单击"执行"按钮。

（1）查询销售科的雇员的情况。

SELECT * FROM 职员表 WHERE 部门号 IN (SELECT 部门号 FROM 部门表 WHERE 部门名='销售科')

（2）查找销售科年龄不低于采购科雇员年龄的雇员的姓名。

SELECT 姓名 FROM 职员表 WHERE 部门号 IN (SELECT 部门号 FROM 部门表 WHERE 部门名='销售科') AND 出生日期!>ALL(SELECT 出生日期 FROM 职员表 WHERE 部门号 IN(SELECT 部门号 FROM 部门表 WHERE 部门名='采购科'))

（3）求产品销售表中销售额小于平均销售额的产品编号与销售额。

SELECT 产品编号,销售额 FROM 产品销售表 WHERE 销售额<(SELECT AVG(销售额) FROM 产品销售表)

（4）查找比所有销售科的雇员收入都高的雇员的姓名。

SELECT 姓名 FROM 职员表 WHERE 员工号 IN (SELECT 员工号 FROM 工资表 WHERE 实发工资>ALL(SELECT 实发工资 FROM 工资表 WHERE 员工号 IN (SELECT 员工号 FROM 职员表 WHERE 部门号=(SELECT 部门号 FROM 部门表 WHERE 部门名='销售科'))))

（5）求销售科雇员的平均实际收入。

SELECT AVG(实发工资) AS '销售科平均收入' FROM 工资表 WHERE 员工号 IN (SELECT 员工号 FROM 职员表 WHERE 部门号= (SELECT 部门号 FROM 部门表 WHERE 部门名='销售科'))

（6）求销售科雇员的总人数。

SELECT COUNT(员工号) FROM 职员表 WHERE 部门号 IN (SELECT 部门号 FROM 部门表 WHERE 部门名='销售科')

（7）求产品表中价格大于 30 元且库存量小于所有价格小于 20 元的产品最大库存量的产品的名称、价格、库存量。

SELECT 产品名称,价格,库存量 FROM 产品表 WHERE 价格>30 AND 库存量<(SELECT MAX(库存量) FROM 产品表 WHERE 价格<20);

（8）求利用存在量词查询产品表中所有发生了销售的记录。

分析：存在量词 EXISTS 意义是保证所指的 SELECT 语句一定能查询到满足要求的结果。该语句执行时内外交叉操作，对于外层第一条记录，执行内层 SELECT 子句，检查是否有满足条件的记录；之后再根据外层表第 2 条记录，执行内层 SELECT 子句，检查是否有满足条件的记录；这样一直到外层最后一条记录。

SELECT * FROM 产品表 WHERE EXISTS (SELECT * FROM 产品销售表 WHERE 产品表.产品编号=产品销售表.产品编号)

（9）求利用存在量词查询产品表中从未发生过销售的记录。

SELECT * FROM 产品表 WHERE NOT EXISTS (SELECT * FROM 产品销售表 WHERE 产品表.产品编号=产品销售表.产品编号)

（10）求应用 UNION 查询所有产品编号为 0001 或 0002 的记录，要求先输出 0001 的记录，再输出 0002 的记录。

分析：应用 UNION 可以求并集，要求内外二个 SELECT 语句输出内容数量、数据类型都要求对应相同。

SELECT 销售商编号,产品编号 FROM 产品销售表 WHERE 产品编号='001'
UNION

```
SELECT 销售商编号,产品编号 FROM 产品销售表 WHERE 产品编号='002'
```

（11）求产品销售表中产品编号为 0001 和 0002 中都有销售的销售商编号。

分析：两个 SELECT 子句除用 UNION 相连外，还可以用 INTERSECT 相连。二者用法类似，但 UNION 求并集，INTERSECT 求交集。INTERSECT 求交集比嵌套语句求交集效率要高许多。

```
SELECT 销售商编号 FROM 产品销售表 WHERE 产品编号='001'
INTERSECT
SELECT 销售商编号 FROM 产品销售表 WHERE 产品编号='002'
```

（12）求产品销售表中产品编号为 0001 有销售的销售商，但 0002 中没有销售的销售商编号。

分析：两个 SELECT 子句还可用 EXCEPT 相连求差集，效率很高。

```
SELECT 销售商编号 FROM 产品销售表 WHERE 产品编号='001'
EXCEPT
SELECT 销售商编号 FROM 产品销售表 WHERE 产品编号='002'
```

8.3.4　应用查询工具程序生成查询 SQL 语句的查询

（1）查询信息系（IS）、数学系（MA）和计算机科学系（CS）学生的姓名和性别。

分析：本题要求输出的内容是姓名和性别二列的数据，姓名、性别、系都是 Student 表中的数据，因此，FROM 子句中应当选择"Student"表，条件是这些学生属于信息系（IS）、数学系（MA）和计算机科学系（CS），表达式可以有两种写法: Sdept IN('IS','MA','CS')或 Sdept='IS' OR Sdept='MA' OR Sdept='CS'。

将程序"查询实验程序.jar"复制到实验文件夹中，修改 ODBC 数据源指向 Jxgl 数据库。双击"查询实验程序.jar"执行程序。在左边列表框中选择表名 Student，在"选择字段名"列表框中将列出学生表所有字段名，选择 Sdept，在"选择关系符"列表框中选择"在（……）之中"，在"默认值"下拉组合框中输入 'IS','MA','CS'。在"字段列表"列表框中选择 Sname，单击"移进字段"按钮，再选择 Ssex 移进。单击"生成 SQL 语句"按钮。将看到已经生成查询语句：

```
SELECT Sname,Ssex FROM Student WHERE Sdept IN('IS','MA','CS')
```

界面如图 8.1 所示。单击"执行 SQL 语句 1"，可看到查询结果。

（2）查询有 3 门以上课程是 90 分及以上的学生的学号。

分析：可以先在 WHERE 子句中给出条件：分数大于等于 90，得到所有成绩在 90 分以上的记录，之后再按学号分组，找记录数大于 3 的组，得到查询结果。记录数大于 3 的条件应当在 HAVING 中定义。

双击"查询实验程序.jar"执行程序。在左边列表框中选择表名 Sc，在"选择字段名"列表框中选择 Grade，在"选择关系符"列表框中选择"大于等于"，在"默认值"组合框中输入 90，单击"添加查询条件"按钮，可以看到在添加文本域框中生成语句：Grade>=90。在"字段列表"列表框中选择 Sno，单击"移进字段"按钮，再单击"生成 SQL 语句"按钮，将看到已经生成查询语句：

```
SELECT Sno FROM Sc WHERE Grade>=90 GROUP BY Sno HAVING COUNT(*)>3
```

单击"执行 SQL 语句 1"按钮，可以看到查询结果。

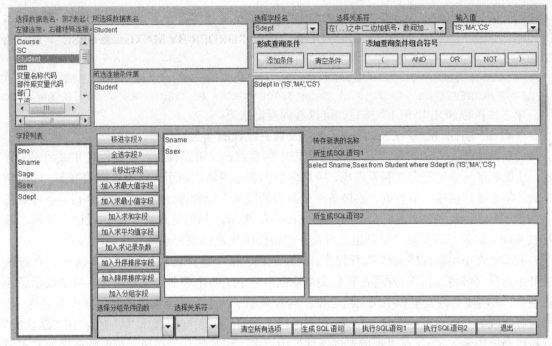

图 8.1 查询 IS、MA、CS 系学生的姓名和性别

（3）计算每门课程学号在 95001～95100 间的学生的人数、最高成绩、最低成绩及平均成绩，输出要求包括课程号，按最高成绩从大到小排序。

分析：本题输出内容涉及数据学号、课程号、成绩都在 Sc 表中，"学号在 95001～95100 间"在 WHERE 子句中定义，每门课程的人数，可按课程号分组后的每组记录数得到，也就是说，每门课程人数可用按课程号分组之后的 COUNT(*)得到，最高成绩用 MAX(Grade)得到，最低成绩用 MIN(Grade)得到，平均成绩用 AVG(Grade)得到。按最高成绩从大到小排序应先对最高成绩取别名，再在 ORDER 子句中对其降序排序。

双击"查询实验程序.jar"执行程序。在左边列表框中选择表名 Sc，在"选择字段名"列表框中选择 Sno，在"选择关系符"列表框中选择"等于"，在"默认值"下拉组合框中输入95001，单击"添加条件"按钮，可看到在添加文本域框中生成语句：Sno='95001'，可见，在95001 两边自动加了单引号。单击"OR"按钮。在"默认值"下拉组合框中再输入 95002，在"形成查询条件"中单击"添加条件"按钮，可看到在添加文本域框中生成语句：Sno='95001' or Sno='95002'，可见自动生成了第 2 个条件式。在"字段列表"列表框中选择 Cno，单击"移进字段"按钮。单击"加入求记录条数"按钮。在"字段列表"列表框中选择 Grade，单击"加入求最大值字段"按钮。再单击"加入求最小值字段"按钮。在"字段列表"列表框中选择 Grade，单击"加入降序排序字段"按钮。在"字段列表"列表框中选择 Grade，单击"加入降序排序字段"按钮。在"字段列表"列表框中选择 Cno，单击"加入分组字段"按钮。单击"生成 SQL 语句"按钮，将在"所生成 SQL 语句 1"文本框中看到已经生成查询语句：

```
SELECT Cno,COUNT(*) AS 人数,MAX(Grade) AS 'MAXGrade',MIN(Grade) AS 'MINGrade'
FROM Sc WHERE Sno='95001' or Sno='95002'
GROUP BY Cno ORDER BY Grade DESC
```

因为题目要求输出内容要按最高成绩排序，按 Grade 排序是不满足题目要求的，需要对本语句略做修改：将"ORDER BY Grade DESC"改为"ORDER BY MAXGrade DESC"。最后语句为：

```
SELECT Cno,COUNT(*) AS 人数,MAX(Grade) AS '最大Grade',MIN(Grade) AS '最小Grade'
FROM Sc WHERE Sno='95001' or Sno='95002' GROUP BY Cno ORDER BY 最大Grade DESC
```

单击"执行 SQL 语句 1"按钮，可以看到查询结果。

（4）查询计算机系（CS）选修了 2 门及以上课程的学生的学号。

分析：本题条件中涉及"系"，是学生表中的数据，又涉及课程，在课程表和成绩表中存在，从简单且与学生表存在联系考虑，应当将学生表与成绩表两个表作为查询数据源。涉及两个表，需要进行连接之后查询，连接条件是两表的同名字段相等，由于是同名字段，字段名前必须加表名，因此条件式是：Student.Sno=Sc.Sno。要求选择的是选修了 2 门及以上课程，涉及二条以上记录，需要按学号分组，再在分组条件中规定每组记录数要在两门以上。

双击"查询实验程序.jar"执行程序。在左边列表框中选择表名 Student，再选 Sc，在连接条件中选择"等值连接"，发现在表名文本域框中列举了两个表名，在连接文本域中显示了连接条件。在字段名列表框和字段名组合框中同时显示了两个表的全部字段名供操作者点选。在"选择字段名"列表框中选择 Sdept，在"选择关系符"列表框中选择"等于"，在"默认值"下拉组合框中输入 Cs，在"形成查询条件"中单击"添加条件"按钮，可看到在添加文本域框中生成语句"Sdept='Cs'"。在"字段列表"列表框中选择 Sno，单击"移进字段"按钮，将字段名 Sno 加入到字段名列表中。再单击"加入分组字段"按钮，在分组要求文本框中显示了子句"Group By Student.Sno"。在"选择分组条件函数"组合框中选择"Count(*)"，再在"选择关系符"组合框中选择">="，在"分组条件"文本框中显示：HAVING COUNT(*)>=。在其后加入 2 单击"生成 SQL 语句"按钮。将在"SQL 语句 1"文本框中看到已经生成查询语句：

```
SELECT Student.Sno FROM Student,Sc WHERE Student.Sno=Sc.Sno AND Sdept='CS'
GROUP BY Student.Sno HAVING COUNT(*)>=2
```

单击"执行 SQL 语句 1"按钮，可以看到查询结果。

（5）查询平均成绩大于 85 分的学生的学号、姓名、平均成绩。

分析：本题要求输出的内容是姓名和性别两列的数据，姓名、性别是 Student 表中的数据，而平均成绩要从成绩表中获得，因此，FROM 子句中应当选择"Student"表和"Sc"表，采取等值连接。平均成绩大于 85 分要在分组条件子句中规定。

双击"查询实验程序.jar"执行程序。在左边列表框中选择表名 Student，再选 Sc，在连接条件中选择"等值连接"，在"选择字段名"列表框中选择 Student.Sno、Sname，再选 Grade，单击"加入求平均值字段"按钮。在"字段列表"列表框中选择 Student.Sno，再在"字段列表"列表框中选择 Sname，单击"加入分组字段"按钮，在分组要求文本框中显示了子句"Group By Student.Sno,Sname"。在"字段列表"列表框中选择 Grade，在选择分组条件函数组合框中选择 AVG，再在"选择关系符"组合框中选择">"，在"分组条件"文本框中显示"HAVING AVG(Grade)>"。在其后加入 85，单击"生成 SQL 语句"按钮。将在"SQL 语句 1"文本框中看到已经生成查询语句：

```
SELECT Student.Sno,Sname,AVG(Grade) AS '平均Grade' FROM Student,Sc WHERE
Student.Sno=Sc.Sno GROUP BY Student.Sno,Sname HAVING AVG(Grade)>85
```

单击"执行 SQL 语句 1"按钮，可以看到查询结果。

（6）如果在学生表中增加"履历"字段，文本类型（TEXT），求在 Student 表中查找所有在"一中"学习过的学生学号与姓名（假定在履历中出现了"一中"二字就表示在一中学习过）。

分析：本题要求查找所有在"一中"学习过的学生，该情况应当在履历中反映，应当根据履历内容中是否包含了"一中"字样来组织查询。

双击"查询实验程序.jar"执行程序。在左边列表框中选择表名 Student，在"选择字段名"列表框中选择 Sno、Sname，在"选择字段名"组合框中选择"履历"，在"选择关系符"列表框中选择"包含"，在"默认值"下拉组合框中输入"一中"，在"形成查询条件"中单击"添加条件"按钮，可看到在添加条件文本域框中生成语句：履历 LIKE '%一中%'。单击"生成 SQL 语句"按钮。将在"所生成 SQL 语句 1"文本框中看到已经生成查询语句：

```
SELECT Sno,Sname FROM Student WHERE 履历 LIKE '%一中%'
```

单击"执行 SQL 语句 1"按钮，可以看到查询结果。

（7）查询每个学生及其选修课程的课程号和成绩，包括没有选修课程的学生信息及没有被学生选修的课程的信息。

分析：本题要求输出的内容包括没有选修课程的学生信息及没有被学生选修的课程的信息，应采取外部全连接。

双击"查询实验程序.jar"执行程序。在左边列表框中选择表名 Student，再选 Sc，在"连接条件"中选择"全连接"。在输出中不需要输出相同的两列 Sno 数据，因此先单击"全选字段"，再在选中的字段名列表框中选择 Sc.Sno，单击"移除"按钮。单击"生成 SQL 语句"按钮。将在"SQL 语句 1"文本框中看到已经生成查询语句：

```
SELECT Student.Sno,Sname,Sage,Ssex,Sdept,Cno,Grade FROM Student FULL JOIN Sc
on Student.Sno=Sc.Sno
```

单击"执行 SQL 语句 1"按钮，可以看到查询结果。

（8）查询选修了课程名为"数据库系统"的学生学号、姓名、所在系。

分析：本题涉及课程名、学生姓名，因此需要连接学生表和课程表，但是，在二表间无同名字段，无法直接连接，需要加选成绩表，将三个表连接起来。

双击"查询实验程序.jar"执行程序。在左边列表框中依次选择表名：Student、Sc、Course，均选择等值连接。在"选择字段名"列表框中选择 Student.Sno、Sname、Sdept，在"选择字段名"组合框中选择 Cname，在"选择关系符"列表框中选择"等于"，在"默认值"下拉组合框中输入"数据库系统"，在"形成查询条件"中单击"添加条件"按钮。单击"生成 SQL 语句"按钮。将在"所生成 SQL 语句 1"文本框中看到已经生成查询语句：

```
SELECT Student.Sno,Sname,Sdept FROM Student,Sc,Course WHERE Student.Sno=Sc.Sno
AND Sc.Cno=Course.Cno AND Cname='数据库系统'
```

在"所生成 SQL 语句 2"文本框中看到生成查询语句：

```
SELECT Student.Sno,Sname,Sdept FROM Student WHERE Sno IN (SELECT Sno FROM Sc
WHERE Cno IN (SELECT Cno FROM Course WHERE Cname='数据库系统'))
```

单击"执行 SQL 语句 1"按钮，可以看到查询结果，单击"执行 SQL 语句 2"按钮，也可以看到查询结果。

说明：如果要求输出的内容包含了 Sc 或 Course 表中的数据，或者要求有外连接，都无法生成嵌套 SQL 语句。

（9）查询选修 2 号课程且成绩在 90 分以上的所有学生的学号、姓名，求嵌入式查询语句。

双击"查询实验程序.jar"执行程序。在左边列表框中依次选择表名 Student、Sc，均选择等值连接。在"选择字段名"列表框中选择 Student.Sno、Sname，在"选择字段名"组合框中选择 Cno，在"选择关系符"列表框中选择"等于"，在"默认值"组合框中输入 2，在"形成查询条件"中单击"添加条件"按钮。单击"生成 SQL 语句"按钮。将在"所生成 SQL 语句 2"文本框中看到已经生成查询语句：

```
SELECT Sno,Sname FROM Student WHERE Sno IN (SELECT Sno FROM Sc WHERE Cno='2' AND Grade>90)
```

单击"执行 SQL 语句 2"按钮，可以看到查询结果。

（10）查询既选修了 1 号课程，又选修了 2 号课程的学生学号。

分析：本题涉及成绩表中两条记录，一条是 1 号课程的成绩，另一条是同一同学 2 号课程的成绩。因此需要选择 Sc 表两次，对于一个表提出"课程号为 1"的条件，对另一个表提出"课程号为 2"的条件。

双击"查询实验程序.jar"执行程序。在左边列表框中连续 2 次选择表名 Sc，均选择等值连接，在表名文本域框中显示"Sc 和 Sc F1sc"，可见，对第 2 次选定的 Sc 改用了别名：F1sc。在"连接条件文本域框"中显示"Sc.Sno=F1sc.Sno"，在"选择字段名"列表框中选择 Sc.Sno，在"选择字段名"组合框中选择"Sc.Cno"，在"选择关系符"列表框中选择"等于"，在"默认值"下拉组合框中输入 1，在"形成查询条件"中单击"添加条件"按钮。再在"选择字段名"组合框中选择 F1sc.Cno，"默认值"下拉组合框中输入 2，在"形成查询条件"中单击"添加条件"按钮。生成的条件语句为"Sc.Cno='1' AND F1sc.Sno='2'"。单击"生成 SQL 语句"按钮，将在"所生成 SQL 语句 2"文本框中看到已经生成查询语句：

```
SELECT Sc.Sno FROM Sc WHERE Cno='1' AND Sno IN (SELECT Sno FROM Sc WHERE Sno='2')
```

单击"执行 SQL 语句 2"按钮，可以看到查询结果。

（11）查询既选修了 1 号课程又选修了 2 号课程的学生的学号和姓名。

分析：本题与上一题的区别在于需要输出学生的姓名，因此必须连接学生表。嵌入式 SQL 语句能查询输出的数据、分组字段、排序字段等都只能是第一个表的数据，本题要求输出的学号、姓名是学生表的字段，因此要将学生表作为第一个表。

双击"查询实验程序.jar"执行程序。在左边列表框中先选择学生表，再连续两次选择表名"Sc"，均选择等值连接，在表名文本域框中显示"Student、Sc、Sc F2sc"，对第二次选定的 Sc 改用了别名：F2sc。在"连接条件文本域框"中显示"Student.Sno=Sc.Sno AND Sc.Sno=F2sc.Sno"，在"选择字段名"列表框中选择 Student.Sno、Sname，在"选择字段名"组合框中选择 Sc.Cno，在"选择关系符"列表框中选择"等于"，在"默认值"组合框中输入 1，在"形成查询条件"中单击"添加条件"按钮；再在"选择字段名"组合框中选择 F2sc.Cno，"默认值"组合框中输入 2，在"形成查询条件"中单击"添加条件"按钮。生成的条件语句为"Sc.Cno='1' AND F2sc.Cno='2'"单击"生成 SQL 语句"按钮。将在"所生成 SQL 语句 2"文本框中看到已经生成查询语句：

```
SELECT Student.Sno,Sname FROM Student WHERE Sno IN (SELECT Sno FROM Sc WHERE Cno='1' AND Sno IN (SELECT Sno FROM Sc WHERE Cno='2'))
```

单击"执行 SQL 语句 2"按钮，可以看到查询结果。

（12）查询学号大于等于 95001，除英语成绩外所有成绩大于 80 的记录中年龄大于 18，成绩总分大于 180 的学生学号，结果存放到新表 Aaa 中。

分析：本题年龄涉及 Student 表、成绩涉及 Sc 表、英语课程涉及 Course 表，学号大于 95001、成绩大于 80、课程不包含英语等为所有数据记录都要求满足的条件，应当在 WHERE 子句中表达，最大年龄、总成绩等应在分组的情况下在分组条件子句中提出要求。

依次选择 Student 表、Sc 表、Course 表，连接要求均选等值连接，查询条件先选择 Student.Sno，关系符选择大于等于，数值输入 95001，单击"添加条件"按钮，生成条件语句"Student.Sno> ='95001'"；再选择 Grade，关系符选择大于，数值输入 80，单击"添加条件"按钮，生成条件语句"Student.Sno>='95001' AND Grade>80"。再选择 Cname，关系符选择不包含，数值输入"英语"，单击"添加条件"按钮，生成条件语句"Student.Sno>='95001' AND Grade>80 AND Cname NOT LIKE '%英语%'"。在"字段列表"中选择"Student.Sno"，单击"移进字段"按钮；再单击"加入分组字段"按钮，将 Sno 加入到分组字段列表中；再在"字段列表"中选择 Sc.Sno，单击"加入分组字段"按钮，加入到分组字段列表中，显示"Student.Sno,Sc.Sno"；在"字段列表"中选择 Sage，在"选择分组条件函数"中选择 MAX，选择关系符">"；在分组条件框中生成"MAX(SAge)>"，在大于号后添加数据 18，形成条件表达式"MAX(SAge)>18"；在"字段列表"中选择"Grade"，在"选择分组条件函数"中选择 SUM，选择关系符">"；在分组条件框中生成"MAX(SAge)>18 AND SUM(Grade)>"，在大于号后添加数据 180，形成条件表达式"MAX(SAge)>18 AND SUM(Grade)>180"；在转存新表的名称中输入 Aaa。

单击"生成 SQL 语句"按钮，可见生成了两条语句：

```
SELECT Student.Sno INTO Aaa FROM Student,Sc,Course WHERE Student.Sno=Sc.Sno
AND Sc.Cno=Course.Cno AND Student.Sno>='95001' AND Grade>80 AND Cname NOT LIKE
'%英语%' GROUP BY Student.Sno,Sc.Sno HAVING MAX(Sage)>18 AND SUM(Grade)>180
    SELECT Student.Sno INTO Aaa FROM Student WHERE Student.Sno>='95001' AND Sno
IN (SELECT Sno FROM Sc WHERE Grade>80 AND Cno IN (SELECT Cno FROM Course WHERE
Cname NOT LIKE '%英语%') GROUP BY Sc.Sno HAVING SUM(Grade)>180) GROUP BY
Student.Sno HAVING MAX(SAge)>18
```

两个命令语句的执行结果都显示：（一行受影响）。表示语句已经被成功执行。

刷新数据库，打开 Aaa 表，其中记录为 95002，符合预期值。

8.4　实验练习

建立数据库：Ckgl，根据表 4.4 和表 4.5 建立数据表并录入数据，修改 ODBC 数据源指向 Ckgl 数据库。

（1）应用连接查询语句完成以下查询：

1）查询每个商品及其入库的时间。

2）查询每个商品的商品编号、商品代码、商品名称、参考单价、入库单价。

3）查询张平保管了 2 种及以上商品的商品编号、商品代码。

4）查询参考单价大于 150、数量大于 5000 的商品的商品编号、商品名称、参考单价、入库单价、数量。

5）查询 2017 年 2 月入库的所有张平保管的商品的商品编号、商品代码、出入库时间。

6）查询平均单价大于等于 100 的商品的商品编号、商品代码、平均单价。

7）查询既保管了 A21101 号商品，又保管了 A21101 号商品的保管员姓名。

8）查询每个商品的情况以及其出入库的情况。

9）将各商品的情况按实际单价由低到高排列，输出商品编号、商品代码、出入库时间、保管、单价、数量。

10）查询每个商品及其出入库的情况包括没有出入库记录的商品信息。

11）查询每个商品及其出入库的全连接数据。

12）查询既被张平保管又被李玟保管的商品编号。

13）查询数量为空值的商品的商品编号、商品代码、出入库时间、保管、单价。

14）查询数量大于 5000 的商品编号、商品代码、出入库时间、数量。

15）查询其他保管员中比李玟保管的商品的最低单价大而比她保管的商品的最高单价低的商品编号、商品代码。

16）查询既保管移动电源又保管 U 盘的保管员姓名。

17）查询既保管移动电源又保管 U 盘的保管员姓名和他保管的商品的商品编号、商品代码。

（2）应用嵌入式查询语句完成以下查询：

1）查询李玟保管的商品的情况。

2）查找其他保管员保管的商品单价不低于李玟保管的商品的最低单价且不高于李玟保管的商品的最高单价的保管员的姓名及他保管的商品的情况。

3）求出入库表中单价小于平均单价的商品编号、单价及数量。

4）查找比所有数量大于 5000 的参考单价大于 150 的商品的商品编号、商品代码、参考单价、单价。

5）求移动电源的平均出入库单价。

6）求移动电源出入库次数。

7）求出入库表中单价大于 70 元且数量小于所有单价小于 200 元的商品最大出入库数量的商品编号、单价及数量。

8）求应用 UNION 查询所有商品编号为 A21101 或 A21102 的记录，要求先输出 A21102 的记录，再输出 A21101 的记录。

9）求出入库表中商品编号为 A21103 和 A21104 中都有出入库记录的商品编号、单价及数量。

10）求出入库表中保管商品编号为 A21102 的商品，但不保管商品编号为 A21103 的商品的保管员姓名及他保管的商品情况。

（3）应用查询工具程序求完成以下查询的语句，说明操作过程及所生成查询语句，与前面有关语句进行比较。如果出现错误，请将生成的 SQL 语句复制到查询窗口中调试，以找出出错原因，设法更正。

1）查询每个商品的商品编号、商品代码、商品名称、参考单价、入库单价。

2）查询参考单价大于 150、数量大于 5000 的商品的商品编号、商品名称、参考单价、入库单价、数量。

3）查询 2017 年 2 月入库的所有张平保管的商品的商品编号、商品代码、出入库时间。

4）查询平均单价大于等于 100 的商品的商品编号、商品代码、平均单价。

5）查询既保管了 A21101 号商品，又保管了 A21101 号商品的保管员姓名。

6）将各商品的情况按实际单价由低到高排列，输出商品编号、商品代码、出入库时间、保管、单价、数量。

7）查询既被张平保管又被李玟保管的商品编号。

8）查询数量为空值的商品的商品编号、商品代码、出入库时间、保管、单价。

9）查询既保管移动电源又保管 U 盘的保管员姓名和他保管的商品的商品编号、商品代码。

10）求出入库表中单价小于平均单价的商品编号、单价及数量。

11）求移动电源的平均出入库单价。

12）求移动电源出入库次数。

13）求出入库表中单价大于 70 元且数量小于所有单价小于 200 元的商品最大出入库数量的商品编号、单价及数量。

实验9 关系代数实验

9.1 实验目的

（1）掌握基于集合的关系运算的有关概念。

（2）掌握求解笛卡尔积、关系并、关系交、关系差的方法，掌握求解这些问题的 SQL 语句设计技术。

（3）掌握专门关系运算的有关概念。

（4）掌握求解选择运算、投影运算、连接运算（包括左连接、右连接、全连接）、关系除法的方法，掌握求解这些问题的 SQL 语句设计技术。

（5）了解"关系运算.jar"程序使用方法，能应用该程序进行关系代数的实验。

9.2 预备知识

（1）传统的集合运算包括四种运算：并（∪）、交（∩）、差（－）、广义笛卡尔积（×）。

1）并（Union）。

设关系 R 和关系 S 具有相同的目 n，且相应的属性取自同一个域。则关系 R 和关系 S 的并记为 R∪S，其结果仍为 n 目关系，由属于 R 或属于 S 的元组组成。

求解关系并的 SQL 语句结构为：

```
SELECT <目标列 1> FROM <表 1> WHERE <条件表达式 1>
UNION
SELECT <目标列 2 FROM <表 2> WHERE <条件表达式 2>
```

目标列 1 与目标列 2 名字不要求一样，但列数应相同，对应列的类型和宽度必须一样，执行结果中的列名由第一个查询块中列名决定，查询时将去掉重复元组。

2）交（Intersection）。

设关系 R 和关系 S 具有相同的目 n，且相应的属性取自同一个域。关系 R 和关系 S 的交记为 R∩S，结果仍为 n 目关系，由既属于 R 又属于 S 的元组组成。

如果表的第一字段为 X，Y 代表其他字段，求解关系交的 SQL 语句结构为：

```
SELECT * FROM <表 1> WHERE <X> IN (SELECT <X> FROM <表 2> WHERE <表 1>.<Y>=<表 2>.<Y>)
```

目标列 1 与目标列 2 名字不要求一样，但列数应相同，对应列的类型和宽度必须一样，结果中的列名由第一个查询块中列名决定，查询时将去掉重复元组。其中<表 1>.<Y>=<表 2>.<Y>要按 Y 实际字段个数展开。例如，如果 Y 包括 C1、C2，则应当写为：<表 1>.C1=<表 2>.C1 AND <表 1>.C2=<表 2>.C2。

3）差（Difference）。

设关系 R 和关系 S 具有相同的目 n，且相应的属性取自同一个域。定义关系 R 和关系 S

的差记为 R-S，其结果仍为 n 目关系，由属于 R 而不属于 S 的元组组成。

如果表的第 1 字段为 X，Y 代表其他字段，求解关系差的 SQL 语句结构为：

```
SELECT * FROM <表1> WHERE <X> NOT IN (SELECT <X> FROM <表2> WHERE <表1>.<Y>=<
表2>.<Y>)
```

目标列 1 与目标列 2 名字不要求一样，但列数应相同，对应列的类型和宽度必须一样，结果中的列名由第一个查询块中列名决定，查询时将去掉重复元组。其中<表1>.<Y>=<表2>.<Y>要按 Y 实际字段个数展开。例如，如果 Y 包括 C1、C2，则应当写为：<表1>.C1=<表2>.C1 AND <表1>.C2=<表2>.C2。

4）笛卡尔积（Extended Cartesian Product）。

两个分别为 n 元和 m 元的关系 R 和 S 的广义笛卡尔积 R×S 是一个 n+m 元元组的集合。元组的前 n 个分量是 R 的一个元组，后 m 个分量是 S 的一个元组，若 R 有 K1 个元组，S 有 K2 个元组，则 R×S 有 K1×K2 个元组，其中不存在相同元组。

求解笛卡尔积的 SQL 语句结构为：

```
SELECT 表1.*,表2.* FROM <表1>,<表2>
```

（2）专门的关系运算包括四种运算即选择（σ）、投影（Ⅱ）、连接（⋈）和除法（÷）。

1）选择（Selection）。

设有关系 R，在关系 R 中求取满足给定条件 F 的元组组成新的关系的运算称为选择。记作 $\sigma_F(R)$。这是以行为处理单位进行的运算，其中 F 是一个条件表达式，其值为"真"或"假"，由常量、变量及算术比较符（＞、≥、＜、≤、＝、≠）和逻辑运算符与、或、非（∧、∨、ㄱ）等构成。

求解选择的 SQL 语句结构为：

```
SELECT * FROM <表名> WHERE <条件表达式>
```

2）投影（Projection）。

设有关系 R，在关系 R 中求指定的若干个属性列组成新的关系的运算称作投影，记作 $\Pi_A(R)$。其中 A 为欲选取的属性列列名的列表。这是以列作为处理单位进行的运算。

求解投影的 SQL 语句结构为：

```
SELECT <目标列1> FROM <表名>
```

3）连接（Join）。

从两个分别为 n，m 元的关系 R 和 S 的广义笛卡尔积中选取满足给定条件 F 的元组组成 S 的连接，记作 R⋈S（F=AθB）。其中 A 和 B 分别为 R 和 S 上度数相等且可比的属性列，θ 是算术比较符（＞、≥、＜、≤、＝、≠）。

求解关系连接的 SQL 语句结构为：

```
SELECT 表1.*,表2.* FROM <表1>,<表2> WHERE <连接条件表达式>
```

4）除（Division）。

给定关系 R(x,y)与 S(z)，其中 x,y,z 为属性集（也可为单属性），R 中的 y 和 S 中的 z 是同名的属性（集），（也可以有不同的属性名，但必须出自相同的域集）。假定 R÷S 的商等于关系 P，在求解 P 时，对 R 按 x 的值分组，然后检查每一组，如某一组中的 y 包含 S 中全部的 z，则取该组中的 x 的值作为关系 P 中的一个元组，否则不取。

求解关系除的 SQL 语句结构为：

SELECT DISTINCT <X> FROM <表1> WHERE NOT EXISTS (SELECT * FROM <表2> WHERE NOT EXISTS (SELECT * FROM <表1> <别名> WHERE <表1> <X>=<别名>.<X> AND <别名>.<Z>=<表2>.<Z>))

其中<表1>.<X>=<别名>.<X>要按X实际字段个数展开。例如，如果X包括C1、C2，则应当写为：<表1>.C1=<别名>.C1 AND <表1>.C2=<别名>.C2。

（3）"关系运算.jar"是为学习关系代数设计的实验程序，也可用于数据表间关系运算变换。

允许在运行过程中修改数据表的结构及内容，关系运算将针对界面中显现的数据进行，不影响数据库中存放的数据。在第一页和第二页表现源表数据，有些关系运算涉及两个表，那么在第一页的组合框中选定的表是关系运算第一表，第二页的组合框中选定的表是关系运算第二表。有些关系运算只涉及一个表，可以任选一个页面，单击执行那一页的关系运算按钮，该页的表为源表。

如果选择数据表作为关系运算的源表，在关系运算之后一般会在第三页显示进行该运算的SQL语句，可以到数据库查询窗口中运行，其结果数据情况应当和程序运行在第三页显示的结果相同，但是顺序不一定相同。操作者可以对两种结果进行比较。

右击表格任意位置，出现弹出式菜单。单击弹出菜单中选项，可以进行添加一行、删除一行、添加一列或删除一列的操作，之后可以选择各类关系代数运算按钮，关系运算结果在第三页显示。

关系运算包括：求笛卡尔积、求并、交、差、选择、投影、连接、左连接、全连接、关系除。在第一、二页顶部设计了一个组合框和一个文本框，组合框用于选择当前数据库中的数据表，文本框用于选择纯文本文件名，选择表还是文件可以随意操作，但只能选一个。可用新数据表或文件中的数据更新当前表后继续实验。

文件格式：每条记录一行，数据间用逗号分隔，数据不要加引号，前后不要加空格。文件的第一行存放各列数据项名称，其数量和以下每条记录的数据数量要相同。通过文件接入的数据均被认为是CHAR数据类型。针对文件中的表的数据进行的关系运算不产生SQL语句。

9.3　实验范例

（1）建立自己的文件夹，例如D:\DB，将程序"关系运算.jar"复制到该文件夹中。

（2）建立一个数据库。

（3）建立ODBC数据源，指向所建立的数据库。数据源名称为sql1。

（4）双击"关系运算.jar"，将在数据库中建立实验用数据表Ccc1、Ccc2、Ccc3，其结构如表9.1至表9.3所示，除分数为整型外其他字段均为字符类型。

表9.1　Ccc1表结构与数据

学号	姓名	课名	分数
1	A	英语	80
1	A	数学	80
2	B	英语	70
3	C	数学	90

续表

学号	姓名	课名	分数
3	B	英语	85
4	D	数学	90

表 9.2　Ccc2 表结构与数据

学号	姓名	课名	分数
1	A	英语	80
1	A	数学	75
2	B	英语	70
3	C	数学	90

表 9.3　Ccc3 表结构与数据

课名
英语
数学

9.3.1　面向集合的关系运算

（1）求 Ccc1 和 Ccc2 的笛卡尔积。

双击"关系运算.jar"，窗口第一页显示 Ccc1 表数据情况，第二页显示 Ccc2 表数据情况。单击"求笛卡尔积"按钮。

第三页中可以看到所生成的 SQL 语句：

`SELECT Ccc1.*,Ccc2.* FROM Ccc1,Ccc2`

运行结果如表 9.4 所示，在第三页显示一个 8 列 28 行数据的表。

表 9.4　Ccc1 与 Ccc2 的笛卡尔积

学号	姓名	课名	分数	学号	姓名	课名	分数
1	A	英语	80	1	A	英语	80
1	A	英语	80	1	A	数学	75
1	A	英语	80	2	B	英语	70
1	A	英语	80	3	C	数学	90
1	A	数学	80	1	A	英语	80
1	A	数学	80	1	A	数学	75
1	A	数学	80	2	B	英语	70
1	A	数学	80	3	C	数学	90
2	B	英语	70	1	A	英语	80
2	B	英语	70	1	A	数学	75
2	B	英语	70	2	B	英语	70

续表

学号	姓名	课名	分数	学号	姓名	课名	分数
2	B	英语	70	3	C	数学	90
3	C	数学	90	1	A	英语	80
3	C	数学	90	1	A	数学	75
3	C	数学	90	2	B	英语	70
3	C	数学	90	3	C	数学	90
3	B	英语	85	1	A	英语	80
3	B	英语	85	1	A	数学	75
3	B	英语	85	2	B	英语	70
3	B	英语	85	3	C	数学	90
4	D	数学	90	1	A	英语	80
4	D	数学	90	1	A	数学	75
4	D	数学	90	2	B	英语	70
4	D	数学	90	3	C	数学	90
4	D	数学	90	1	A	英语	80
4	D	数学	90	1	A	数学	75
4	D	数学	90	2	B	英语	70
4	D	数学	90	3	C	数学	90

（2）修改表 Ccc2，在其中添加一列：A，删除一行，再求笛卡尔积。

右击表 Ccc2，选择添加一列，输入列名：A；再单击该表，选择删除一行。表 Ccc2 变成 5 列 3 行的表。

单击"求笛卡尔积"按钮。可见到在第三页生成一个 9 列 21 行的表。

（3）求 Ccc1、Ccc2 二表并集的 SQL 语句与关系运算结果。

在程序"关系运算.jar"运行状态单击"求并集"按钮。

在第三页中显示 SQL 语句：

```
SELECT * FROM Ccc1 UNIOR SELECT * FROM Ccc2
```

同时在第三页显示一个 4 列 8 行数据的表，如表 9.5 所示。

表 9.5　Ccc1 与 Ccc2 的并集

学号	姓名	课名	分数
1	A	英语	80
1	A	数学	80
2	B	英语	70
3	C	数学	90
3	B	英语	85
4	D	数学	90

学号	姓名	课名	分数
4	D	数学	90
1	A	数学	75

（4）求 Ccc1、Ccc2 二表交集的 SQL 语句与关系运算结果。

在程序"关系运算.jar"运行状态单击"求交集"按钮。

在第三页中显示 SQL 语句：

SELECT * FROM Ccc1 WHERE 学号 IN (SELECT 学号 FROM Ccc2 WHERE Ccc1.姓名=Ccc2.姓名 AND Ccc1.课名=Ccc2.课名 AND Ccc1.分数=Ccc2.分数)

同时在第三页显示一个 4 列 3 行数据的表，如表 9.6 所示。

表 9.6　Ccc1 与 Ccc2 的交集

学号	姓名	课名	分数
1	A	英语	80
2	B	英语	70
3	C	数学	90

（5）求 Ccc1、Ccc2 二表差集的 SQL 语句与关系运算结果。

在程序"关系运算.jar"运行状态单击"表 1 减表 2"按钮。

在第三页中显示 SQL 语句：

SELECT * FROM Ccc1 WHERE 学号 NOT IN (SELECT 学号 FROM Ccc2 WHERE Ccc1.姓名=Ccc2.姓名 AND Ccc1.课名=Ccc2.课名 AND Ccc1.分数=Ccc2.分数)

同时在第三页显示一个 4 列 3 行数据的表，如表 9.7 所示。

表 9.7　Ccc1 与 Ccc2 的差集

学号	姓名	课名	分数
1	A	数学	80
3	B	英语	85
4	D	数学	90

9.3.2　专门的关系代数实验

（1）求 Ccc1、Ccc2 二表根据学号、姓名、课名全相同连接的 SQL 语句与关系运算结果。

在程序"关系运算.jar"运行状态单击第一页或第二页的按钮"求连接"。

弹出一个对话框，其中提示：

Ccc1.学号=Ccc2.学号 AND Ccc1.姓名=Ccc2.姓名 AND Ccc1.课名=Ccc2.课名 AND Ccc1.分数=Ccc2.分数

删除"AND Ccc1.分数=Ccc2.分数"这一段，单击"确定"按钮。

在第三页中显示 SQL 语句：

SELECT Ccc1.*,Ccc2.* FROM Ccc1,Ccc2 WHERE Ccc1.学号=Ccc2.学号 AND Ccc1.姓名=Ccc2.姓名 AND Ccc1.课名=Ccc2.课名

同时在第三页显示一个 8 列 4 行数据的表，如表 9.8 所示。

表 9.8　Ccc1 与 Ccc2 根据学号、姓名、课名全相同连接

学号	姓名	课名	分数	学号	姓名	课名	分数
1	A	英语	80	1	A	英语	80
2	B	英语	70	2	B	英语	70
1	A	数学	80	1	A	数学	75
3	C	数学	90	3	C	数学	90

　　（2）求 Ccc1、Ccc2 二表根据学号、姓名、课名、分数全相同左连接的 SQL 语句与关系运算结果。

　　在程序"关系运算.jar"运行状态单击第一页或第二页的"左连接"按钮。

　　弹出一个对话框，其中提示：

Ccc1.学号=Ccc2.学号 AND Ccc1.姓名=Ccc2.姓名 AND Ccc1.课名=Ccc2.课名 AND Ccc1.分数=Ccc2.分数

　　单击"确定"按钮。

　　在第三页中显示 SQL 语句：

SELECT Ccc1.*,Ccc2.* FROM Ccc1 LEFT JOIN Ccc2 ON Ccc1.学号=Ccc2.学号 AND Ccc1.姓名=Ccc2.姓名 AND Ccc1.课名=Ccc2.课名

　　同时在第三页显示一个 8 列 7 行数据的表，如表 9.9 所示。

表 9.9　根据学号、姓名、课名、分数全相同左连接

学号	姓名	课名	分数	学号	姓名	课名	分数
1	A	英语	80	1	A	英语	80
1	A	数学	80	NULL	NULL	NULL	NULL
2	B	英语	70	2	B	英语	70
3	C	数学	90	3	C	数学	90
3	B	英语	85	NULL	NULL	NULL	NULL
4	D	数学	90	NULL	NULL	NULL	NULL
4	D	数学	90	NULL	NULL	NULL	NULL

　　（3）求 Ccc1、Ccc2 二表根据学号、姓名、课名、分数全相同全连接的 SQL 语句与关系运算结果。

　　在程序"关系运算.jar"运行状态单击第一页或第二页的"全连接"按钮。

　　弹出一个对话框，其中提示：

Ccc1.学号=Ccc2.学号 AND Ccc1.姓名=Ccc2.姓名 AND Ccc1.课名=Ccc2.课名 AND Ccc1.分数=Ccc2.分数

　　单击"确定"按钮。

　　在第三页中显示 SQL 语句：

SELECT Ccc1.*,Ccc2.* FROM Ccc1 FULL JOIN Ccc2 ON Ccc1.学号=Ccc2.学号 AND Ccc1.姓名=Ccc2.姓名 AND Ccc1.课名=Ccc2.课名

同时在第三页显示一个 8 列 28 行数据的表，如表 9.10 所示。

表 9.10　Ccc1 与 Ccc2 根据学号、姓名、课名、分数全相同全连接

学号	姓名	课名	分数	学号	姓名	课名	分数
1	A	英语	80	1	A	英语	80
1	A	数学	80	NULL	NULL	NULL	NULL
2	B	英语	70	2	B	英语	70
3	C	数学	90	3	C	数学	90
3	B	英语	85	NULL	NULL	NULL	NULL
4	D	数学	90	NULL	NULL	NULL	NULL
4	D	数学	90	NULL	NULL	NULL	NULL
学号	姓名	课名	分数	学号	姓名	课名	分数
1	A	英语	80	1	A	英语	80
1	A	数学	80	NULL	NULL	NULL	NULL
2	B	英语	70	2	B	英语	70
3	C	数学	90	3	C	数学	90
3	B	英语	85	NULL	NULL	NULL	NULL
4	D	数学	90	NULL	NULL	NULL	NULL
NULL	NULL	NULL	NULL	1	A	数学	75

（4）求在 Ccc1 表中选择学号大于 1、分数大于 80 的 SQL 语句与关系运算结果。

在程序"关系运算.jar"运行状态单击第 1 页的按钮"选择"。

弹出对话框，要求输入"选择"要求，输入"学号>1 AND 分数>80"。单击"确定"按钮。

在第三页中显示 SQL 语句：

```
SELECT * FROM Ccc1 WHERE 学号>'1' AND 分数>80
```

同时在第三页显示一个 4 列 4 行数据的表，如表 9.11 所示。

表 9.11　在 Ccc1 表中选择学号大于 1、分数大于 80 的关系运算结果

学号	姓名	课名	分数
3	C	数学	90
3	B	英语	85
4	D	数学	90
4	D	数学	90

（5）求 Ccc1 表在学号、姓名、分数三列上投影的 SQL 语句与关系运算结果。

在程序"关系运算.jar"运行状态单击第一页的"投影"按钮。

在弹出对话框中显示可供选择的字段名集"学号,姓名,课名,分数"。

删除其中"课名,"，单击"确定"按钮。

在第三页中显示 SQL 语句：

SELECT 学号,姓名,分数 FROM Ccc1

同时在第三页显示一个 4 列 4 行数据的表，如表 9.12 所示。

表 9.12　Ccc1 表在学号、姓名、分数三列上投影的关系运算结果

学号	姓名	分数
1	A	80
1	A	75
2	B	70
3	C	90

（6）求 Ccc1÷Ccc3 的 SQL 语句与关系运算结果。

在程序"关系运算.jar"运行状态，在第二页选择数据表名为 Ccc3，单击第一页或第二页的"表 1 除表 2"按钮。

弹出对话框，要求按约定格式输入：<分组字段名集><。><除数字段名集>。

其中，"分组字段名集"是表 1 中某些列的名字，是商集的字段名，相当于我们定义除法时的 X，用逗号分隔；"除数字段名集"是表 1 与表 2 中都有的某些列的名字，相当于我们定义除法时的 Y 和 Z。这两部分之间用句号分隔。

例如："学号,姓名。课程名"表示 X 为"学号,姓名"，Z 为"课程名"。

目前弹出对话框中显示："学号,姓名,分数。课名"。

删除",分数"变为："学号,姓名。课名"，单击"确定"按钮。

在第三页中显示 SQL 语句：

SELECT DISTINCT 学号,姓名 FROM Ccc1 WHERE NOT EXISTS (SELECT * FROM Ccc3 WHERE NOT EXISTS SELECT * FROM Ccc1 F1ccc1 WHERE Ccc1.学号=F1ccc1.学号 AND Ccc1.姓名=F1ccc1.姓名 AND F1ccc1.课名=Ccc3.课名))

同时在第三页显示一个 2 列 1 行数据的表，如表 9.13 所示。

表 9.13　Ccc1÷Ccc3 的关系运算结果

学号	姓名
1	A

9.4　实验练习

某企业第 1 分公司和第 2 分公司分别记录各自营业情况的营业表 1 和营业表 2，其结构与数据如表 9.14 和表 9.15 所示。

表 9.14　第 1 分公司营业表 1

序号	商品编号	品名	单价	数量	金额
A1	S20101	练习本	4	12	48
A2	S20102	笔记本	12	10	120
A3	S20101	练习本	4	8	32

续表

序号	商品编号	品名	单价	数量	金额
A4	S20103	圆珠笔	8	5	40
A5	S20104	信笺	6	10	60
A6	S20102	笔记本	12	6	72

表 9.15　第 2 分公司营业表 2

序号	商品编号	品名	单价	数量	金额
B1	S20102	笔记本	12	10	120
B2	S20102	笔记本	12	15	180
B3	S20104	信笺	6	10	60
B4	S20103	圆珠笔	8	5	40

（1）求将两个分公司的营业表合并到一个营业表中，求所得到的营业表。求解本题的 SQL 语句。

（2）应用程序"关系运算.jar"求解第 1 题，说明操作过程，将结果与第 1 题结果比较。

（3）求两个营业表除序号外相同内容。求解本题的 SQL 语句。

（4）应用程序"关系运算.jar"求解第 3 题，说明操作过程，将结果与第 3 题结果比较。

（5）求营业表 1 中除序号外的内容在营业表 2 中没有的内容。求解本题的 SQL 语句。

（6）应用程序"关系运算.jar"求解第 5 题，说明操作过程，将结果与第 5 题结果比较。记录生成的 SQL 语句。

（7）应用程序"关系运算.jar"求营业表 1 中数量大于等于 8、商品编号为 S20101、S20102 或 S20104 的记录，说明操作过程。记录生成的 SQL 语句。

（8）应用程序"关系运算.jar"求营业表 1 中发生的记录中的商品品名，输出时不得有重复值，说明操作过程。记录生成的 SQL 语句。

（9）如果有营业时间表，记录营业表 1 每一笔记录发生的时间，如表 9.16 所示。

表 9.16　营业时间表

序号	时间
A1	2017-03-20
A2	2017-03-20
A4	2017-04-01
A5	2017-04-01

求应用程序"关系运算.jar"在营业表的每条记录中加入时间数据，未知的数据用 NULL 填充，说明操作过程。记录生成的 SQL 语句。

（10）应用程序"关系运算.jar"求营业表 1 中 2、3、4、5 列的数据，说明操作过程。记录生成的 SQL 语句。

（11）应用程序"关系运算.jar"求第 9 题结果中同一天既有销售练习本，又有销售笔记本的记录，说明操作过程。记录生成的 SQL 语句。

实验 10　视图、索引

10.1　实验目的

（1）深入理解视图的概念与意义。

（2）掌握利用对象资源管理器建立视图的操作方法。

（3）掌握应用语句建立视图的方法。

（4）掌握行列子集视图的概念与意义。

（5）掌握应用行列子集视图更新数据的方法。

（6）掌握应用视图进行数据查询的方法。

（7）理解规则的概念与意义。

（8）学习使用界面和 SQL 语句创建规则及将规则绑定到列的方法。

（9）理解索引的类型及创建索引的方法。

10.2　预备知识

（1）用一定数据库语言对局部数据结构的描述称为子模式或外模式，它是概念模式的逻辑子集。子模式使程序对全局数据结构变化的适应性进一步加强，可在各个局部范围内加强数据的安全性，对使用数据给予更强的控制。

（2）视图是关系数据库中定义的局部数据结构，为不同用户提供不同窗口，可以如同表一样对视图进行操作，包括查询表中的数据，在一定条件下对基表进行数据录入、修改、删除等数据维护操作。视图并不真正地存储数据，经过它存取的数据必须依附于所关联的数据表，这是一种虚的映射关系。关系数据库中的应用程序可以基于视图（子模式）编写，也可以基于表（模式）编写。

（3）视图可以对应一个基本表里面部分记录的部分字段，也可以是对一个表进行某一定处理后抽取一部分形成，还可能是对多个表进行连接与处理后抽取形成。

（4）视图是数据库实现安全性控制的重要手段；也是提供友好界面、简化操作的手段；还是体现数据逻辑独立性的手段。

（5）在 SQL Server 中，利用对象资源管理器建立视图的方法是：在对象资源管理器中当前数据库下右击"视图"，选择"新建视图"选项，如图 10.1 所示。之后，可在"添加表"页面选择"表"后单击"添加"按钮，将基本表加入视图设计器；也可以从"表"栏目下选择表，用鼠标单击并按住不放拖到视图设计器中。之后可逐一选择字段、可以为字段定义别名、选择是否输出、确定是否排序依据、定义筛选条件，同时在视图设计器下面语句区见到有关建立视图的 SQL 语句成分，会随着操作过程，更新对应的语句内容。

图 10.1　可视化方式建立视图

（6）可以应用 SQL 语句建立视图，语句格式：

CREATE VIEW <视图名> [(<字段名> [,<字段名>]…) AS <子查询>
[WITH CHECK OPTION]

视图所用字段名可以与基本表中字段名不一致。当字段名不一致或子查询中目标列是非列名（函数或一般表达式）或子查询中目标列有相同列名时，在视图定义中必须指出视图的各个字段名，否则可以不列出，默认与子查询结果相同。在子查询中一般不能包括 DISTINCT、INTO、ORDER 等，不能涉及临时表。WITH CHECK OPTION 选项表示在通过视图对基本表进行插入和更新操作时必须满足子查询中 WHERE 语句中规定的条件。

（7）对应一个基本表里面部分记录的部分字段的视图称为行列子集视图，可以作为修改相关基本表相应字段内数据的传送器。这样的定义视图的子查询 SELECT 子句中只能出现字段名，不能有计算式、不能有函数式或其他处理，可以有条件查询表达式，可以有排序子句，但不得有多表连接，不得有分组要求和分组条件子句，否则，将不能通过这样的视图对视图涉及的所有字段实现对所有有关基本表的更新。

（8）对一个表进行某一处理后抽取一部分形成的视图，或对多个表进行连接与处理后抽取形成的视图相当于一个查询器，不能用于对数据表中数据的维护操作。调用时将先对基本表按所定义的方法进行处理，然后展现结果。

（9）删除视图语句格式：DROP VIEW 视图名。

（10）索引是为提高查询效率而设计的，由索引项构成且按查找字排序的文件称为索引文件。一个表可以建多个索引。

（11）SQL Server 中，索引分为聚集索引与非聚集索引。如果数据文件中记录按关键字排序，索引中关键字顺序保持与数据表一致，这样建立的索引称为聚集索引。记录不按关键字排序的索引称为非聚集索引。由于每一个数据表只能按一种方式排序，因此每个表只能有一个聚集索引。

（12）在建表或表结构维护时，右击列名，选择"索引/键"选项，弹出"索引/键"对话框，可选择建立主键索引、唯一索引、聚集索引、非聚集索引等，如图 10.2 所示。唯一索引要求为之创建索引的列的值在表中具有唯一性，不能有重复值，将来在输入与修改数据时，如果新数据与表中该列已经有的数据相同，操作将不能成功。如果设置了主键（关键字），将自动建立主索引，主索引是唯一标识记录的特殊的唯一索引。建立主索引也是建立 PRIMARY 约束，它是数据库进行实体完整性保护的依据。聚集索引指对数据表中数据按该索引排序后重新存盘，将来表中数据在维护过程中保持该索引所涉及列的数据排序特性不变。如果设计聚集索引，按该索引查询时效率较高，但数据维护效率较低。单击"添加"按钮，将自动生成默认的索引名，它可以被修改。索引名是今后在程序中调用时使用的名字，当设定后，如果需要修改，下一次进入时，它可以被先在"选定的索引"下拉框中按名字选择欲修改的索引，再选择列名，并选择"升序"或"降序"。每一索引可以选择多列，如果选择多列，称为复合索引，将来数据处理时会先按第一列顺序处理，在第一列的值相同的情况下再按第二列顺序处理，依此类推，最多可指定 16 列。

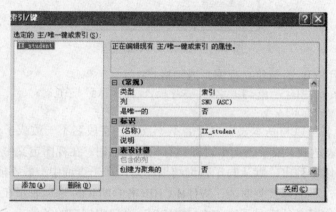

图 10.2　索引对话框

如果在"是唯一的"后的选择框中选"是"，则建立唯一索引，否则建立普通非聚集索引。如果在"创建为聚集的"后的选择框中选"是"，则建立聚集索引。

创建索引时，可以指定一个"填充规范"，以便在索引项间留出额外的间隙和保留一定百分比的空间，使将来表的数据存储容量进行扩充时对索引文件的维护有较高效率。填充规范的值是从 0 到 100 的百分比数值，指定在创建索引后的填充比例。值为 100 时表示填满，所留出的存储空间量最小。只有当不会对数据进行更改时才会使用 100%。值越小则对索引文件的维护效率越高，但索引需要更多的存储空间。

（13）可以应用 SQL 语句建立索引。建立索引语句格式：

CREATE[UNIQUE][CLUSTERED|NONCLUSTERED]INDEX<索引名> ON <基本表名>(<列名> [<次序>][,<列名> [<次序>]]…) [<其他参数>]

对其中每一列排序顺序可以指定是升序或降序，用 ASC 表示升序，DESC 表示降序，缺省值为升序。如果选用 UNIQUE 表示每一个索引值只对应唯一的数据记录。

（14）删除索引的语句格式：

DROP INDEX <索引名> ON <表名>

（15）规则（RULES）也是保证数据正确性、完整性的措施，是绑定到列上的数据库对象，用来指定列可以接受哪些数据值。

"CHEKE 约束"规定列可以接受什么样的数据值，比规则应用更广泛，一个列只能用一个规则，但可以建立多个约束。"CHEKE 约束"可以在建表、表结构维护语句中定义，规则只能独立定义，之后绑定列。

建立规则的语句：

```
CREATE RULE <架构>.<规则名> as <规则表达式>
```

规则建立后要绑定到列上才能起约束作用，绑定规则应用存储过程 Sp_Bindrule 实现，语句结构：

```
EXEC Sp_Bindrule '<规则名>',<表名>'.'<字段名>'
```

使用存储过程 Sp_Unbindrule 可以解除规则的绑定，语句结构：

```
EXEC Sp_Unbindrule '<表名>'.'<字段名>'
```

10.3　实验范例

从随书光盘"实验数据文件备份/实验 10"所附 Jxgl.bak 恢复 Jxgl 数据库、从所附 Zygl.bak 恢复 Zygl 数据库，或将"实验 10 数据备份.doc"中语句复制到查询编辑器并执行，要求生成 Student 表、Course 表、Sc 表、部门表、职员表、工资表等数据表并输入数据。

10.3.1　行列子集视图及其应用

（1）利用对象资源管理器建立课程的视图 View_1，要求包括课程表中"数据库系统"的全部数据。

在对象资源管理器中当前数据库下右击"视图"项，选择"新建视图"选项，在"添加表"页面选择"表"，选择 Course，单击"添加"按钮。可见到在视图设计窗口中添加了 Course 表，同时在下面部分见到 SQL 语句成分：SELECT FROM dbo.Course，如图 10.3 所示。

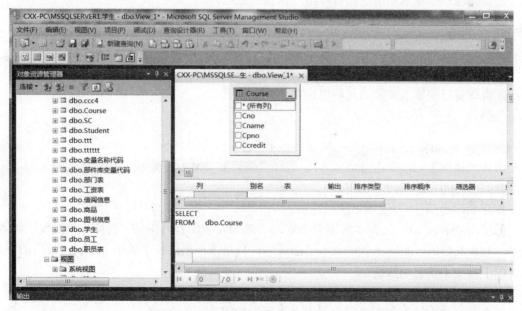

图 10.3　可视化方式建立关于 Course 的视图

在"列"组合框中选择 dbo.Course.*，再在列中选 Cname，在筛选器中输入"='数据库系统'"。相应语句变为：SELECT dbo.Course.* FROM dbo.Course WHERE (Cname='数据库系统')，如图 10.4 所示。

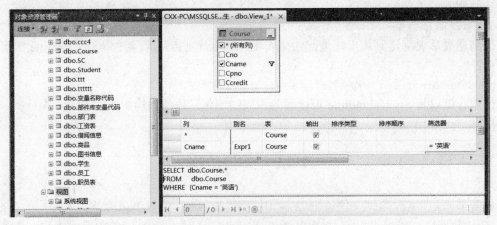

图 10.4　确定子模式及选择条件

单击×退出设计，确定更改，输入视图名称 View_1，视图建立成功。

由于视图数据只来源于 Course 中的字段，未做任何运算或变换，该视图称为行列子集视图。

可以通过对该视图操作实现对 Course 表更新操作。右击"视图"中的 dbo.View_1，选择"编辑前 200 行"选项，可见到 Course 中关于数据库系统课程全部数据。输入数据"Cno：8，Cname：政治"，退出编辑。

打开 Course 表，选择"编辑前 200 行"选项，发现该记录已经被录入到数据库中。

（2）用语句建立信息系学生的视图 Is_S，包括 Student 表全部字段。

在查询窗口中输入如下语句后单击"执行"按钮：

```
CREATE VIEW Is_S
AS
SELECT * FROM Student WHERE Sdept='IS'
```

（3）建立信息系的学生视图 Is_S1，包括学生表全部字段。

在查询窗口中输入如下语句后单击"执行"按钮：

```
CREATE VIEW Is_S1
AS
SELECT Student.* FROM Student WHERE Sdept='IS'
```

刷新"视图"项，单击 dbo.Is_S1，选择"编辑前 200 行"选项，打开新建的视图，录入一组数据"95007,康问,19,男,SS"。

打开 Student 表，发现该记录已经录入。

但单击 dbo.Is_S1，选择"编辑前 200 行"选项，重新打开 Is_S1 视图，没发现刚输入的记录，分析其原因，实际上数据录入已经成功，只是该视图进行了关于"Sdept='Is'"的筛选，在视图中没显示该记录数据。

（4）建立信息系学生的视图 Is_S2，并要求透过该视图进行的更新操作只涉及信息系学生。

在查询窗口中输入如下语句后单击"执行"按钮：

```
CREATE VIEW Is_S2 AS SELECT * FROM Student WHERE Sdept='IS' WITH CHECK OPTION
```

以"编辑前 200 行"形式打开 Is_S2，录入或修改数据，之后进入 Student 表编辑状态，看到 Student 表中刚刚录入或修改的数据内容已经如期改变。

（5）应用 SQL 语句基于 Is_S2 试录入一条记录"学号：95008，姓名：明空"。

在查询窗口中输入如下语句后；单击"执行"按钮。

```
INSERT INTO Is_S2(Sno,Sname) VALUES ('95008','明空')
```

结果报错，提示：试图进行的插入或更新已失败，原因是目标视图或者目标视图所跨越的某一视图指定了 WITH CHECK OPTION，而该操作的一个或多个结果行又不符合 CHECK OPTION 约束。

分析其意义是，在建立视图时子句"WHERE Sdept='IS' WITH CHECK OPTION"规定录入或修改新记录时必须涉及 IS 系，但上面语句不满足该要求，因而录入失败。

将语句改为如下形式后再录入，则录入成功：

```
INSERT INTO Is_S (Sno,Sname,Sdept)  VALUES  ('95008','明空','IS')
```

（6）建立信息系选修了 1 号课程的学生视图 Is_C，要求视图中包括学生表全部数据。

在查询窗口中输入如下语句后单击"执行"按钮：

```
CREATE VIEW Is_C AS SELECT Student.* FROM Student,Sc WHERE Student.Sno=Sc.Sno
AND Cno='1' AND Sdept='IS'
```

刷新"视图"项，单击"dbo.Is_C"，选择"编辑前 200 行"选项，打开新建的视图，录入一组数据"95007,康问,19,男,SS"。

打开 Student 表，发现该记录已经录入。本实验建立的视图虽然涉及两个数据表，但是在输出内容与条件表达式中并没有出现 Sc 的字段，依然可视为行列子集视图，可以通过该视图向 Student 表录入数据。

但单击"dbo.Is_C"，选择"编辑前 200 行"选项，重新打开 Is_C 视图，没发现刚输入的记录，分析其原因并不是数据录入失败，而是该视图进行了关于"Sdept='Is'"的筛选。

（7）将 Student 表中所有女生记录定义为一个视图 Vi_Student。

在查询窗口中输入如下语句后单击"执行"按钮：

```
CREATE VIEW Vi_Student AS SELECT * FROM Student WHERE Ssex='女'
```

（8）在信息系学生的视图 Is_S2 中找出年龄小于 20 岁的学生。

在查询窗口中输入如下语句后单击"执行"按钮：

```
SELECT * FROM Is_S2 WHERE Sage<20
```

（9）查询信息系选修了 1 号课程的学生。

分析：在建立视图后，视图与表都可以作为 SELECT 语句的数据源，查询语句将十分简单。

在查询窗口中输入如下语句后单击"执行"按钮：

```
SELECT * FROM Is_C WHERE Cno='1'
```

（10）将信息系学生视图 Is_S2 中学号为 95002 的学生姓名改为"刘晨"。

在查询窗口中输入如下语句后单击"执行"按钮：

```
UPDATE Is_S2 Set Sname='刘晨' WHERE Sno='95002'
```

（11）向信息系学生视图 Is_S2 中插入一个新的学生记录"95029，赵新，20 岁"。

在查询窗口中输入如下语句后单击"执行"按钮：

```
INSERT INTO Is_S2(Sno,Sname,Sage) VALUES ('95029','赵新',20 岁)
```

（12）删除视图 Is_S2 中学号为 95029 的记录。

在查询窗口中输入如下语句后单击"执行"按钮：

```
DELETE FROM Is_S2
WHERE Sno='95029'
```

10.3.2　基于视图组织查询

（1）利用对象资源管理器建立信息系选修了 1 号课程且成绩在 90 分以上的学生的视图 Is_C0，要求视图中包括学生表全部数据及成绩表课程号和分数。

在对象资源管理器中当前数据库下右击"视图"项，选择"新建视图"选项，在"添加表"页面选择"表"，选择 Course，单击"添加"按钮，选择 Sc，单击"添加"按钮。在视图设计窗口上面部分可见到其中添加了 Course 表和 Sc 表，两个表的 Sno 之间有一根打结的连线，表示两个表连接关系，同时在下面部分见到 SQL 语句成分：

```
SELECT FROM dbo.Student INNER JOIN dbo.Sc ON dbo.Student.Sno=dbo.Sc.Sno
```

在"列"组合框中选择"dbo.Course.*"，在输出框中打钩；再在列中选择 Cno，在输出框中打钩；在列中选择 Grade，在输出框中打钩；在列中选择 Sdept，在筛选器中输入"='IS'"；在列中选择 Cno，在筛选器中输入"='1'"；在列中选择 Grade，在筛选器中输入">90"。在输入数据时无需关注是否加单引号，程序将自动根据所选择的字段属性自动对于字符类型字段的数据常量加单引号。相应语句变为：

```
SELECT dbo.Student.*,dbo.Sc.Cno,dbo.Sc.Grade,dbo.Student.Sdept AS Expr1 FROM
dbo.Student  INNER  JOIN  dbo.Sc  ON  dbo.Student.Sno=dbo.Sc.Sno  WHERE
(dbo.Student.Sdept='IS') AND (dbo.Sc.Cno='1') AND (dbo.Sc.Grade>90)
```

单击×退出设计，确定更改，输入视图名称 Is_C0，视图建立成功。

（2）用 SQL 语句建立信息系选修了 1 号课程且成绩在 90 分以上的学生的视图 Is_C1，要求视图中包括学生表全部数据及课程名称和分数。

在查询窗口中输入如下语句后单击"执行"按钮：

```
CREATE VIEW  Is_C1 AS SELECT Student.*,Cname,Grade FROM Student,Sc,Course WHERE
Student.Sno=Sc.Sno AND Sc.Cno=Course.Cno AND Sc.Cno='1' AND Grade>=90 AND
Sdept='IS'
```

刷新"视图"项，执行成功。操作者可将本题语句与上题自动生成的语句比较，在上题语句中只给出了子查询的内容，采用语句格式 JOIN 连接子句。

单击 dbo.Is_C1，选择"编辑前 200 行"选项，打开新建的视图，录入一组数据"'95010','万列库','IS'"，打开 Student 表，发现该记录已经录入。

本实验建立的视图涉及三个数据表，输出内容中出现 Sc 的字段，不属于行列子集视图，但可以通过该视图向 Student 表录入数据。

进一步实验，执行语句"INSERT INTO Is_C1(Cno,Cname,Grade) VALUES (9,'政治',90)"，出现报错信息："视图或函数'Is_C1'不可更新，因为修改会影响多个基表"。

分析：本视图涉及三个数据表，其中，Student 和其他表是一对多关系，一个学生可能有多门课程成绩，涉及多门课，因此，借助该视图对 Sc、Course 都不能作数据维护操作。

本实验说明，T-SQL 语言对于这样涉及二表连接的视图，可以用于一对多连接的一方数据基表数据的维护，但不推荐这样做。需要注意的是在数据维护时要保证数据完整性和唯一性。

（3）建立一个反映学生学号、姓名、出生年份的视图 Vw_Student。

在查询窗口中输入如下语句后单击"执行"按钮：

CREATE VIEW Vw_Student(学号,姓名,出生年份) AS SELECT Sno,Sname,2010-Sage FROM Student

如果单击该视图，选择编辑状态，在插入或修改记录后，会出现报错信息，指出因为存在派生域或常量域，更新操作时失败。说明，不能通过这样的视图对基表数据进行维护操作，只能用于查询。

（4）利用对象资源管理器建立显示按学号统计最高分、平均分、总分的视图 Is_C2。

在对象资源管理器中当前数据库下右击"视图"项，选择"新建视图"选项，在"添加表"页面选择"表"，选择 Sc，单击"添加"按钮。

在"列"下拉组合框中选择 Sno，选择输出项；再选择列 Grade，对列名进行修改，修改为 MAX(Grade)，此时会发现出现了"分组依据"列，在分组依据中选择 MAX，在别名中填"最高"；将 Sno 的分组依据定为"分组依据"；在列中选择 Grade，在别名框中输入"平均"，在分组依据中选择 AVG；在列中选择 Grade，在别名框中输入"总分"，在分组依据中选择 SUM；相应语句变为：

```
SELECT Sno,MAX(Grade) AS 最高,AVG(Grade) AS 平均,SUM(Grade) AS 总分 FROM dbo.Sc
GROUP BY Sno
```

退出时输入视图名称 Is_C2，操作成功。

（5）求学生中最高平均分。

分析：本题要用一条针对基表的 SQL 语句实现很困难，可基于视图 Is_C2 实现。

在查询窗口中输入如下语句后单击"执行"按钮：

```
SELECT MAX(平均)  AS 平均 FROM dbo Is_C3
```

由于 Sno 不包含在分组条件与聚集函数中，本语句不输出学号，因此，无法知道最高平均分属于谁。如果要输出最高平均分与所属者学号，可以基于本语句建立视图 Is_C4，再根据"平均"字段数据相等建立 Is_C3 与 Is_C4 的连接，并输出 Sno 与"平均"的数据。

（6）将学生的学号及他的平均成绩定义为一个视图 S_G。

在查询窗口中输入如下语句后单击"执行"按钮：

```
CREATE VIEW S_G(学号,平均成绩) AS SELECT Sno,AVG(Grade) FROM Sc
GROUP BY Sno
```

本视图存在派生域，也不能用于数据维护。

（7）在 S_G 视图中查询平均成绩在 90 分以上的学生学号和平均成绩。

在查询窗口中输入如下语句后单击"执行"按钮：

```
SELECT 学号,平均成绩 FROM S_G WHERE 平均成绩>90
```

10.3.3 建立规则及其应用

（1）建立一个规则对象，输入 3 个数字，每一位的范围分别为[0,1][0,9][0,9]，将它绑定到职员表和工资表的员工号列上。

首先建立规则 R_Num，之后将它绑定到职员表和工资表的员工号列上，在查询窗口中输入如下语句后单击"执行"按钮：

```
CREATE RULE R_Num AS @num LIKE '[0-1][0-9][0-9]'
GO
EXEC Sp_Bindrule 'R_Num','职员表.员工号'
EXEC Sp_Bindrule 'R_Num','工资表.员工号'
```

之后向职员表录入数据，如果员工号输入 A01，报告因员工号出现冲突，录入失败。

（2）将职员表的员工号列上的规则解除，改为在员工号列上建立约束，要求每一位数字的范围分别为[0,1][0,9][0,9]。

先删除在职员表和工资表的员工号列上的绑定，再建立约束，在查询窗口中输入如下语句后单击"执行"按钮：

```
EXEC Sp_Unbindrule '职员表.员工号'
ALTER TABLE 职员表 ADD CONSTRAINT Ck_Ygh  CHECK (员工号 LIKE '[0-1][0-9][0-9]')
```

10.3.4 建立索引及其应用

（1）根据 Course 表的 Cname 列创建唯一聚集索引 Ind_C，要求显示课程表数据时所有记录按课程名称降序排列。

在查询窗口中输入如下语句后单击"执行"按钮：

```
CREATE UNIQUE CLUSTERED INDEX C ON Course(Cname DESC)
```

以"编辑前 200 行"方式打开课程表，发现其中记录按课程名称值降序排列。

（2）根据 Course 表中 Cno 列创建唯一聚集索引 Ind_C。如果输入了重复的键，要求忽略 INSERT 或 UPDATE 语句。

在 Course 表中已经建立了唯一聚集索引：Ind_C，一个表只能建一个唯一聚集索引，因此首先要删除 Ind_C 索引。

将下列语句输入查询窗口后单击"执行"按钮：

```
DROP INDEX Ind_C ON Course
```

再将下列语句输入查询窗口后单击"执行"按钮：

```
CREATE UNIQUE CLUSTERED INDEX Ind_C ON Course(Cno) WITH Ignore_Dup_Key
```

打开 Course 表，试图录入课程号为 2 的记录，操作失败，报告说：未更新任何行，……，自从上次检索数据后，更新的行已被更改或删除。

只有录入与已经录入数据的课程号不同的记录才能成功。

（3）为学生表建立关于系名的索引 Ind_S。

在查询窗口中输入如下语句后单击"执行"按钮：

```
CREATE INDEX Ind_S ON Student(Sdept)
```

打开 Student 表，记录显示顺序未见变化。

双击"查询实验程序.jar"执行该程序，选择 Student 表，选择 Sdept 字段，关系符选择"等于"，数据输入 IS，单击"添加条件"按钮，单击"全选字段"按钮，将全部字段移入。

单击"生成 SQL 语句 1"按钮，再单击"执行 SQL 语句 1"，在结果显示页面，单击"显示查询时间"，记录所显示的数据。之后，在数据库的查询窗口中输入并执行：

```
DROP INDEX Ind_S ON Student
```

删除刚刚所建的索引，再在"查询实验程序.jar"运行界面中单击"执行 SQL 语句 1"按钮，查看查询时间，发现执行时间增加。说明，建立索引对于提高查询速度具有意义。

（4）为学生表建立关于系名、性别、学号的索引 Ind_S1，其中关于系名要求为降序。

在查询窗口中输入如下语句后单击"执行"按钮：

```
CREATE INDEX Ind_S1 ON Student(Sdept DESC,Ssex,Sno)
```

命令执行成功，基于多个字段建立了复合索引。

10.4　实验练习

要求基于 5.3.1 节建立的"图书信息"表和"借阅信息"表完成如下练习：

（1）利用对象资源管理器建立视图"ls_图书信息"，要求包含书号、书名、类别、作者、出版社、出版日期、价格等字段。说明操作过程和生成的 SQL 语句，用实验说明能否应用该视图向"图书信息"表录入数据。

（2）利用对象资源管理器建立有关 2017 年 03 月 01 日之前借出图书信息的视图"ls_借阅信息"，要求包含书号、读者姓名、操作员姓名、借书日期、书价等字段。说明操作过程和生成的 SQL 语句，用实验说明能否应用该视图向"借阅信息"表录入数据。

（3）利用对象资源管理器建立有关 2017 年 03 月 01 日之前借出、价格大于 100 元的图书信息的视图"ls_借阅信息 1"，要求包含书号、书名、读者姓名、操作员姓名、借书日期、书价、价格等字段。说明操作过程和生成的 SQL 语句，用实验说明能否应用该视图录入记录。可以录入哪些数据，哪些数据无法录入。

（4）利用对象资源管理器建立有关书价大于 50 元图书信息的视图"ls_借阅信息 2"，要求按读者姓名统计借书次数、最大书价、书价总和，说明操作过程和生成的 SQL 语句。

（5）求建立关于"图书信息"表全部字段的视图"ls_图书信息 1"的 SQL 语句。

（6）求基于"ls_图书信息 1"录入一条记录的 SQL 语句，该记录信息如下：

书号：Z2010035123，书名：计算机基础，类别：计算机科学，作者：张同，出版社：清华大学出版社，价格：86 元。

（7）求建立操作员尚平借出图书信息的视图"ls_借阅信息 3"的 SQL 语句。要求包含书号、读者姓名、操作员姓名、借书日期、书价等字段。

（8）求基于 ls_借阅信息 1"录入一条记录的 SQL 语句。该记录信息如下：

书号：Z2010035123，读者姓名：王俊，借书日期：2017 年 3 月 10 日，书价 40 元。

（9）求建立 2017 年 3 月 1 日之前借出图书信息的视图"ls_借阅信息 4"的 SQL 语句。要求包含书号、书名、作者、读者姓名、操作员姓名、借书日期、入库日期、书价、价格等信息。

（10）求基于"ls_借阅信息 4"修改"图书信息"表入库日期数据的 SQL 语句，假定书号 Z2010035123 图书的入库日期要求改为 2017 年 4 月 1 日，价格改为 50 元。上机检查该语句能否执行。

（11）求建立有关借书未还的图书信息的视图"ls_借阅信息 5"的 SQL 语句。要求按读者姓名统计所借图书最大书价、书价总和、读者姓名。

（12）求所有借出未还书价总和最大的读者姓名及书价总和，上机测试，报告运行结果。

（13）说明应用对象资源管理器查看视图的操作过程。

（14）说明 ALTER VIEW 语句结构，举例说明修改视图的方法。

（15）建立一个规则对象，规定书价不得超过 100 元，将它绑定到借阅信息表的书价列上。

（16）修改借阅信息表的书价列上的规则，改为书价不得超过 500 元。

（17）根据借阅信息表的书号列和读者姓名列创建唯一聚集索引，其中书号要求从大到小排列。报告建立索引后借阅信息表中数据排列情况。

（18）为图书信息表建立关于类别、价格的索引。

实验 11　T–SQL 程序设计

11.1　实验目的

（1）学习 T-SQL 语言程序的设计方法。
（2）掌握 T-SQL 语言定义与使用变量的方法。
（3）掌握 T-SQL 语言基本流程控制语句结构及编程的方法。
（4）掌握 T-SQL 语言函数的概念，掌握常用系统函数的使用方法。
（5）掌握自定义函数的设计技术。
（6）掌握存储过程的概念，学习其设计与使用的方法。
（7）掌握触发器的概念，学习其设计与使用的方法。

11.2　预备知识

（1）T-SQL 语言。

T-SQL 语言除对数据库定义、结构维护、数据维护等扩展的 SQL 语言功能外，还提供过程性编程语言，能使数据库开发人员在数据库中编写出更复杂的程序，展开更实用的应用。它不仅可以将多个 SQL 语句联系起来执行，而且提供变量、表达式、函数等，用户能更灵活地查询与使用数据，处理数据，提供流程控制、事务处理、游标等语句成分，可以更系统性、更智能性地操作数据，满足一些基本应用的需要。

（2）变量。

指在程序运行过程中值可以改变的量。

1）局部变量是有特定数据类型的对象，其作用范围仅限制在程序内部。局部变量被引用时要在其名称前加上标志"@"，而且必须先用 DECLARE 命令定义后才可以使用。

2）全局变量是 SQL Server 系统内部使用的变量，可在任何程序中应用，需要注意的是：

① 全局变量不是由用户的程序定义的，它们是在服务器级定义的。

② 用户只能使用已经定义的全局变量。

③ 引用全局变量时，必须以标记符"@@"开头。

④ 局部变量的名称不能与全局变量的名称相同，否则会在应用程序中出现不可预测的结果。

（3）运算符。

1）算术运算符。

在两个表达式间利用算术运算符可以实现数学运算，这两个表达式可以是各种精确数据类型的数据。算术运算符包括：加（+）、减（−）、乘（*）、除（/）和取模（%）。

加、减运算用于除 TEXT、NTEXT 和 IMAGE 等文本、图像数据类型外其他类型数据的运算。

字符串类型相加实际是相联接。日期时间型（DATETIME 类型）加整型数据表示加天数。

乘、除、取模运算适用于上面类型中除字符、时间类型外其他类型数据。

2）赋值运算符。

T-SQL 中赋值运算符"等号（=）"使我们能够将数据值指派给特定的对象。另外，还可以使用赋值运算符在列标题和为列定义值的表达式之间建立关系。赋值运算要用命令 SET 实现，例如"SET @x=10;"。

3）位运算符。

位运算符使我们能够在数字型、整型或者二进制数据类型（IMAGE 数据类型除外）的两个表达式之间实现按位操作，这两个表达式应该为整数数据类型。

① 与运算。

运算符：&，两个参与运算的数据变为二进制数据后对应位相与，同为 1 时结果位为 1，否则为 0。

② 或运算。

运算符：|，两个参与运算的数据变为二进制数据后对应位相或，同为 0 时结果位为 0，否则为 1。

③ 异或运算。

运算符：^，两个参与运算的数据变为二进制数据后对应位相异或，两位值不同时结果位为 1，否则为 0。

4）逻辑运算符。

逻辑运算符包括：AND、OR、NOT、ALL、ANY、BETWEEN、EXISTS、IN、SOME、LIKE，返回带有 TRUE 或 FALSE 值的布尔数据类型数据。

① AND：与运算符，两个表达式的值均为 TRUE 时结果才为 TRUE。

② OR：或运算符，两个表达式的值只要有一个为 TRUE，结果就为 TRUE。

③ NOT：非运算符，单目运算（一个操作数），将逻辑表达式的值取反。

④ ALL：每个操作数都为 TRUE 时结果才为 TRUE。

⑤ ANY：多个操作数只要一个为 TRUE，结果就为 TRUE。

⑥ BETWEEN：若操作数在指定范围内结果为 TRUE。

⑦ EXISTS：若操作数包括了指定的一些行，结果为 TRUE。

⑧ IN：若操作数等于表达式列表中某一个值，结果为 TRUE。

⑨ SOME：若在多个操作数的值中包括了为 TRUE 的值，结果为 TRUE。

⑩ LIKE：若操作数与某种模式相匹配，结果为 TRUE。

LIKE 需要与通配符同用，一般用在条件语句中。通配符包括：

- %：代表零个或多个任意字符。
- _：代表一个任意字符。
- []：中间是一个字符串，代表其中任何一个单字符，包括两端字符。
- [^]：中间"^"的后面是一个字符串，代表不得是其中任何一个单字符，包括不得是两端字符。

例如：<表达式> LIKE 'abc%'表示当表达式的值是以 abc 打头的任意字符串时，此逻辑式的值为真。

<表达式> LIKE 'a-b'表示当表达式的值是 a、b 且 ab 之间有一个任意字符时，此逻辑式的值为真。

<表达式> LIKE 'abc[123]'表示当表达式的值是以 abc 打头且后跟 123 这三个数字中任意一个时，此逻辑式的值为真。

<表达式> LIKE 'abc[^123]'表示当表达式的值是以 abc 打头且第 4 个字符是除 123 之外任意字符时，此逻辑式的值为真。

5）字符串串联运算符。

字符串串联运算符允许通过加号（+）进行字符串串联，这个加号即被称为字符串串联运算符。例如对于语句 SELECT 'abc'+'def'，其结果为 abcdef。

（4）表达式。

表达式是用括号和运算符把标识符、变量、常量、标量函数、子查询等组合而成的式子。在 SQL Server 系统中，表达式可以在多个不同的位置使用，这些位置包括赋值语句、显示语句、流程控制语句、查询检索语句、搜索数据的条件语句等。具有计算、判断和数据类型转换等作用。

（5）函数。

函数是用来执行某一种运算的程序。

1）行集函数在 Transact-SQL 语句中当作表引用。

2）聚集函数用于对一组值进行某种计算并返回一个单一的值。

3）标量函数用于对传递给它的一个或者多个参数值进行处理和计算，将返回一个单一的值。

4）SQL Server 中最常用的几种函数如下：

① 字符串函数。

UPPER(<字符串>)：将串中小写字符变大写字符。

LOWER(<字符串>)：将串中大写字符变小写字符。

SPACE(<整数>)：产生"整数"个空格。

REPLICATE(<字符串>,<整数>)：将字符串重复"整数"次。

STUFF(<字符串 1>,<数字>,<整数>,<字符串 2>)：将字符串 1 中从"数字"开始的"整数"个字符用"字符串 2"代替。

REVERSE(<字符串表达式>)：反转字符串表达式。

LTRIM(<字符串>)：删除字符串前面空格。

RTRIM(<字符串>)：删除字符串后面空格。

CHARINDEX(<字符串 1>,<字符串 2>)：在字符串 2 中搜索字符串 1 的起始位置。

PATINDEX('%<字串>%',<字符串>)：在字符串中搜索字串出现的起始位置。

SUBSTRING(<字符串 1>,<数字>,<整数>)：从字符串 1 中取从"数字"起始长度为"整数"的字符串。

RIGHT(<字符串>,<整数>)：从字符串右边取长度为"整数"的字符串。

LEFT(<字符串>,<整数>)：从字符串左边取长度为"整数"的字符串。

ASCII(<字符>)：求"字符"的 ASCII 码。

CHAR(<整数>)：求 ASCII 码等于"整数"的字符。

STR(<数值表达式> [,<整数> [,<小数位>]])：将数值表达式的值变成长度等于"整数"、小数位位数等于"小数位"的字符串。

② 日期和时间函数。

DATEADD (<参数>,<数字>,<日期>)：按参数指定部分计算日期与数字之和并返回。参数例如：Year、Quarter、Month、Dayofyear、Day、Week、Hour、Minute、Second、Millisecond。

DATEDIFF(<参数>,<日期 1>,<日期 2>)：按参数指定部分计算日期与日期之差。

DATENAME(<参数>,<日期>)：按参数指定部分返回日期相应部分的字符串。

DATEPART(<参数>,<日期>)：按参数指定部分返回日期相应部分的整数值。

GETDATE()：返回系统日期。

DAY(<日期>)：返回日期表达式的日期数据。

MONTH(<日期>)：返回日期表达式的月份数据。

YEAR(<日期>)：返回日期表达式的年份数据。

③ 数学函数。

ABS(n)：求 n 的绝对值。

CEILING(n)：求大于等于 n 的最小整数。

DEGREES(n)：求弧度 n 的度数值。

FLOOR(n)：求小于等于 n 的最大整数。

POWER(n,m)：求 n 的 m 次方。

RADIANS(n)：求度数 n 的弧度值。

SIGN(n)：求 n 的符号，分别用 1、-1、0 表示正数、负数、0。

EXP(n)：求 n 的指数值。

LOG(n)：求 n 的对数值。

LOG10(n)：求 n 的以 10 为底的对数值。

SQUARE(n)：求 n 的平方。

SQRT(n)：求 n 的平方根。

SIN(n)：求 n 的正弦值。

COS(n)：求 n 的余弦值。

TAN(n)：求 n 的正切值。

PI()：返回 π 的值。

RAND()：产生随机数。

MOD(m,n)：求 m 除以 n 的余数。

ROUND(n,m)：对 n 作四舍五入处理，保留 m 位。

④ 转换函数。

CONVERT(<转换后数据类型> [(<长度>)],<表达式> [,<转换样式>])：将表达式的值转换为"转换后数据类型"指定的数据类型，"长度"表示转换后数据长度，"转换样式"只在表达式为日期时间类型且欲转换为字符类型时使用，给出转换成字符类型的样式。

CAST(<表达式> AS <转换后数据类型>)：将表达式的值转换为"转换后数据类型"指定的数据类型。

⑤ 系统函数。

Db_Id(<名称>)：返回数据库 ID 号。

Db_Name(<ID 号>)：返回数据库名称。

Host_Id(<名称>)：返回主机 ID 号。

Host_Name(<ID 号>)：返回主机名称。

Object_Id(<名称>)：返回指定对象 ID 号。

Object_Name(<ID 号>)：返回指定对象名称。

Suser_Id(<名称>)：返回指定登录 ID 号。

Suser_Name(<ID 号>)：返回指定登录的名称。

User_Id(<名称>)：返回指定用户 ID 号。

User_Name(<ID 号>)：返回指定用户名称。

Col_Name(<表号>,<列号>)：返回列名。

Col_Length(<表名>,<列名>)：返回列定义长度。

DATALENGTH(<表达式>)：返回表达式占用的字节长度。

聚集函数：AVG、COUNT、MAX、MIN、SUM。

（6）自定义函数。

函数具有执行速度快、减少网络流量等优点，在很多情况下，自定义函数比存储过程更有优势。

1）创建自定义函数。

在对象资源管理器中，展开具体数据库→展开"可编程性"→展开"函数"。

下面有 4 个选项：表值函数、标量值函数、聚集函数、系统函数。可自建前两类函数。表值函数的返回值为表；标量值函数的返回值为非结构数据。

右击"标量值函数"→在弹出的快捷菜单中选择"新建标量值函数"选项→将弹出编辑框，其中按照标量值函数的格式建立了自定义标量值函数的模板。

同样，右击"表值函数"→在弹出的快捷菜单中选择"新建内联表值函数"/"新建内联多语句表值函数"选项→将弹出内联表值函数编辑框，其中建立了内联表值函数或内联多语句表值函数的模板。

2）标量值函数结构。

```
SET Ansi_Nulis ON          --条件语句中对包含空值的行将不返回值
GO
SET Quoted_Identifier ON   --标识符由双引号分隔，文字由单引号分隔
GO
CREATE FUNCTION <函数名>(<形式参数列表>)
RETURNS <返回值类型>
AS                         --以下为函数主体
BEGIN
    DECLARE <函数主体中变量名> <类型> [,…n]
    <语句块>
    RETURN <返回值>
END
GO
```

3）内联表值函数结构。

```
CREAT EFUNCTION <函数名>(<形式参数列表>)
RETURNS TABLE
```

```
AS
    RETURN <SELECT 语句>
```

4）内联多语句表值函数结构。

```
CREATE FUNCTION <函数名> (<形式参数列表>)
RETURNS <表变量名> TABLE
AS
BEGIN
    <SQL 语句块>
    RETURN
END
```

（7）流程控制语句。

流程控制语句是指那些用来控制程序执行和流程分支的命令。

1）BEGIN…END 语句：用于执行一个语句或一个语句块。

```
BEGIN {<执行语句>|<语句块>} END
```

2）IF…ELSE 语句：是条件判断语句，允许嵌套使用。

语句格式：`IF <条件表达式>{<执行语句>|<语句块>} [ELSE{ <执行语句>| <语句块> }]`

3）CASE 函数：用于计算多个条件式，并返回符合条件的结果表达式。

语句格式 1：

```
CASE <表达式>
WHEN <值 1> THEN <表达式 1>
…
WHEN <值 n> THEN <表达式 n>
[ELSE <表达式 n+1>]
END
```

语句格式 2：

```
CASE
WHEN <条件表达式 1> THEN <表达式 1>
…
WHEN <条件表达式 n> THEN <表达式 n>
[ELSE <表达式 n+1>]
END
```

4）WHILE…CONTINUE…BREAK 语句用于设置重复执行 SQL 语句或语句块的条件。只要指定的条件为真，就重复执行语句。其中，CONTINUE 语句可以使程序跳过 CONTINUE 语句后面的语句，回到 WHILE 循环的第一行命令。BREAK 语句则使程序完全跳出循环，结束 WHILE 语句的运行。

语句格式：

```
WHILE 条件表达式{<执行语句 1>|<语句块 1>}[BREAK][CONTINUE]{<执行语句 2>|<语句块 2>}
```

5）GOTO 语句使程序直接跳到指定的标有标识符的位置处继续执行，而位于 GOTO 语句和标识符之间的程序将不会被执行。GOTO 语句和标识符可以用在语句块、批处理和存储过程中，标识符可以为数字与字符的组合，但必须以“:”结尾。

语句格式：

```
GOTO<标识符>
…
```

带标识符语句格式：

<标识符>:<语句>

6）WAITFOR 语句用于暂时停止执行 SQL 语句、语句块或者存储过程等，直到所设定的时间已过或者所设定的时间已到才继续执行。

语句格式：

```
WAITFOR {DELAY '<时间间隔>'| TIME '<时间>'}
```

其中，DELAY 用于指定时间间隔，TIME 用于指定某一时刻，其数据类型为 DATETIME，格式为 "hh:mm:ss"。

7）RETURN 语句用于无条件地终止一个查询、存储过程或者批处理，此时位于 RETURN 语句之后的程序将不会被执行。

语句格式：

```
RETURN [<整数>]
```

其中，参数 "整数" 为返回的整型值。存储过程可以给调用过程或应用程序返回整型值。

（8）注释。

注释是程序代码中不执行的文本字符串。

1）ANSI 标准的注释符 "--"，说明本行 "--" 之后为注释。

2）"/*……*/" 说明在两个星号之间的文本为注释。

（9）错误捕捉语句。

为了增强程序的健壮性，必须对程序中可能出现的错误进行及时的处理。在 Transact-SQL 语言中，可以使用 TRY…CATCH 构造捕捉并显示错误信息。

语句格式：

```
BEGIN TRY
    <语句> | <语句块> | <批处理>
END TRY
BEGIN CATCH
    SELECT Error_Line() AS '产生错误的行号';
        Error_Number() AS '错误号'
        …;
END CATCH
```

该语句中 BEGIN TRY…END TRY 内任何语句出现错误，会导致执行 CATCH 块，可以在其中调用系统函数显示出错详细信息。

（10）游标。

用 SQL 语言从数据库中检索数据后，结果放在内存的一块区域中，且结果往往是一个含有多个记录的集合。游标把集合操作转换成单个记录处理方式，使用户能逐行地访问这些记录，按照用户自己的意愿来显示和处理这些记录。

使用游标包括如下内容：声明游标、打开游标、读取数据、关闭游标、删除游标。

1）声明游标。

语句格式：

```
DECLARE <游标名> CURSOR FOR <SELECT 语句>
```

2）打开游标。

语句格式：

```
OPEN <游标名>
```

3）读取数据。

语句格式：

```
FETCH [ NEXT| PRIOR| FIRST| LAST | ABSOLUTE n |RELATIVE n ]
 FROM { <游标名> | <@游标变量名> }
[ INTO <@变量名> [,…] ] WHILE (@@Fetch_Status=0)
BEGIN         --要执行的 SQL 语句
    FETCH NEXT FROM 游标名
END
```

其中：

NEXT，取下一行的数据，并把下一行作为当前行。由于打开游标后，行指针是指向该游标第 1 行之前，所以第一次执行 FETCH NEXT 操作将取得游标集中的第 1 行数据。NEXT 为默认的游标提取选项。

PRIOR，取上一行的数据，并把上一行作为当前行。如果第一次读取则没有行返回，并且把游标置于第一行之前。

FIRST，表示返回结果集中的第一行，并且将其作为当前行。

LAST，表示返回结果集中的最后一行，并且将其作为当前行。

ABSOLUTE n，如果 n 为正数，则返回从游标头开始的第 n 行，并且返回行变成新的当前行。如果 n 为负，则返回从游标末尾开始的第 n 行，并且返回行为新的当前行，如果 n 为 0，则返回当前行。

RELATIVE n，如果 n 为正数，则返回从当前行开始的第 n 行，如果 n 为负，则返回从当前行之前的第 n 行，如果为 0，则返回当前行。

INTO @变量名 [,…]，把提取操作的列数据放到局部变量中。

列表中的各个变量从左到右与游标结果集中的相应列相关联。

各变量的数据类型必须与相应的结果列的数据类型匹配或是结果列数据类型所支持的隐性转换。变量的数目必须与游标选择列表中的列的数目一致。

4）关闭游标。

语句格式：

```
CLOSE <游标名>
```

5）删除游标。

语句格式：

```
DEALLOCATE <游标名>
```

（11）存储过程。

存储过程是一组为了完成特定功能的 Transaction-SQL 语句集，经编译后存储在数据库中。用户通过存储过程的名字并给出参数来执行它。

1）存储过程分类。

在 SQL Server 中存储过程分为两类：系统提供的存储过程和用户自定义的存储过程。系统过程主要存储在 Master 数据库中，并以"Sp_"为前缀，它从系统表中获取信息，为系统管理员管理 SQL Server 提供支持。通过系统存储过程，SQL Server 中的许多管理性或信息性的活动（如了解数据库对象、数据库信息）都可以被顺利有效地完成。系统存储过程可以在其他数据库中被调用，在调用时不必在存储过程名前加上数据库名。

2）用 CREATE PROCEDURE 创建存储过程。

语句格式：

```
CREATE PROC [EDURE] <存储过程名> [;<分组数字>]
[{@<参数> <参数数据类型>} [VARYING][=<参数默认值>] [OUTPUT]][,…n]
[WITH {RECOMPILE | ENCRYPTION| RECOMPILE,ENCRYPTION}] [FOR REPLICATION]
AS <SQL 语句> [...n]
```

说明：

① 存储过程的名称必须符合标识符规则，且对于数据库及其所有者必须唯一。要创建局部临时过程，可以在<存储过程名>前面加一个编号符（#<存储过程名>），要创建全局临时过程，可以在<存储过程名>前面加两个编号符（##<存储过程名>）。完整的名称（包括#或##）不能超过 128 个字符。指定过程所有者的名称是可选的。

② 过程中的参数可以有一个或多个。用户必须在执行过程时提供每个所声明参数的值（除非定义了该参数的默认值）。存储过程最多可以有 2100 个参数。

要求使用@符号作为第一个字符来指定参数名称。参数名称必须符合标识符的规则。每个过程的参数仅用于该过程本身；相同的参数名称可以用在其他过程中。默认情况下，参数只能代替常量，而不能用于代替表名、列名或其他数据库对象的名称。

③ 参数的数据类型可以是所有数据类型（包括 TEXT、NTEXT 和 IMAGE）。不过，CURSOR 数据类型只能用于 OUTPUT 参数。如果指定的数据类型为 CURSOR，也必须同时指定 VARYING 和 OUTPUT 关键字。

VARYING 指定由 OUTPUT 参数支持的结果集，仅应用于游标型参数。

④ 如果定义了参数的缺省值，那么即使不给出参数值，该存储过程仍能被调用。缺省值必须是常数，或者是空值。

⑤ OUTPUT 表明该参数是一个返回参数。用 OUTPUT 参数可以向调用者返回信息。TEXT 类型参数不能用作 OUTPUT 参数。

⑥ RECOMPILE 指明 SQL Server 不保存该存储过程的执行计划，该存储过程每执行一次都要重新编译。

⑦ ENCRYPTION 表明 SQL Server 加密了 Syscomments 表，该表的 TEXT 字段是包含有 CREATE Procedure 语句的存储过程文本，使用该关键字无法通过查看 Syscomments 表来查看存储过程内容。

⑧ FOR REPLICATION 选项指明了为复制创建的存储过程不能在订购服务器上执行，只有在创建过滤存储过程时（仅当进行数据复制时过滤存储过程才被执行），才使用该选项。FOR REPLICATION 与 WITH RECOMPILE 选项是互不兼容的。

⑨ AS 指明该存储过程将要执行的动作。

⑩ <SQL 语句>是任何数量和类型的包含在存储过程中的 SQL 语句。[...n]表示 1 到多个。一个存储过程的最大尺寸为 128MB，用户定义的存储过程必须创建在当前数据库中。

3）利用对象资源管理器创建存储过程。

① 启动企业管理工作平台，选择要使用的服务器。

② 展开要创建存储过程的数据库→右击"可编程性"→单击"存储过程"选项→单击左

边的加号，可见到当前数据库中所有存储过程→单击"系统存储过程"将显示该数据库的所有系统存储过程。

③ 右击"存储过程"→选择"新建"选项→选择"存储过程"选项→进入存储过程编辑窗口。

④ 在存储过程编辑窗口中已预置了存储过程模板，用户可改换具体参数，填上自己具体的代码，例如：

```
CREATE PROCEDURE Pub_Infor @Int_Unitprice INT
AS
SELECT * FROM SDatabase.成绩 WHERE 分数>=@Int_Unitprice
GO
```

⑤ 单击"执行"按钮。刷新后可在"存储过程"目录下见到新建的存储过程 dbo.Pub_Infor。

⑥ 在右窗格中，右击该存储过程，在弹出的快捷菜单中选择"属性"选项，选择"权限"选项，可设置权限。

4）重新命名存储过程。

修改存储过程的名字使用系统存储过程 Sp_Rename。

命令格式：

```
Sp_Rename <原存储过程名>,<新存储过程名>
```

例如，将存储过程 Reptq1 修改为 Newproc：Sp_Rename Reptq1,Newproc。

5）删除存储过程。

命令格式：

```
DROP PROCEDURE {<存储过程名> }}[,…n]
```

6）执行存储过程。

命令格式：

```
[EXECUTE]
[@<整型变量>=]
{<存储过程名> [;<分组数字>]|@<变量名>}
[[@<参数>=]{<值>|@<返回参数值> [OUTPUT]|[DEFAULT]} ][,…n]
[WITH RECOMPILE]
```

说明：① 整型变量用来存储过程向调用者返回的值；② <变量名>是用来代表存储过程名字的变量。

（12）触发器。

1）触发器的概念。

触发器是一种特殊的存储过程，一般存储过程通过存储过程名字被程序调用而执行，而触发器是在发生对数据库中数据进行维护操作事件时被执行的。当对某一表进行诸如 UPDATE、INSERT、DELETE 这些操作时，SQL Server 自动执行触发器所定义的 SQL 语句，使保证对数据的处理必须符合数据库所定义的规则。

2）两种类型的触发器。

① AFTER 触发器为 SQL Server 老版本中的触发器。该类型触发器只有在执行对表的某一操作（INSERT/UPDATE/DELETE）之后，才被触发。可以使用系统过程 Sp_Settriggerorder 定义哪一个触发器先触发，哪一个后触发。

② INSTEAD OF 触发器既可在表上定义，也可以在视图上定义，对同一操作只能定义一

个 INSTEAD OF 触发器。当为表或视图定义了针对某一操作（INSERT、DELETE、UPDATE）的 INSTEAD OF 类型触发器且执行之后，尽管触发器被触发，但相应操作并不被执行，运行的仅是触发器 SQL 语句本身。

3）用对象资源管理器创建触发器。

操作方法：

① 选择服务器并展开。

② 选择并展开数据库，选择表。

③ 选择并展开选定的表，右击"触发器"。选择"新建触发器"选项，在新建触发器编辑框中已经预写入了触发器的程序模板。

④ 在触发器编辑框中修改触发器程序文本。

⑤ 单击"执行"按钮。

4）用 CREATE TRIGGER 命令创建触发器。

命令格式：

```
CREATE TRIGGER <触发器名>
 ON {<表名>| <视图名> }[WITH ENCRYPTION]
{
{{FOR|AFTER|INSTEADOF} {[INSERT][,][UPDATE]}
[WITH APPEND]
[NOT FOR REPLICATION]
AS
[{IF UPDATE (<列名>)[{ AND |OR} UPDATE ({<列名> })]
|IF (Columns_Updated() {<位逻辑运算符 >}< 整型位掩码>)
{< 比较操作符>}{< 被更新的列的位掩码>}
}]
{<SQL 语句>}
}
}
```

说明：

① WITH ENCRYPTION 表示对包含有 CREATE TRIGGER 文本的 Syscomments 表进行加密。

② AFTER 表示只有在执行了指定的操作（INSERT、DELETE、UPDATE）之后触发器才被激活并执行触发器中的 SQL 语句。若使用关键字 FOR，则表示为 AFTER 触发器，该类型触发器仅能在表上创建。

③ [DELETE][,][INSERT][,][UPDATE]关键字用来指明哪种数据操作将激活触发器。至少要指明一个选项，在触发器的定义中三者的顺序不受限制，且各选项要用逗号隔开。

④ WITH APPEND 表明增加另外一个已存在某一类型的触发器。只有在兼容性水平（指某一数据库行为与以前版本的 SQL Server 兼容程度）不大于 65 时才使用该选项。

⑤ NOT FOR REPLICATION 表明当复制处理修改与触发器相关联的表时，触发器不能被执行。

⑥ AS 是触发器将要执行的动作。

⑦ SQL 语句是包含在触发器中的条件语句或处理语句。触发器的条件语句定义了另外的标准来决定将被执行的 INSERT、DELETE、UPDATE 语句是否激活触发器。

⑧ IF UPDATE 用来测定对某一确定列是插入操作还是更新操作，但不与删除操作用在一起。IF (Columns_Updated())仅在 INSERT 和 UPDATE 类型的触发器中使用，用来检查所涉及的列是被更新还是被插入。

⑨ 位逻辑运算符用在比较中。整型位掩码用于那些被更新或插入的列。例如，如果表 T 包括 C1、C2、C3、C4、C5 五列。为了确定是否只有 C2 列被修改，可用 2 来做位掩码，如果想确定是否 C1、C2、C3、C4 都被修改，可用 15 来做位掩码。

⑩ 比较操作符用"="表示检查在整型位掩码中定义的所有列是否都被更新，用">"表示检查是否在整型位掩码中定义的某些列被更新。

5）删除触发器。

命令格式：

```
DROP TRIGGER <触发器名>
```

11.3　实验范例

从随书光盘"实验数据文件备份/实验 11"所附 Jxgl.bak 恢复 Jxgl 数据库，或将"实验 11 数据备份.doc"中语句复制到查询编辑器并执行，要求生成 Student 表、Sc 表、Course 表、图书信息表、借阅信息表等数据表。

11.3.1　T-SQL 语言编程基础

（1）设置变量 X、Y 分别为整型与字符型，求它们的乘积。

在查询窗口中输入如下语句后单击"执行"按钮：

```
DECLARE @x INT;
DECLARE @y CHAR(10);
SET @x=10;
SET @y='20';
SELECT @x*@y;
```

运行结果为 200。

（2）完成以下各题：

1）求计算 128&129 的值。

2）求计算 128|129 的值。

3）求计算 128^129 的值。

在查询窗口中输入如下语句后单击"执行"按钮：

```
SELECT 128&129,128|129,128^129
```

执行结果是按位运算得到的。128 的二进制表示为 10000000，129 的二进制表示为 10000001，运算结果为：128，129，1。

（3）完成以下各题：

1）求显示 A 的 ASCII 码。

2）求"SQL Server"的前 3 个字符。

3）求字符串"数据库原理"的长度。

4）求将 China 转换为大写字母。

5）求将英语四级改为英语六级。

在查询窗口中输入如下语句后单击"执行"按钮：

```
SELECT 'A 的 ASCII'=ASCII('A'),
'SQL Server 的前 3 个字符'= LEFT('SQL Server',3),
'数据库原理的长度'=LEN(N'数据库原理'),
'将 China 转换为大写字母'=UPPER('China'),
'将英语四级改为英语六级'=REPLACE(N'英语四级',N'四',N'六'):
```

注：第 3 句"数据库原理"前加 N 表示字符串用 Unicode 方式存储。

运行结果

A 的 ASCII 码	SQL Server 的前 3 个字符	"数据库原理"的长度	将 China 转换为大写字母	将英语四级改为英语六级
65	SQL	5	CHINA	英语六级

（4）完成以下各题：

1）使用日期和时间函数显示当前日期。

2）当前日期后 10 天的日期。

3）当前日期与 2011 年 1 月 1 日相隔的天数。

在查询窗口中输入如下语句后单击"执行"按钮：

```
SELECT '显示当前系统日期'=GETDATE(),'在当前日期后 10 天的日期'=DATE ADD (day,10,
GETDATE()),'当前日期与 2011 年 1 月 1 日相隔的天数'=DATEDIFF(DAY,GETDATE(),
'2011-01-01')
```

（5）完成以下各题：

1）使用常用数学函数计算-1 的绝对值。

2）计算 e 的 10 次方。

3）计算 5 的自然对数。

4）计算半径为 3 的圆的面积和 49 的平方根。

在查询窗口中输入如下语句后单击"执行"按钮：

```
SELECT N'-1 绝对值'=ABS(-1),N'e 的 10 次方'=EXP(10),N'5 的自然对数'=LOG(5),N'半径为
3 的圆的面积'=PI()*3*3,N'49 的平方根'=SQRT(49)
```

（6）设计函数计算两个数的和。

在查询窗口中输入如下语句后单击"执行"按钮：

```
SET Ansi_Nulis ON        --条件语句中对包含空值的行将不返回值
GO
SET Quoted_Identifier ON      --标识符可以由双引号分隔，而文字必须由单引号分隔
GO
CREATE FUNCTION Add1 (@a INT,@b INT)
RETURNS INT
AS        --以下函数主体
BEGIN
    DECLARE @c INT;
    SET @c=@a+@b;
    RETURN @c;
```

```
END
GO
```

（7）设计函数，根据调用时所给的学号查找成绩表中的记录，显示分数。

分析：建立自定义函数的语句是 CREATE FUNCTION 语句，要求按规定格式给出函数名、形式参数名及其数据类型、返回值数据类型及函数体。

在查询窗口中输入如下语句后单击"执行"按钮：

```
SET Ansi_Nulis ON
GO
SET Quoted_Identifier ON
GO
CREATE FUNCTION Getavg(@a CHAR(16))
RETURNS INT
AS
BEGIN
    DECLARE @C INT;
    SELECT @c=分数 FROM 成绩 WHERE 学号=@a;
    RETURN @c;
END
```

调用语句：SELECT dbo.Getavg('201104')。

（8）应用赋值语句设定成绩变量 Score 的值，判断成绩是否及格，如果成绩及格显示 1，否则显示 0。

在查询窗口中输入如下语句后单击"执行"按钮：

```
DECLARE @Score INT;
SET @Score=75;
IF @Score BETWEEN 60 AND 100 SELECT 1 ELSE SELECT 0;
```

显示结果：1。

（9）求解一元二次方程 $x^2+4x-21=0$ 的程序。

分析：求解一元二次方程需要根据方程的系数确定方程是否有实数解，根据公式计算它的两个根。

在查询窗口中输入如下语句后单击"执行"按钮：

```
DECLARE @a INT, @b INT,@c INT,@t INT;
SET @a=1;
SET @b=4;
SET @c=-21;
IF @a=0 AND @b=0
PRINT '输入数据错!';
ELSE
IF @a=0
SELECT '方程为一元一次方程，其解为: X=',(-1)*@c/@b;
ELSE
BEGIN
SET @t=@b*@b-4*@a*@c;
IF @T>0
SELECT '方程有实根 X1=',(-@b+SQRT(@t))/(2*@a),
```

```
N'; X2=',(-@b-SQRT(@t))/(2*@a);
ELSE
SELECT '方程有复数根 X1=',
@b/(2*@a),SQRT((-@t)/(2*@a)),'i',N'x2=',
-@b/(2*@a),SQRT((-@t)/(2*@a)),'i';
END
```

（10）求编程序：如果 a+b 等于 20，则 c 的值等于 15；如果 a+b 等于 15，则 c 的值等于 200；否则等于 300。

分析：如果采用 CASE 语句第 1 种结构，需要设计出一个表达式，根据该表达式不同情况下的具体数值确定输出的内容。如果采用第 2 种结构，可以在每个 WHEN 子句中给出条件表达式，应用更灵活。

在查询窗口中输入如下程序语句后分别执行：

程序 1：

```
DECLARE @a INT,@b INT,@c INT;
SET @a=10;
SET @b=5;
SET @c=
CASE @a+@b
WHEN 20 THEN 100
WHEN 15 THEN 200
    ELSE 300
END
SELECT @c
```

程序 2：

```
DECLARE @a INT,@b INT,@c INT;
SET @a=10;
SET @b=5;
SET @c=
CASE
WHEN @a+@b=20 THEN 100
WHEN @a+@b=15 THEN 200
    ELSE 300
END
SELECT @c
```

运行结果均显示 200。

（11）建立表 Temp，输入三个成绩，分别指出成绩的等级。

分析：在 SELECT 语句中使用 CASE 可以对每条记录进行简单分析处理。

在查询窗口中输入如下语句后单击"执行"按钮：

```
CREATE TABLE Temp (成绩 INT NOT NULL )          --创建 Temp 表、单个字段成绩
INSERT INTO Temp VALUES (60)
INSERT INTO Temp VALUES (30)
INSERT INTO Temp VALUES (90)          --插入 score 值
SELECT * FROM Temp                    --查看 Temp 表的数据
GO          --以上内容为创建 Temp 表的语句
```

```
SELECT 成绩,
CASE WHEN 成绩<60 THEN '不及格'
WHEN 成绩>=60 AND 成绩<85 THEN '良好'
    ELSE '优秀'
END
 FROM Temp
```

运行结果：

生成了数据表：成绩，同时显示：

成绩无列名

60　良好

30　不及格

90　优秀

（12）产生若干个随机数，如果小于 0.5 则显示，否则退出循环。

在查询窗口中输入如下语句后单击"执行"按钮：

```
DECLARE @i SMALLINT,@J SMALLINT;
SET @i=1;
WHILE @i<5
BEGIN
SET @j=RAND()*10;
SELECT @j;
SET @i=@j;
END
```

运行结果：

第一次依次显示：418。

第二次依次显示：11325。

（13）求利用 GOTO 语句求出从 1 加到 10 的总和。

在查询窗口中输入如下语句后单击"执行"按钮：

```
DECLARE @Sum INT,@Count INT
SELECT @Sum=0,@Count=1
Label_1:SELECT @Sum=@Sum+@Count
SELECT @Count=@Count+1
If @Count<=10
Goto Label_1
SELECT @Count,@Sum
```

（14）使用 TRY…CATCH 检查产生除数为 0 的错的语句的所在行数。

在查询窗口中输入如下语句后单击"执行"按钮：

```
BEGIN TRY        --捕捉以 0 为除数的错误
SELECT 1/0;
END TRY
BEGIN CATCH
SELECT Error_Line() AS '产生错误的行号';
Error_Number() AS '错误号';
END CATCH;
```

运行结果，显示：

产生错误的行号错误号

28134

（15）求显示成绩表中的全部数据，要求每行显示两条记录。

分析：T-SQL 语言没有数组，而 SELECT 语句得到的结果是表，常常是多行、多列的数据，需要采用游标实现对数据逐行处理。使用游标包括定义游标、打开游标、移动游标指向、关闭游标、删除游标等步骤。

在查询窗口中输入如下语句后单击"执行"按钮：

```
DECLARE @a1 CHAR(14),@b1 CHAR(28),@c1 INT
DECLARE Mycursor CURSOR FOR SELECT * FROM Sc       --为获得的数据集指定游标
OPEN Mycursor         --打开游标 Mycursor
FETCH NEXT FROM Mycursor INTO @a1,@b1,@c1
WHILE (@@Fetch_Status=0)          --如果数据集里有数据，循环处理表中所有记录
BEGIN
PRINT @a1+@b1+CAST(@c1 AS CHAR(3))
FETCH NEXT FROM Mycursor INTO @a1,@b1,@c1           --跳到再下一条数据
END
CLOSE Mycursor         --关闭游标
DEALLOCATE Mycursor          --删除游标
```

11.3.2 存储过程

（1）利用对象资源管理器建立关于系的存储过程，要求在调用时只输入系的名称，就能显示该系所有学生的数据。

1）展开当前数据库→右击"可编程性"→右击"存储过程"→单击"新建"按钮→选择"存储过程"→进入存储过程编辑窗口。在存储过程编辑窗口中已预置了存储过程模板，其中非注释部分：

```
SET Ansi_Nulis ON
GO
SET Quoted_Identifier ON
GO
CREATE PROCEDURE <Procedure_Name,SYSNAME,ProcedureName>
AS
BEGIN
SET NOCOUNT ON;
SELECT <@Param1,SYSNAME,@p1>,<@Param2,SYSNAME,@p2>
END
GO
```

2）将其中"<Procedure_Name,SYSNAME,ProcedureName>"代换为：系名称@名称 CHAR(10)。

3）将"<@Param1,SYSNAME,@p1>,<@Param2,SYSNAME,@p2>"更换为：* FROM Student WHERE Sdept=@名称。

4）单击"执行"按钮，显示命令已执行。

5）右击"存储过程"，单击"刷新"按钮，在存储过程目录中可见到"系名称"存储过程。右击该存储过程，选择"执行存储过程"选项，在"@名称"行的"值"列中输入 IS，单击"确定"按钮，将输出该系全部学生数据。

（2）用语句建立关于系的存储过程，要求在用命令调用时输入系的名称，就能显示该系所有学生的数据。

选择"新建查询"，数据库选"学生"，输入如下语句：

```
CREATE PROCEDURE 系名称1
@名称 CHAR(10)
AS
SELECT * FROM Student WHERE Sdept=@名称
```

单击"执行"按钮，显示命令已执行。

在查询窗口输入语句：

```
EXEC 系名称1 'IS'
```

单击"执行"按钮，可见到上题同样输出结果，不妨和上一题语句比较一下，关键语句部分不同处只在于框架程序中多了三处设置：

```
SET Ansi_Nulis ON          --指定在与 Null 值一起使用等于(=)和不等于(<>)比较运算符时采
用 ISO 标准，涉及 Null 值应当使用 IS NULL 和 IS NOT NULL ，尽量不使用等号
SET Quoted_Identifier ON          --规定调试多层应用程序时，不能使用"单步执行"
SET NOCOUNT ON;          --设置：不返回行计数的消息
```

（3）创建一个可以按给定图书名称，输出其书号、图书序号、作者、价格等信息的存储过程。

在查询窗口中输入如下语句：

```
IF EXISTS (SELECT Name FROM Sysobjects WHERE Name='Yg_Info')
DROP PROCEDURE Yg_Info          --如果存储过程 Yg_Info 已经存在，先删除
GO
/*创建存储过程*/
CREATE PROCEDURE Yg_Info @Name CHAR(8)
AS
SELECT 书号,图书序号,作者,价格 FROM 图书信息 WHERE 书名=@Name
GO
```

执行该程序，刷新数据库，可见到存储过程 **Yg_Info** 已经生成。

在查询窗口再输入语句：

```
EXEC Yg_Info  '计算机基础'
```

单击"执行"按钮，如果该数存在，可见查询结果，否则显示空表。

（4）创建一个可以按给定图书名称输出其书号、图书序号、作者、价格及所有借过该书的读者姓名、借书日期和还书日期等信息的存储过程。

在查询窗口中输入如下语句：

```
IF EXISTS (SELECT Name FROM Sysobjects WHERE Name='Yg_Info1')
DROP PROCEDURE Yg_Info1          --如果存储过程 Yg_Info1 已经存在，先删除
GO
/*创建存储过程*/
CREATE PROCEDURE Yg_Info1 @Name CHAR(8)
AS
SELECT 书号,图书序号,作者,价格 FROM 图书信息 WHERE 书名=@Name
GO
```

执行该程序，刷新数据库，可以看到存储过程 **Yg_Info1** 已经生成。

在查询窗口再输入语句"EXEC Yg_Info1 '计算机基础'"并执行，如果该数存在，可见查询结果；否则显示空表。由此例可以看出，可以建立比较复杂的存储过程，使进行查询时只需要输入欲查找的数据，就能很快得到结果，且使用者不需要编程。

（5）在存储过程中使用参数 Int_A1，将来在调用时只要给出 Int_A1 的值，就能显示所有书价大于等于该值的图书名称、作者。

在查询窗口中输入如下语句后单击"执行"按钮：

```
CREATE PROCEDURE Pub_Infor @Int_A1 INT
AS
SELECT 图书信息.书号,书名,作者,书价 FROM 图书信息,借阅信息 WHERE 图书信息.书号=借阅信息.书号 AND 书价>=@Int_a1
GO
```

然后在查询窗口中调用已创建的存储过程 Pub_Infor，求显示所有单价大于等于 200 的记录的相关信息。首先选择"查询"，选择"更改数据库"，选择数据库，再输入如下语句：

```
DECLARE @Int_a1 INT
EXEC Pub_Infor @Int_a1=50
```

再单击"执行"按钮，将可见执行结果。

（6）在存储过程中使用参数 Int_书价、Int_日期，将来在调用时只要给出 Int_书价、Int_日期的值，就能显示所有书价大于等于 Int_书价、借书日期早于 Int_日期、还书日期为空的图书名称、作者。

在查询窗口中输入如下语句后单击"执行"按钮：

```
CREATE PROCEDURE Pub_Infor1 @Int_书价 INT,@Int_日期 DATETIME
AS
SELECT 图书信息.书号,书名,作者,书价 FROM 图书信息,借阅信息 WHERE 图书信息.书号=借阅信息.书号 AND 书价>=Int_书价 AND 借书日期<Int_日期 AND 还书日期 IS NULL
GO
```

然后在查询窗口中调用已创建的存储过程 Pub_Infor1，求显示所有单价大于等于 50 的记录的相关信息。首先选择"查询"，选择"更改数据库"，选择数据库，再输入如下语句：

```
DECLARE @Int_书价 INT,@Int_日期 DATETIME
EXEC Pub_Infor1 @Int_书价=50,@Int_日期='2016-12-31'
```

再单击"执行"按钮，将可以看到执行结果。

11.3.3　触发器

（1）应用对象资源管理器创建一个关于借阅信息表的触发器，当插入或更新某个读者借阅某图书记录的"书价"数据时，检查该图书借阅的书价是否超过图书信息表中该图书的价格，如果超过，就发出警告信息同时撤销插入或更新。

1）展开数据库，展开"表"，展开"借阅信息"，右击"触发器"按钮，选择"新建触发器"选项，出现触发器编辑窗口，其中已经预置了程序框架。其中非注释部分：

```
SET Ansi_Nulis ON
GO
SET Quoted_Identifier ON
GO
CREATE   TRIGGER   <Schema_Name,SYSNAME,Schema_Name>.<Trigger_Name,SYSNAME,
```

```
Trigger_Name>
ON <Schema_Name,SYSNAME,Schema_Name>.<Table_Name,SYSNAME,Table_Name>
AFTER <Data_Modification_Statements,,INSERT,DELETE,UPDATE>
AS
BEGIN
    SET NOCOUNT ON;
END
GO
```

2）将其中"<Schema_Name,SYSNAME,Schema_Name>.<Trigger_Name,SYSNAME,Trigger_Name>"换成自定义的触发器名"借阅_书价"。

3）将其中"<Schema_Name,SYSNAME,Schema_Name>.<Table_Name,SYSNAME,Table_Name>"换成表名"借阅信息"。

4）将触发相关"AFTER <Data_Modification_Statements,,INSERT,DELETE,UPDATE>"改成当录入、修改时触发"FOR INSERT,UPDATE"。

5）在 AS 之后的 BEGIN 和 END 空语句块改成触发器触发条件及处理方法：

```
DECLARE @Sj INT,@Tsxh1 CHAR(8),@Jg INT,@Tsxh2 CHAR(8)
SELECT @Sj=书价,@Tsxh1=图书序号 FROM 借阅信息
SELECT @Jg=价格,@Tsxh2=图书序号 FROM 图书信息
IF @Sj>@Jg AND @Tsxh1=@Tsxh2
BEGIN
ROLLBACK TRANSACTION        --撤销插入操作
RAISERROR('该图书书价数据有误，超过了定价，操作已经撤销！',16,10)/*返回一个错误信息*/
END
```

6）单击"执行"按钮，显示消息"命令已成功完成"。

7）尝试在借阅信息表中录入或修改一条记录，使其中书价数据高于同样"图书序号"的图书信息表中相应的价格，换行或退出编辑时能看到出错信息，需要更正或按 Esc 键才能转为正常。

（2）采用 SQL 语句创建一个关于借阅信息表的触发器"借阅_书价"，当插入或更新某个读者借阅某图书记录的"书价"数据时，检查该图书借阅的书价是否超过图书信息表中该图书的价格，如果超过，就发出警告信息同时撤销插入或更新。

在查询窗口中输入如下程序，注意数据库名称必须正确。

```
IF EXISTS (SELECT Name  FROM Sysobjects WHERE Name='借阅_书价' AND Type='TR')
DROP TRIGGER 借阅_书价
GO
CREATE TRIGGER 借阅_书价 ON 借阅信息
FOR INSERT,UPDATE
AS
DECLARE @Sj INT,@Tsxh1 CHAR(8),@Jg INT,@Tsxh2 CHAR(8)
SELECT @Sj=书价,@Tsxh1=图书序号 FROM 借阅信息
SELECT @Jg=价格,@Tsxh2=图书序号 FROM 图书信息
IF @Sj>@Jg AND @Tsxh1=@Tsxh2
BEGIN
ROLLBACK TRANSACTION        --撤销插入操作
RAISERROR('该图书书价数据有误，超过了定价，操作已经撤销！',16,10)/*返回一个错误信息*/
```

```
END
GO
```

单击"执行"按钮，显示消息"命令已成功完成"。可以验证效果如第 1 题结果。

（3）当有人试图在 Student 表中添加或更改数据时，要求显示一条出错信息，求设计带有提醒消息的触发器。

```
CREATE TRIGGER Tri_Student
ON Student
FOR INSERT,UPDATE
AS RAISERROR('您不具有权限，请重新操作！',16,10)
GO
```

说明：RAISERROR 是返回用户定义的错误信息的语句，16 是用户定义的与消息关联的严重级别，10 为从 1 到 127 间的一个整数，表示有关错误调用状态的信息。

（4）如果数据库中有图书信息和借阅信息两个表，图书信息中有每一本书最大书价、最小书价，借阅信息中有外借时折算的书价，求创建一个关于借阅信息的触发器，当借阅图书插入记录或更新外借图书的书价时，该触发器检查其书价是否在定义的范围内，如果不在，应当报警并拒绝录入。

分析：先判断该触发器是否已经有同名的触发器，如果有则删除，再建立新触发器。

```
IF EXISTS (SELECT Name FROM Sysobjects WHERE Name='借阅信息_录改')
DROP TRIGGER 借阅信息_录改
GO
CREATE TRIGGER 借阅信息_录改 ON 借阅信息
FOR INSERT,UPDATE         --当录入数据或修改数据时触发
AS
DECLARE @书号 CHAR(13),@最大书价 INT,@最小书价 INT,@书价 INT,@书号 0 CHAR(13)
SELECT @书号=书号,@最大书价=最大书价,@最小书价=最小书价
 FROM 图书信息        --从图书信息表中读出全表有关数据到局部变量中
SELECT @书号 0=书号,@书价=书价 FROM 借阅信息
IF ((@书号 0=@书号) AND (@书价<@最小书价 OR @书价>@最大书价))
BEGIN         --如果从借阅信息表中读出的书价数据与要求冲突
PRINT '书号:'+@书号+'最小书价:'+CONVERT( CHAR(10),@最小书价)+'@最大书价:'+CONVERT
( CHAR(10),@最大书价)           --给出报警
ROLLBACK TRANSACTION           --回滚
END
```

（5）求删除触发器"借阅信息_录改"。

```
IF EXISTS (SELECT Name FROM Sysobjects
 WHERE Name='图书信息_录改' AND Type='TR')
DROP TRIGGER 图书信息_录改
GO
```

说明：系统表 Sysobjects 中 Type 返回有关列的类型说明，TR 表示 SQLLDML 触发器。本例中可以略去"AND Type='TR'"。

（6）求建立触发器，不许修改借阅信息中间"书价"字段数据。

```
CREATE TRIGGER 借阅信息_修改约束 ON 借阅信息
FOR UPDATE           --当修改数据时触发
AS
IF UPDATE(书价) BEGIN           --如果修改书价
```

```
ROLLBACK TRANSACTION          --回滚
PRINT '不得修改书价数据！'      --返回错误信息
END
```

（7）求建立借阅信息表录入操作触发器，如果录入数据中借书日期为空，则取消录入操作。

分析：存在量词 EXISTS 检查一个情况是否存在或一个查询是否有成功的结果，例如查找借书日期为空的记录是否存在。

```
CREATE TRIGGER 借阅信息_录入约束 ON 借阅信息
FOR INSERT
AS
IF EXISTS (SELECT 借书日期 FROM 借阅信息 WHERE 借书日期  IS NULL)
            BEGIN
ROLLBACK TRANSACTION          --回滚
PRINT '借书日期不得为空！'      --返回错误信息
END
```

11.4　实验练习

恢复 7.3.1 节建立的 Student 表、Sc 表、Course 表；恢复 5.3.1 节建立的图书信息表、借阅信息表；恢复第 6 章建立的职员表、部门表、工资表。

求用 T-SQL 语言完成如下设计：

（1）计算 1～100 之间所有奇数的和。

（2）写出 1～100 之间的所有素数。

（3）求 100～999 之间的所有水仙花数，水仙花数即所有数字的立方和等于该数本身。例如，$153=1^3+5^3+3^3$ 为水仙花数。

（4）求解二元一次方程：

$$\begin{cases} 3y+5x=11 \\ 2y-3x=1 \end{cases}$$

（5）已知字符串由若干 10 进制数字和逗号构成，每两个数据之间有一逗号分隔，求所有数据之和。例如：设置字符串等于 25,34,1,345,32，应当输出 437。

（6）Sc 表中有 Sno、Cno、Grade 三个字段，前两个为字符类型，字段宽度均为 6，Grade 为整型。求以字符串方式显示每一条记录，其中，Sno 显示宽度 8，Cno 宽度 10，数据左对齐；Grade 显示宽度 10，数据右对齐。

（7）求生成随机数，求完成以下题：①显示该随机数；②显示该数乘 100 后整数部分与小数部分；③显示该数乘 100 后保留小数 2 位、小数后第 3 位四舍五入所得到的数。

（8）任意给一日期数，求它与当前系统日期所差年数、月数、日数、小时数。

（9）求指定数据库 ID 号、指定主机 ID 号、指定数据表 ID 号。

（10）创建一个自定义函数用于统计某名称的商品数量，"名称"为函数的输入参数，如果没有该"名称"的商品，返回-1 值。

（11）创建一个可以按给定员工姓名，输出其姓名、部门名及其工资信息的存储过程。

（12）创建一个触发器，当插入或更新某个员工的工资记录时，检查该员工的应发工资是否超过平均应发工资的三倍，如果超过，就发出警告信息同时撤销插入或更新。

实验 12　数据库管理与数据控制语言

12.1　实验目的

（1）通过本实验熟悉 SQL 的数据控制功能，掌握建立新用户、定义角色的方法。
（2）掌握通过企业管理器或使用 SQL 语句向用户授予和收回管理权限的方法。
（3）掌握通过企业管理器或使用 SQL 语句向用户授予和收回对象权限的方法。
（4）学习数据导入与导出的概念。
（5）掌握在不同服务器的不同数据库间导入导出数据的技术。
（6）掌握在数据库与纯文本文件间导入导出数据的技术。
（7）掌握在数据库与 Excel 文件间导入导出数据的技术。

12.2　预备知识

（1）建立登录名。

操作者有登录名才可以登录数据库管理系统，才有可能成为数据库系统的用户，才可能使用数据库提供的资源。

如果是 Windows 身份验证方式，申请数据库系统登录名先要在 Windows 系统中建立用户名，操作是：控制面板→管理工具→计算机管理→系统工具→本地用户和组→右击"用户"项→新用户→输入用户名、密码→单击"创建"按钮。

在 SQL Server 数据库系统建立登录名的操作步骤：采用 Windows 或 sa（超级管理员）身份登录本地服务器上数据库→安全性→右击"登录名"项→新建登录名→输入登录名、确定身份验证方式，如果是 SQL Server 身份验证方式，确定密码，确定数据库名，确定默认语言→单击"确定"按钮。如图 12.1 所示。

建立对应某数据库的登录名的语句基本结构：

如果是 Windows 身份验证方式。

```
CREATE LOGIN [<域\登录名>] FROM Windows WITH Default_Database = <数据库名>
```

如果是 SQL Server 身份验证方式。

```
CREATE LOGIN [<域\登录名>] WITH PASSWORD = N'<密码>',Default_Database =<数据库名>,Default_language =<默认语言>
```

（2）建立新用户。

拥有登录名并不能进入数据库系统，需要成为某个数据库的用户并且拥有权限。在一个数据库中一个登录名只能建立一个用户。

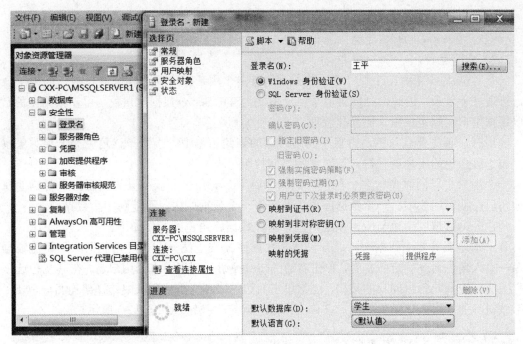

图 12.1　新建登录名

操作方法：

登录本地服务器上数据库，展开具体某数据库→安全性→右击"用户"项→新建用户→
输入用户名，可以和登录名相同→确定登录名，注意单击右边的 📖 按钮，从列表中选择登录
名，在其左边选项框内打上钩→选择默认架构，注意单击右边的 📖 按钮从列表中选择架构名，
在其左边选项框内打上钩→单击"确定"按钮，如图 12.2 所示。

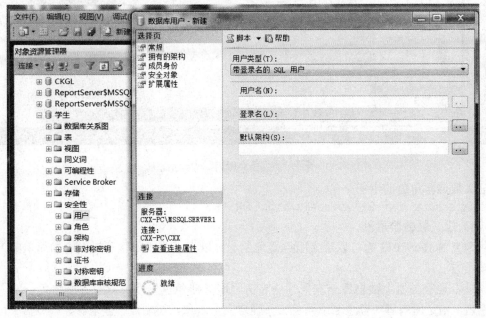

图 12.2　新建用户名

建立用户名语句基本结构：

CREATE User <用户名> FOR LOGIN <登录名> [WITH Default_Schema = <架构名>]

（3）定义角色。

一个数据库系统将有许多用户，其中可能有多个用户拥有完全相同的权限，如果一一授权，管理过于复杂，为此，可以将多个用户定义为**SQL Server**数据库角色，可以根据角色、也可以根据用户名规定权限，更简化管理。

应用时，首先建立角色，再将不同用户添加到此角色中，当给予该角色关于某对象权限后，属于该角色的用户就获得对该对象的访问权限。

一个用户可以同时参与多个角色，他因为属于某一角色而获得某种权限，不影响他属于其他角色而拥有的权限。一个数据库角色存在于一个数据库中，不能跨多个数据库。

角色分为数据库角色与应用系统角色，新建数据库角色的操作如下。

登录本地服务器上数据库，展开具体某数据库→安全性→右击"角色"项→新建数据库角色→输入角色名→确定所有者，单击右边的 button 按钮从列表中选择用户名，在其左边选项框内打上钩→选择此角色拥有的架构，注意单击右边的 button 按钮从列表中选择架构名→单击"添加"按钮，加入属入该角色的用户名称→单击"确定"按钮，如图 12.3 所示。

图 12.3　定义数据库角色

定义数据库角色的语句：

CREATE ROLE <角色名> AUTHORIZATION <用户名>

（4）定义服务器角色。

从 SQL Server 2012 起可以定义服务器角色，可以为某些权限管理提供更加简单的方法。

操作方法：

登录本地服务器上数据库→安全性→右击"服务器角色"项→新服务器角色→输入服务器角色名，确定所有者（登录名或角色）→确定安全对象，在端点、登录名、服务器、可用性组、服务器角色左边选项框中打上钩，对所选中的每一安全对象确定拥有的权限，在每一权限提示左边选项框中打上钩，如图 12.4 所示。

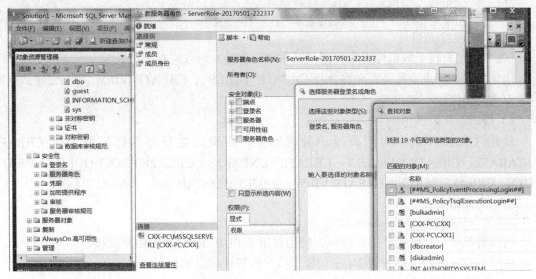

图 12.4 定义服务器角色

在"常规"页上填写完字段后，选择"成员"页，并指定将成为此用户定义的服务器角色的成员的 SQL Server 登录名。

选择角色成员后，选择"成员身份"页。这将指定此用户定义的服务器角色成为其成员的服务器角色。如果在此屏幕上指定一个服务器角色，则用户定义的服务器角色中的用户也具有由该服务器角色授予的权限。

如果已经创建了一个用户定义的角色并使其成为某固定服务器角色的成员，则该用户定义的服务器角色的所有成员无法成为该固定服务器角色的有效成员。在嵌套角色时应特别谨慎，以避免向更高端组中的用户授予不应具有的权限。

定义服务器角色的语句：

```
CREATE SERVER ROLE <角色名> AUTHORIZATION <登录名>
```

（5）定义架构。

架构是存放数据库中对象的一个容器。从 SQL Server 2008 起架构管理与用户管理分开。多个用户可以拥有同一个架构，每个数据库角色都有一个属于自己的架构，如果我们创建一个表，给它指定一个架构名称，任何一个属于该架构的用户都可以去查询、修改和删除属于这个架构中的表，不属于这个组的用户则没有对这个架构中的表进行操作的权限。在创建数据库用户时，可以指定该用户账号所属的默认架构。删除用户的时候不需要重命名该用户架构所包含的对象，在删除创建架构所含对象的用户后，不再需要修改和测试显式引用这些对象的应用程序，操作变得极为简单。

操作方法：

登录本地服务器上数据库，展开具体某数据库→安全性→右击"架构"项→新建架构→输入架构名→确定架构所有者，单击右边的 按钮从列表中选择用户名，在其左边选项框内打上钩。

在"权限"页上逐一选择用户，确定其权限→单击"确定"按钮。

建立架构语句：

```
CREATE SCHEMA <架构名> [ <Schema_Element> [ ...n ] ]
```

其中<Schema_Element> ::= {<创建表语句> | <创建视图语句> | <授权语句> | <撤销权限语句> | <拒绝授权语句>}

（6）给用户授予数据库管理权限（又称语句权限）与收回权限。

语句权限：用来设置是否允许执行 CREATE TABLE 、CREATE VIEW 等与创建数据库对象有关的操作。

1）授语句权限语句。

使用 GRANT 语句对用户授予数据库管理权限，数据库管理权限包括 CREATE DATABASE、CREATE DEFAULT、CREATE FUNCTION、CREATE PROCEDURE、CREATE RULE、CREATE TABLE、CREATE VIEW、BACKUP DATABASE、BACKUP LOG。

语句简化格式：

```
GRANT <管理权限> TO <用户名> [ WITH GRANT OPTION ]
```

可以对单个用户或多个用户授权、使用保留字 PUBLIC 对所有用户授权。

使用 WITH GRANT OPTION 子句授予用户传播该权限的权利。

2）撤销以前授予或拒绝的权限。

语句简化格式：

```
REVOKE <管理权限>  FROM  <用户名>
```

（7）给用户授予对象权限与收回权限。

授予对象权限的语句用于授予用户或角色对数据库中的表、视图等某一对象的操作权限，包括是否允许查询、增加、删除和修改数据等。

授予对象权限语句格式：

```
GRANT { ALL [ PRIVILEGES ] | <对象权限>}{[ (<列名>) ON {<表名> | <视图名>} | ON
{<表名> | <视图名>} [ (<列名>) ] | ON { <存储过程> | <扩展程序>} | ON { <用户定义
函数>} ] TO <用户名> [ WITH GRANT OPTION ] [ AS {<组> | <角色>} ]
```

说明：

① 对象权限。

SELECT：查询权限。

INSERT：插入新记录权限。

DELETE：删除记录权限。

UPDATE(属性名[, 属性名]…)：对有关列修改权限。

ALTER：修改表结构权限。

INDEX：建立索引权限。

ALL：以上所有权限。

"列"列表可以与 SELECT 和 UPDATE 权限一起提供。如果"列"列表未与 SELECT 和 UPDATE 权限一起提供，那么该权限应用于表、视图或表值函数中的所有列。在存储过程上授予的对象权限只可以包括 EXECUTE。

② WITH GRANT OPTION 表示给予用户将指定的对象权限授予其他安全帐户的能力。

③ AS {<组>|<角色>}指当前数据库中有执行 GRANT 语句权力的安全帐户的可选名。当对象上的权限被授予一个组或角色时使用 AS，对象权限需要进一步授予不是组或角色的成

员的用户。因为只有用户（而不是组或角色）可执行 GRANT 语句，组或角色的特定成员授予组或角色权力之下的对象的权限。

收回权限语句格式：

```
REVOKE [ GRANT OPTION FOR ] <权限名称> [ ( <列名> [ ,…n ] ) ] [ ,…n ] FROM <
用户名>
```

（8）数据导入、导出。

当我们建立一个数据库，且想将分散在各处的不同类型的数据库分类汇总在这个新建的数据库中，或者想进行数据检验、净化和转换时，需要有从其他数据库采集数据转录入到新数据库中的功能，称为导入。将现有数据库中的数据以其他数据库或应用程序能接受的形式输出出来，称为导出。导入、导出是在不同系统间建立联系并实现数据更大规模共享与建立更大规模应用系统的十分重要的功能。SQL Server 为我们提供了强大、丰富的数据导入、导出功能，在导入、导出的同时还可以对数据进行灵活的处理。

有多种方式导入、导出数据，下面只介绍几个比较简单的方法。

1）使用 T-SQL 进行数据导入、导出。

如果是在 SQL Server 数据库之间进行数据导入、导出，可使用 SELECT INTO FROM 和 INSERT INTO 语句，前者将查询结果生成在 SQL Server 数据库中的一个新表中，实现导出；后者实现向一个已经存在的数据表导入。

SELECT INTO FROM 语句格式为：

```
SELECT * INTO <新表名> FROM <源表名>
```

由该语句生成的新表的结构和源数据表的结构相同。新表在生成前不能存在。

INSERT INTO 语句格式为：

```
INSERT INTO <目的表名> [(<字段名>[,<字段名>…])] SELECT {*|(<字段名>[,<字段名>…))}
FROM <源表名>
```

如果在目的表名后面不给字段名，在 SELECT 后用星号，要求基于源数据表的查询语句输出格式和目的数据表的结构相同。如果两表结构不完全相同，在<目的表名>后可跟字段名表，SELECT 之后可为字段名表，最终要保证源数据表所提供的字段数量、域和目的表提供的字段数量、域对应相同。该语句将查询结果添加到目的表原来数据的后面，可以实现二表数据的合并。如果是 SQL Server 中不同数据库中的目的表，表名前要加"<数据库名>.<架构名>."。

2）使用 SQL Server 2014 数据导入、导出向导。

操作方法：

① 开始→所有程序→展开"Microsoft SQL Server 2014"目录→选择"SQL Server 2014 导入和导出数据（64 位）"，如图 12.5 所示。

② 选择数据源驱动程序。可用数据源驱动程序包括 .NET Framework 数据访问接口、OLE DB 访问接口、SQL Server Native Client 提供程序、ADO.NET 提供程序、Microsoft Office Excel、Microsoft Office Access 和平面文件源。根据源的不同，需要设置身份验证模式、服务器名称、数据库名称和文件格式之类的选项。

如果数据源驱动程序是 SQL Server 系统数据表，选择"Microsoft OLE DB Provider for SQL Server"。

③ 进一步确定数据源，输入服务器名称、选择身份验证方式、选择数据库名，如图 12.6 所示。

图 12.5 选择 SQL Server2014 导入和导出数据

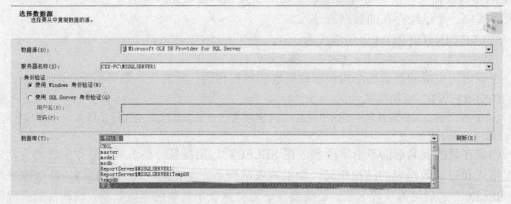

图 12.6 确定具体数据源

④ 可以从表复制，也可以选视图，从视图的基表复制，还可以编写 SQL 查询语句，以其输出作为数据源，如图 12.7 所示。

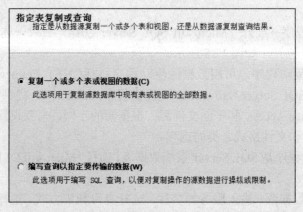

图 12.7 选择从表复制，还是从视图复制，还是根据 SQL 查询语句确定数据

⑤ 选择目标，包括确定数据源类型。如果是数据库，确定服务器名称、身份验证方式、数据库名称。选择是从表复制，还是从视图复制，还是根据 SQL 查询语句确定数据，如图 12.8 所示。

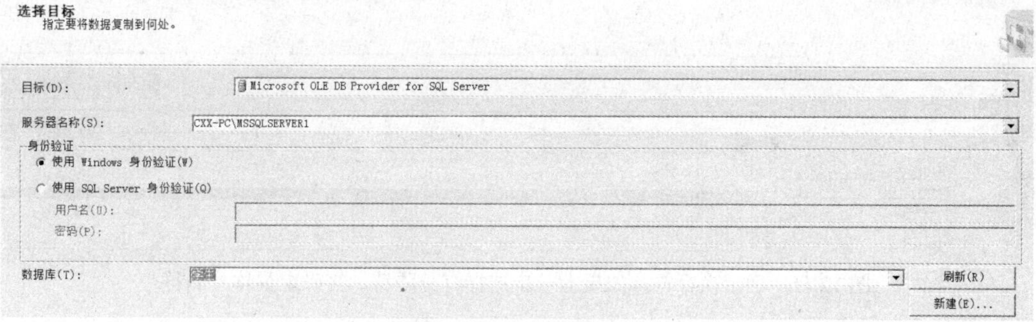

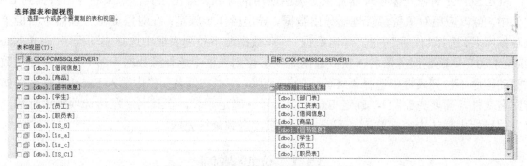

图 12.8 选择目标数据库

⑥ 如果导出到数据表中，确定具体的源和目标的名字。如图 12.9 所示，找到源表名字，在左边选项框中打钩。在右边目的表目录中选择目的表名字，如果是新表，手动输入表名。

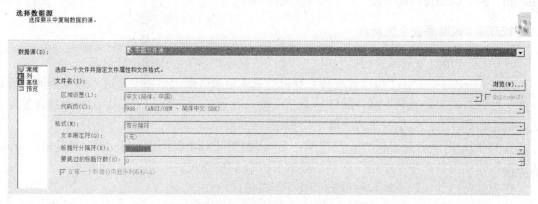

图 12.9 确定具体的源和目标的名字

⑦ 运行，直到完成，显示导入、导出各步骤是否成功的信息。如果存在错误，需要查看其后消息，分析错误原因，解决之后重新操作。

⑧ 如果在步骤 2 中选择平面文件源作为数据源驱动程序，意味进行的操作是从文件导入数据。首先确定源文件名称、区域与文字，格式选择带分隔符或固定宽度或右边未对齐，如图 12.10 所示。

图 12.10 从文件导入数据

⑨ 从 TXT 文件导入需确定换行符，如果上一步选择有分隔符，需确定具体分隔符，如图 12.11 所示。

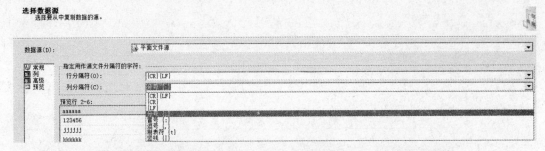

图 12.11　确定换行符，如果上一步选择有分隔符，需确定具体分隔符

⑩ 如果从文件将数据导入到数据表中，需重复第 5、6 步。如果第 6 步欲导出到文件中，选择平面文件源为目标类型，之后确定文件名，确定行、列分隔符，完成导入、导出。

3）利用对象资源管理器导入、导出。

SQL Server 对象资源管理器提供更灵活应用的导入、导出工具。如果欲导出数据到 Excel 文件中，可以应用对象资源管理器导出数据。导出操作步骤是：在对象资源管理器中右键单击源数据库名，选择"任务"中的"导出数据"→在数据源下拉列表框中选择驱动程序"SQL Native Client 11.0"→确定服务器名→在"数据库"下拉列表框中选择源数据库名→在"目标"数据源驱动程序下拉列表框中选择"Microsoft Excel"，在"文件名"栏中输入 Excel 文件名（如果有同名文件，需要先删除），确定 Excel 版本号→确定源表，在其名字左边选项框中打钩，保存右边目标中默认内容→单击"下一步"按钮，直到最终完成。

12.3　实验范例

在 Windows 系统建立用户：王平、李民。操作方法：开始→控制面板→管理工具·计算机管理→系统工具→本地用户和组→右击"用户"项→新用户→输入用户名（王平）→创建。

从随书光盘"实验数据文件备份/实验 12"所附 Jxgl.bak 恢复 Jxgl 数据库、从所附 Ckgl.bak 恢复 Ckgl 数据库，或将"实验 12 数据备份.doc"中语句复制到查询编辑器并执行，要求生成 Student、Sc、Course、商品表、出入库表等数据表。

12.3.1　数据库安全性管理

（1）求应用对象资源管理器为用户王平在数据库"学生"中创建登录名。

采用 Windows 或 sa（超级管理员）身份登录本地服务器上数据库，进入对象资源管理器→安全性→右击"登录名"项→新建登录名→输入登录名：王平、确定 Windows 身份验证方式，确定数据库名：学生→单击"确定"按钮。

（2）假定机器名为 Cxx-Pc，已建 Windows 用户：Cxx-Pc\李民，Windows 身份验证方式，求用语句建立与数据库"学生"联系的登录名：Cxx-Pc\李民。

在查询窗口输入以下语句后单击"执行"按钮：

```
CREATE LOGIN [Cxx-Pc\李民] FROM Windows WITH Default_Database =学生
```

（3）求应用对象资源管理器基于登录名王平定义用户，用户名：王平。

操作步骤：进入对象资源管理器，展开数据库"学生"→安全性→右击"用户"项→新建用户→输入用户名：王平→确定登录名，单击登录名框右边的█按钮，从列表中找到"Cxx-Pc\王平"，在其左边选项框内打上钩→选择默认架构：单击右边的█按钮从列表中选择架构名 dbo，在其左边选项框内打上钩→单击"确定"按钮。

（4）基于 Windows 身份验证方式，求用语句建立基于登录名"Cxx-Pc\李民"的用户名：李民 0。

在查询窗口输入以下语句后单击"执行"按钮：

```
CREATE User 李民 0 FOR LOGIN [Cxx-Pc\李民]
```

（5）求应用对象资源管理器定义角色"营业员"。

进入对象资源管理器，展开数据库 Ckgl→安全性→右击"角色"项→新建数据库角色→输入角色名"营业员"→确定所有者，单击右边的█按钮从列表中选择用户名"王平"，在其左边选项框内打上钩→选择此角色拥有的架构，单击右边的█按钮从列表中选择架构名 dbo→单击"添加"按钮，加入属入该角色的用户名称：李民→单击"确定"按钮。

（6）求应用对象资源管理器定义王平拥有的架构 dbo1，要求具有维护表结构、数据录入、修改、删除、查询等权限。

进入对象资源管理器，展开数据库 Ckgl→安全性→右击"架构"项→新建架构→输入架构名：dbo1→确定架构所有者，单击右边的█按钮从列表中选择用户名"王平"，在其左边选项框内打上钩。

在"权限"页上选择用户"王平"和"李民"，在其左边选项框上打钩，确定其权限：在插入、更改、更新、删除、选择、执行等行选择"授予"→单击"确定"按钮。

（7）求应用语句在数据库 Ckgl 中定义李民拥有的架构 dbo2，有建立、维护、录入、修改、删除、查询"商品"表的权限。

在查询窗口输入以下语句后单击"执行"按钮：

```
USE Ckgl
GO
CREATE SCHEMA dbo2 AUTHORIZATION 李民 CREATE TABLE 商品(商品号  CHAR(6),商品名 CHAR(4),单价 INT) GRANT LTER,SELECT,INSERT,UPDATE,DELETE ON 商品 TO 王平
```

（8）使用 Transact-SQL 语句管理对象权限。

对于以下题目，在查询窗口输入所附语句后单击"执行"按钮：

1）把查询 Student 表的权限授予用户"王平"。

```
GRANT SELECT ON Student TO 王平;
```

2）把对 Student 表和 Course 表的查询、录入数据操作权限授予用户"王平"和"李民"。

```
GRANT SELECT,INSERT ON Student TO 王平,李民
GRANT SELECT,INSERT ON Course TO 王平,李民
```

3）把对表 Sc 的查询权限授予所有用户。

```
GRANT SELECT ON Sc TO PUBLIC
```

4）把查询 Student 表和修改学生学号的权限授予用户"王平"。

```
GRANT UPDATE(Sno),SELECT ON Student TO 王平
```

5）把对 Sc 表的 INSERT 权限授予用户"王平"，并允许其将此权限授予其他用户。

GRANT INSERT ON Sc TO 王平 WITH GRANT OPTION

（6）收回用户"王平"修改学生学号的权限。

REVOKE UPDATE(Sno) ON Student FROM 王平

（7）收回所有用户对 Sc 表的查询权限。

REVOKE SELECT ON Sc FROM PUBLIC;

（8）收回用户"王平"对 Sc 表的 INSERT 权限，同时，要求该权限也从其他被王平授权的用户中撤销。

REVOKE INSERT   ON TABLE Sc FROM 王平 CASCADE

12.3.2　数据导入导出

（1）求用 T-SQL 语句将 Ckgl 中的商品表复制到学生数据库中。

在查询窗口输入以下语句后单击"执行"按钮：

USE Ckgl

GO

SELECT * INTO 学生.dbo.商品 FROM 商品

（2）求利用 SQL Server 2014 数据导入导出向导将"学生"数据库中的表 Student 的内容复制生成纯文本文件"学生.txt"，每条记录数据占一行，字段数据之间用逗号分隔。

在 D 盘建立文件夹：D:\DB。

1）从开始→所有程序→展开"Microsoft SQL Server 2014"目录→选择"SQL Server 2014 导入和导出数据（64 位）"。

2）选择数据源驱动程序"Microsoft OLE DB Provider FOR SQL Server"，单击"下一步"按钮。

3）确定数据源，输入服务器名（根据进入数据库对象资源管理器时选定的服务器名）、选择 Windows 身份验证方式、选择数据库名"学生"，单击"下一步"按钮。

4）选择目标驱动程序：平面文件源。

5）输入文件名称：D:\DB\学生.txt，格式：带分隔符，下一步，指定表复制，下一步。

6）选择源表名：[dbo].[Student]，以回车换行符（{CR}{LF}）为行分隔符。保持列分隔符：逗号{,}→单击"下一步"按钮，立即运行按钮→单击"下一步"按钮。

7）完成导出。可在 D:\DB 中看到生成的"学生.txt"。

注意：导出表中不得有 NTEXT、IMAGE 等类型字段，需要改为 TEXT 类型字段。

（3）求利用 SQL Server 2014 数据导入导出向导将"学生.txt"文件中数据导入到 Ckgl 数据库中。

1）开始→所有程序→展开"Microsoft SQL Server 2014"目录→选择"SQL Server 2014 导入和导出数据（64 位）"。

2）选择数据源驱动程序"平面文件源"。

3）浏览选择源文件名称：D:\DB\学生.txt，格式选择"带分隔符"，单击"下一步"按钮。

4）确定具体分隔符","，预览，单击"下一步"按钮。

5）选择目标驱动程序 Microsoft OLE DB Provider FOR SQL Server。

6）输入服务器名称：默认数据库选 Ckgl，单击"下一步"按钮。

7）检查源文件名：D:\DB\学生.txt，修改目标名：[dbo].[Student]。

8）完成导入。可在 Ckgl 中看到生成的 Student 表。

注意：导入前在 Ckgl 中不得有 Student 表。导入后生成的 Student 表的所有字段数据类型均为 VARCHAR(50)。如果在第 7 步单击"编辑映射"选项，选择"先删除并重新创建目标表"，同时修改各字段数据类型与宽度，可以还原原数据表。

（4）求利用对象资源管理器将"学生"数据库中的 Course 表的内容复制到 Excel 文件中。

1）进入对象资源管理器，右击"数据库"项，选择"任务"中的"导出数据"选项。

2）在数据源下拉列表框中选择"SQL Native Client 11.0"，确定服务器名，在"数据库"下拉列表框中选择"学生"。

3）单击"下一步"按钮，在"目标"下拉列表框中选择驱动程序 Microsoft Excel，在"文件名"栏中输入 Excel 文件名：D:\DB\课程.xls，确定 Excel 版本号。

4）单击"下一步"按钮，确定源表，在"dbo.Course"左边选项框中打钩，改变右边目标中内容为"D:\DB\课程.xls"。

5）单击"下一步"按钮，直到最终完成。

（5）求利用对象资源管理器将文件 D:\DB\课程.xls 表中内容导入到 Ckgl 数据库的 Course 表中。

1）进入对象资源管理器，右击"Ckgl 数据库"项，选择"任务"中的"导入数据"选项。

2）在数据源下拉列表框中选择"Microsoft Excel"，确定文件名"D:\DB\课程.xls"。

3）单击"下一步"按钮，在"目标"下拉列表框中选择驱动程序"SQL Native Client 11.0"，确定服务器名，在"数据库"下拉列表框中选择 Ckgl 选项，单击"下一步"按钮。

4）选择"复制表"选项，单击"下一步"按钮，在"源 d__Db_课程#xls"左边选项框中打钩，改变右边目标中内容为[dbo][Course]。

5）单击"编辑映射"，选择"先删除并重新创建目标表"选项，将各字段数据类型与宽度改为"Cno CHAR(2),Cname CHAR(20),Cpno CHAR(2),Ccredit INT"。

6）单击"下一步"按钮，直到最终完成。

12.4　实验练习

（1）在操作系统中建立新用户：江欣，应用对象资源管理器为用户江欣在数据库"学生"中创建登录名，建立用户。说明操作步骤与完成情况。

（2）在操作系统中建立新用户：吴强，假定机器名为 PC1，用语句建立与数据库"学生"联系的登录名"吴强"，定义用户"吴强"。

（3）求应用对象资源管理器定义江欣拥有的架构 dbo3，要求具有数据录入、修改、删除、查询等权限。

（4）求应用语句在数据库"学生"中定义吴强拥有的架构 dbo4，有录入、修改、删除、查询 Student 表权限。

（5）把对 Student 表录改的权限授予用户"江欣"。

（6）把对 Student 表和 Course 表的查询、删除数据操作权限授予用户"江欣"和"吴强"。

（7）把查询 Course 表和修改学生学号的权限授予用户"江欣"，并允许将此权限授予其他用户。

（8）收回用户"江欣"修改学生学号的权限。

（9）收回用户"江欣"对 Course 表的 INSERT 权限，同时，要求该权限也从其他被"江欣"授权的用户中撤销。

（10）求利用 SQL Server 2014 数据导入导出向导将"学生"数据库中的 Course 表的内容复制生成纯文本文件"课程.txt"，每条记录数据占一行，字段数据按所定义的宽度等宽。

（11）求利用 SQL Server 2014 数据导入导出向导将"课程.txt"文件中数据导入到 Ckgl 数据库中。

（12）求利用对象资源管理器将"学生"数据库中的 Student 表的内容复制到 Excel 文件"学生.xls"中。

（13）求利用对象资源管理器将文件"学生.xls"中内容导入到 Ckgl 数据库的"学生"表中。

实验 13 使用数据库桌面操作系统程序操作数据库

13.1 实验目的

（1）了解软部件的概念及其使用方法。

（2）了解数据库桌面系统的构成及使用方法。

（3）了解对数据维护类部件的需求要求，及本实验系统中数据维护类部件程序的构成及使用方法。

（4）了解对数据查询类部件的需求要求，及本实验系统中数据查询类部件程序的构成及使用方法。

（5）了解对数据处理类部件的需求要求，及本实验系统中数据处理类部件程序的构成及使用方法。

（6）了解对数据导入导出类部件的需求要求，及本实验系统中数据导入导出类部件程序的构成及使用方法。

（7）了解对数据打印类部件的需求要求，及本实验系统中数据打印类部件程序的构成及使用方法。

13.2 预备知识

13.2.1 数据库桌面操作系统组成与设计思想

（1）数据库桌面操作系统组成。

应用各类数据库自带语言（例如 SQL Server 自带的 T-SQL）操作数据库设计复杂、难度大、界面与实际应用系统差距大，使得对数据库的基本操作困难较大。设计"数据库桌面操作系统"的目的是希望提供简单、易学习、易操作的界面帮助操作者完成那些需求较多的数据库操作。由驱动程序与软部件库程序构成。

数据库桌面操作系统驱动程序的功能是设置环境，实现安全性控制，调用部件程序完成对数据库的操作，协调各方面关系。需要它将对数据库操作的具体过程隐藏起来以减少学习和操作的难度。需要尽可能地提供方便使学习容易、操作高效。在本实验系统中，要求用户首先根据自己的需要选择部件，当选定部件后，界面中将激活那些与所调用部件有关的参数文本框，将所有与操作无关的文本框隐藏起来。当操作者欲输入如字段名、按钮名等参数时，会将有关数据放到公共列表框中，用户只需用鼠标单击就能完成输入。有些程序要求提供字段号、按钮号等数据，程序会根据用户所选择的字段名、按钮名自动变换为序号输入。许多参数的值是常规操作都选用的，操作者无需输入数据，程序会自动按默认值输入。

数据库桌面操作系统驱动程序的界面如图 13.1 所示。

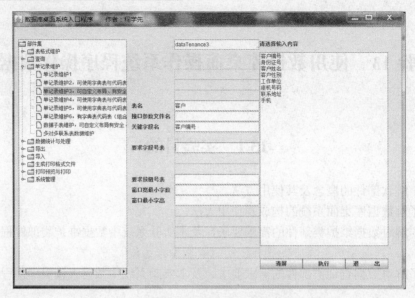

图 13.1　数据库桌面操作系统驱动程序运行界面

（2）部件库设计思想。

设计部件库的目的是得到足够的具有高度可复用性的程序库，使得在设计应用系统时不必什么都从零做起，凡是可复用程序库中的程序，只需调用就能嵌入到系统中使用，从而大大提高应用系统设计效率与设计质量。其目标是希望设计数量不多，但却能覆盖大多数应用的模块级的可复用程序库，在建立应用系统时无需修改代码，只需要配置参数就能使用。它将为实现软件生产现代化提供有力支持。

各种数据库应用系统都和数据库应用、和数据处理有关。例如，所有应用系统必不可少的数据维护程序，我们平常口语中的许多词汇，例如报销、登记、投票、开除、批准、签字……实际在计算机上要做的都是在数据库中进行数据录入、修改、删除等数据维护操作。而这类程序需要：①能将有关数据显示在界面上；②接受操作人员从键盘或以其他方式输入数据。实现这些要求的控件中文本框、文本域、组合框、列表框、表格、图像框使用最多。在设计时，一般设计人员在面临文本等大数据时会选用文本域或图像框，涉及利用鼠标操作完成的数据用组合框或列表框，其他都选用文本框或表格。

从功能需求分析，一般应用系统的程序可分为：数据维护（又可分为表格式和表单式两大类）、数据查询或检索、数据处理、数据通信（导入与导出）、打印报表等几大类，每类都有不同设计规律可循。

本系统设计了一百多个部件，涉及各种单表或二表的录入、修改、删除数据维护；单条件查询、多条件查询、涉及聚集函数的查询、文本查询；涉及数据完整性控制与安全性控制、数十种统计计算或处理函数；从纯文本文件的各种格式的导入导出，从 Excel、Word、PDF、XML 等类文件的导入导出；简单表格式、文本式、标签式报表的格式制作与打印等，已经可以满足一般应用系统设计的需要。

（3）提高部件库集成度。

部件库必须集成应用需要的功能，提供不同的性能，集成度越高，应用就越简单方便、容易学习。可以发现，每一类部件的功能是有限的，程序中通常会设计多个按钮，用户通过单击按钮、执行不同按钮中的程序以实现不同的功能。在设计每一部件时都可尽量多地设计按钮，使一个部件程序可以通用到多个应用中。在应用时可以通过选择按钮来满足用户需求，从而减少部件的数量并提高设计的规范性。在本设计中设计了参数："按钮号"，通过选定"按钮号"来选择当前应用所需要的按钮。"按钮号"是一个用逗号分隔的十进制数字字符串，由需要安装到界面中的按钮的序号构成，序号间用逗号分隔。

系统允许变换按钮的标签，在每个数字后面允许加一个分号，后面跟变换后的按钮标签内容。例如"7;提交,9;录入分数,12"表示界面中包括第 7 号、第 9 号和第 12 号按钮，这些按钮原来的名字可能是"录入存盘""修改存盘""退出"，本次调用要求其中第 1 个按钮显示标志变为"提交"，第 2 个按钮显示标志变为"录入分数"，第 3 个按钮显示标志保持不变。

（4）为不同应用提供不同视图。

实现数据安全性和独立性，需要视图。但是，在设计应用系统时，如果对每一应用都先在数据库中设计视图，再针对视图设计程序不仅很麻烦，而且难以实现软件设计自动化。

应用程序中的视图与数据库中的视图的概念不同，主要涉及两个问题，一是操作的对象，主要指字段，不能每个窗口中显示的都是一个表的全部字段，应能根据应用的需要因人而异，向不同应用、不同人提供不同的字段，能显示与能进行维护的字段不能大家都一样。要解决多个表相互连接的问题，并且要将连接过程对用户隐藏起来。这些是视图问题的主要内容，是提供操作方便的重要内容，更是实现安全性控制的主要手段，与数据库中概念相似。其二是布局情况应能不同，包括选择的控件不同、控件的位置不同、控件的标签不同、控件的表现（颜色、大小、形状、字体、操作情况等）不同等。

如果能让应用系统程序选择字段与控件，配以不同布局方法与程序，就可以设计不同的视图，只要能对用户提供安全性保证，就可以直接针对数据表操作。本系统在使用部件时采用一个关于字段序号的字符串表示对界面的要求，该字符串是用逗号分隔的当前表中字段所在序号的集合。由该数据得到当次调用涉及的是哪些字段，构建不同的视图。

允许应用字典表变换标签的名字，允许调用接口参数表根据参数变换字段显示时的字段名、颜色、字体、字号。

采取上述措施，就能让有限的部件程序为大量不同的应用提供不同的视图和界面，充分满足应用的需要。

（5）实现数据的整合。

目前许多系统都存在意义相同却名字不同的情况。例如，许多数据表的字段名采用英文字母命名，但是操作时显示的界面、打印报表的标签等都要采用中文名显示。又例如，一些下级单位已经建立了自己的应用系统，目前要新建上级单位的应用系统，不能将已经建立的系统全部推倒重来，需要通过整合充分利用已经有的数据资源。这时可能出现这样的问题：两个系统相同意义的数据的类型、宽度、名字可能不同，其中类型问题、宽度问题可以编写程序实现自动变换，名字不统一的问题也需要通过程序解决。本系统中通过建立字典表解决该问题，方法是：如果存在相关字典表，就通过程序实现名字的变换。在数据维护、查询、处理、导入导出、打印所有程序中都要考虑字典表应用问题。

本系统中约定字典表名称为数据表名加"字典表"字样，规定第一个字段为字段名称，为实际字段名，第二个字段为标签名称，是翻译后字段名。例如，关于 Student 表的字典表用"Student 字典表"为名，其中有两个字段：字段名、标签内容。

（6）实现数据输入的标准化与规范化。

为了管理的需要，要求数据在输入时必须规范、标准，在目前实际应用系统中常有统一的代码体系，存入代码数据，在录入数据时要求只能从代码库中选取数据录入。例如，关于性别，在数据库中存放的不是"男"和"女"，而是 0 和 1，0 代表男，1 代表女。在输入数据时，要求操作者只能按照代码表的规定录入数据。通常方法是设计用下拉组合框或列表框显示代码表内容，规定操作者只能从显示的内容中选择代码数据写入到数据库中。当今的设计也常存放真实数据："男"或"女"，只在统计计算时要求联系代码表操作，以保证统计结果的唯一性，在数据录入时也要求从代码表选择输入数据。

本系统设计时约定：源数据表涉及某代码表的某个字段称为源字段，规定其名字为"×××"或"×××代码"，如果存放真实数据就取名"×××"，如果存放代码值就取名"×××代码"。例如，源字段涉及的是"性别"的数据，如果准备存放真实数据"男"和"女"，那么字段名定为"性别"；如果打算存放的是代码值 0 或 1，那么要求字段名定为"性别代码"。相应的代码表，规定表的名字为"×××代码表"，其中至少包括两个字段，一个字段名为"×××"，另一个字段名为"×××代码"。例如，按上面的约定，关于性别的代码表取名为"性别代码表"，其中至少有"性别"和"性别代码"两个字段；将包括两条记录：男 0；女 1。在部件设计时，算法规定：检查每个字段，看当前数据库中是否存在一个数据表的名字为"字段名+代码表"，如果有就在下拉组合框或列表框显示代码表内容。例如，如果查到当前表中字段名"性别"，发现在当前数据库中存在数据表"性别代码表"，那么就在下拉组合框或列表框显示"男 0；女 1"两条记录，而且规定只能通过鼠标单击"录入"按钮，不接受键盘输入。至于，存放进数据库的是什么数据，就根据数据表中字段名确定，例如，数据表中字段名是"性别"，那么就将下拉组合框或列表框中的"性别"数据送入数据库；如果数据表中字段名为"性别代码"，那么就将下拉组合框或列表框中选中的"性别代码"数据送入数据库。

在数据维护、查询、处理、导入导出、打印等所有程序中都要考虑代码的应用。

还有些操作无法预先准备代码表，但也希望输入尽量保持一致，以方便分组和统计，对于已经输入的内容，后续输入希望能按已经输入的内容输入，在输入这些内容时，可以将已经输入的数据（称为历史数据）去掉重复值后显示在列表框中，操作者只需要用鼠标单击其中内容就完成录入，既提高效率，也是实现规范化的一种手段。

（7）实现安全性控制。

要实际应用数据库必须保证数据安全，即按权操作。数据库提供了十分全面的安全性控制手段与方法，但是，实际应用时不可能让操作者都实际到数据库上面去操作，只能由应用系统程序提供保护。

本系统分四个层次提供安全性控制。

1）在建立应用系统时，可以要求首先登录系统，回答用户名与密码，之后获得访问系统的权限。可以填写权限表，规定有关用户可以操作的部件程序，在建立系统菜单时，根据权限向操作者开放其有权操作的菜单项。

2）建立"接口参数表"，规定操作者对有关数据表的操作权限，在调用部件程序时屏蔽有关按钮，使用户只能对有关数据表进行其有权进行的操作。

3）在"接口参数表"中规定用户对某些字段拥有的权限，在进行存盘操作时，拒绝非权操作。

4）在工作流控制系统中只允许操作者在规定的时间里才能对指定的记录、指定的字段进行操作。下面重点说明第 2、3 种方法。

（8）实现数据完整性控制。

要实际应用，必须保证数据正确。数据库有保护数据完整性的控制手段。但是，目前操作者面对的是应用系统程序，如果在程序中完成操作并将数据实际存放到数据库的时候，发现违背了数据完整性约束条件，这时再反馈出错信息，不仅效率低，而且容易引发错误。因此，应用系统程序中必须考虑数据完整性保护问题，当操作者将数据输入到文本框，或者存盘时，应及时发现错误，不让错误数据发向数据库，通知操作者及时修正错误。本系统所有数据维护程序都要求在调用时指明关键字，未指明关键字或在数据录入时未输入关键字数据或输入的关键字的值重复时将拒绝录入。某些部件提供域完整性保护，要求填写接口参数表，对有关字段可以设置最大值、最小值，或设置值的范围，或给出需要遵循的条件表达式。当向某字段的文本框填入数据时，如果不满足条件，将会给出警告，并将已经输入的该字段内容清空，要求重新输入。

13.2.2　部件库部件的功能与使用方法

（1）数据维护类部件。

数据录入、修改、删除统称为数据维护，是将数据正确地存放到数据库中的操作，是数据库应用的基础，也是应用人员操作量最大、正确性要求最高的工作，要求提供的界面更加人性化、简洁明了、操作高效、正确可靠。其程序界面大体分为表格式、单记录式和混合式三类。

1）表格式数据维护部件。

表格式指将数据以二维表的形式在窗口显示，可以直接在表内录入新数据、修改数据，是使用比较多的方式。

从程序设计的角度看表格，它是由行与列构成的容器，每个行与列的焦点是一个文本框（或组合框或其他表现数据的控件）。表格形式使操作者可以同时看到多行数据且十分直观，当列的数量不多且没有宽度太大的字段时，使用表格界面录入与修改数据都较为快捷，但列的数量较多或有宽度很大的字段时，操作明显变得困难，特别是表现文本或图像类型数据比较麻烦。

单表表格数据维护部件的特点是以表格作为数据输入、输出界面，主要功能是数据录入、修改、删除、索引、浏览数据等。针对不同需求，为方便操作本系统设计了 11 个表格式数据维护部件供选用。

表格式数据维护部件 3、4 是最基本的表格式数据维护程序，适用于单表数据维护。无需单击"存盘"按钮，数据录入到表格中就完成向数据库的录入。这种方式录入效率最高，但可靠性不够好。表格式数据维护部件 4 的不同点在于可以使用字典表变换显示列名，还可以使用代码表实现标准化输入。

表格式数据维护部件 5、6、7 在录入或修改数据时需要单击"存盘"按钮或修改按钮完成对数据的维护，效率比前两个程序低，但数据可靠性较高。表格式数据维护部件 6 的不同点在于可以使用代码表、字典表。表格式数据维护部件 7 的不同点是不仅可以使用代码表、字典表，还可以使用接口参数表定义各列的宽度、定义安全性与数据完整性保护约束条件，实施安全性与数据完整性保护。本系统提供"初始设置"程序帮助建立接口参数表。

表格式数据维护部件 8、9 用于一对多关系中数据子表的数据维护，在窗口同时显示主表数据内容，提供参照完整性保护。表格式数据维护部件 9 可以使用代码表、字典表、接口参数表。界面可较灵活地设置，提供安全性与域完整性保护。

除上述部件外，数据表格式显示部件 12 和数据表格式维护部件 13 是具有通用性的数据维护程序，界面中提供列表框，要求操作者首先选择数据表，之后显示数据表内容，之后可以浏览或进行数据维护操作。

2）单记录数据维护类部件（表单程序）。

应用文本框、文本域作为输入输出控件，窗口中每次只显示一条记录的数据，需要借用"第一条"和"下一条"等按钮控件中的程序一条条地移动指针到其他记录上才能看到另外的记录并对它们进行操作。这样的方式的缺点是一次看不到全表全部数据，优点是可以看到完整的每一条记录，显示格式可以设定，能显示或者录入文本、图像类型字段数据。所有表单程序提供数据实体完整性保护，当输入数据关键字缺少、不全、重复时都会给出警示并拒绝录入或修改。

表单部件 1、2 是最基本的单记录数据维护程序。表单部件 2 提供公共列表框显示代码表数据或历史数据实现规范化输入。表单部件 2 及表单部件 4 之后各表单程序都允许使用字典表变换字段标签。

表单部件 3、4 允许应用接口参数文件表帮助实现安全性保护与域完整性保护，"初始设置"程序帮助建立接口参数文件。

表单部件 3、6、9 允许自定义界面，系统提供数字化与可视化两种方式定义界面。如果用数字化方式定义界面，使用"初始设置"中"接口参数文件维护"和"设置控件位置参数"程序先以汉字个数和高度为单位定义每一个文本框或文本域或图片框的宽度、高度、到顶距离与到左边距离，之后单击"辅助计算"按钮，将单位变换为象素点数据。运行表单程序时按所定义的参数确定控件大小与位置。表单设计器是与表单部件 9 配套的可视化界面设计工具，其生成的界面格式文件也可供表单部件 3、6 部分使用。

表单部件 4 提供一个公共列表框供输入代码数据，当字段无代码表时可显示之前输入到该字段的所有数据（称为历史数据）使操作快捷，也实现了规范化与标准化。表单部件 3、5、6 采用组合框供输入代码数据，用组合框比较自然且节省空间。表单部件 9 适应性最强，可以用公共列表框，也可以对各个字段分别采用组合框或列表框输入代码数据。

表 13.1 给出上述各表单部件功能比较。

表 13.1　各表单部件功能对照表

部件名	使用字典表	使用代码表	手工布局	安全性控制	完整性控制	图像录改	语音功能
表格 4、6	√	√					
表格 7、9	√	√		√	√		
表单 1							
表单 2	√	√（列表框）					
表单 3			√	√	√	√	
表单 4	√	√（列表框）					
表单 5	√	√（组合框）		√	√		
表单 6	√	√（组合框）	√	√	√		
表单 9	√	√（列表框或组合框）	√	√	√		√

3）混合式数据维护部件。

表格式数据维护部件 10、11 提供表格显示单表数据，同时以单记录数据维护界面提供对该表数据的维护操作。单记录数据维护界面用公共列表框表现代码表或历史数据内容。将表格式界面与单记录数据维护界面结合在一起，具有双方的优势。表格、单记录混合式数据维护部件 11 可以使用代码表、字典表、接口参数表。

表单部件 7 适用于一对多关系中子表的单记录式数据维护，同时用表格显示主表数据，能进行参照完整性控制。可使用字典表进行字段名称变换，使用代码表实现规范化输入，使用接口参数表进行数据完整性、数据安全性控制。

表单部件 8 适用于多对多关系表数据维护。如果一个表中许多记录的某些字段数据可以从另一个数据集中导入，无需用户重复录入，有助于提高录入效率。例如，录入一个班某门课程成绩时，学生号或学生名是学生表中该班同名字段全部数据，课程名称或课程号全都相同，可以自动导入这些数据，操作者只需填写成绩数据，可大大加快录入速度。本程序可提供参照完整性保护。

由于本部件库基于 Java 程序设计，Java 语言中变量的数据类型比数据库系统中字段的数据类型少，因此，本系统设计只允许使用部分数据类型：CHAR、NCHAR、INT、NUMERIC、DATETIME、TEXT、NTEXT、IMAGE、BIT、FLOAT、DOUBLE、VARCHAR 等。在设计数据表时不要使用其他数据类型。由于编码方式的不同，采用 NTEXT 类型可能导致乱码，建议用 TEXT 或 VARCHAR 代替。

（2）查询类部件。

根据某种条件在一个表或多个表中查找记录是一般应用系统都有要求的内容，也是许多数据操作的基础。查询类程序的基础是 SQL 语言的 SELECT 语句。查询类部件的功能是给用户提供一个友好界面，能迅速描述查询要求，快速组成 SELECT 语句，实现查询并按用户需要的格式显示或输出查询结果。

1）固定式条件查询。

固定式条件查询指字段和关系符都预先指定的查询，操作者只需要给出欲查询的内容就能进行查询。这是一般应用系统使用最多的查询。

数据查询部件 1、2、5、6、7、8、9 要求在调用前指定字段、指定关系符或查询条件表达式，查询时给用户提供文本框，供输入查询内容，之后组织查询。数据查询部件 1、2 要求针对单个字段组织查询，数据查询部件 5、6 针对两个字段形成两个查询条件，再根据 AND 关系组织查询。数据查询部件 2、6 可以联系代码表查询。数据查询部件 7、8、9 以提问方式要求操作者给出查询条件，之后组织查询。数据查询部件 9 可以在涉及字段号外再给出输出要求，按条件查询后根据输出要求输出查询结果。

2）通用查询。

通用查询允许操作者在运行时选择字段名、关系符，再输入查询内容后组织查询，数据查询部件 3、4 提供预置有字段名和关系符的下拉组合框供操作者选择字段和关系符，提供文本框供输入查询内容，在操作者进行选择和输入查询目标后执行查询，显示查询结果。数据查询部件 4 可以联系代码表查询。

数据查询部件 9（dataQuery9.java）。根据指定"条件表达式"与"输出要求"查询任意指定的单数据表数据，可以联系代码表查询。

3）组合查询。

系统设计组合查询程序实现多条件的任意查询。操作者一个个选择字段名、选择关系符、输入查询数据并形成条件表达式放到文本域控件中，根据最后形成的完整条件表达式组织查询。数据查询部件 10 为单表组合查询，数据查询部件 11～13 为多表数据组合查询。数据查询部件 11 可连接代码表、字典表查询。连接之后根据参数中的规定形成单条件或两条件查询界面组织查询。在提示字段名时，会根据字典表变换名字。数据查询部件 12、13 允许输出包含聚集函数的数据。数据查询部件 13 允许分组，允许提供分组条件，允许排序输出。数据查询部件 14、15 允许条件表达式或输出要求中包含有聚集函数。数据查询部件 15 可涉及代码表、字典表。

4）文本检索。

数据查询部件 16、17 针对文字内容组织查询，查询要求按一定格式提出。

① 检索字区分大、小写。

② 空格、|、-、()、#、*均为特殊意义字符（注意均应为英文字符），字符两边不要有空格。空格表示要求两边内容均要包含在内。

"|"表示要求两边内容至少有一个包含在内。

"-"表示后边内容不包含在内。

"()"表示其内部分为整体内容，全要满足。

"#"表示在查找的两个词间可能有若干个任意的字符，任意字符的个数不多于#号的个数。

"*"表示在查找的两个词间可能有任意多个任意字符。

（3）数据处理类部件。

统计部件 1、2 对全表若干字段按列进行求和、平均、最大、最小、记录数、统计标准偏差、填充统计标准偏差、统计方差、填充统计方差等运算的其中某一种进行计算。计算结果存入一个新增行中。

在仓库管理中，经常发现某些商品数量不多，可能只占总量 10%左右，但占据资金很多，常常达 70%以上，因此如果需要控制库存，减少积压资金，强化对这样一些货物的管理、尽量减少其库存量很有意义。因此仓库管理中常常需要进行 ABC 分类管理，将占据资金较多的货物定为 A 类，作为管理的重点。数据处理部件 2 提供 ABC 分类操作，不仅可用于仓库管理，而且在许多地方都可以使用，分类不一定是三个，可以更多一些，分类比例也不一定是 70 比 20 比 10（百分号省略），可以自行输入分类比。统计部件 2 可以按 Java 表格格式打印统计结果。如果下载了关于 Office 导入导出软件包，可以导出到 Office 文件或纯文本文件中。

数据处理部件 3 在表格中以列为单位按分组或按全表选择本系统函数库中函数进行计算并将结果存放到新增行中。目前系统中设计了多个数据变化函数。

选择函数的方法是在输出要求中列出函数号，例如 P01 表示求方差，准备存放方差值的字段名要列在字段号表 2 中，参加运算的各字段必须全为数字类类型数据，各字段的字段顺序号要求放到变量"字段号表 3"中。有关函数及意义如下：

P01：方差（标准偏差的平方）。参数格式：(<数字类型字段名 1>,<数字类型字段名 2>[,<数字类型字段名 3>...])。

P02：标准偏差。参数格式：(<数字类型字段名 1>,<数字类型字段名 2>[,<数字类型字段

名 3>...])。

P03：算术平均值的标准偏差。参数格式：(<数字类型字段名 1>,<数字类型字段名 2>[,<数字类型字段名 3>...])。

P04：变为简写中文大写元角分（例如：壹仟零叁拾元另叁角），要求变换字段为数字类型字段名。

P05：变为规则格式中文大写元角分（例如：壹仟零百贰拾零元叁角零分），要求变换字段为数字类型字段名。

P06：变为简写中文元角分（例如：二拾元零三角），要求变换字段为数字类型字段名。

P07：变为规则格式中文元角分（例如：二拾零元三角零分），要求变换字段为数字类型字段名。

P08：变中文大写元角分（例如：壹仟零叁拾元另叁角）为数字，要求变换字段为字符类型字段名。

P09：变规则格式中文大写元角分（例如：壹仟零百贰拾零元叁角零分）为数字，要求变换字段为字符类型字段名。

P10：变中文大写元角分为数字，要求变换字段为字符类型字段名。

P11：变规则格式中文元角分为数字，要求变换字段为字符类型字段名。

P12：用大写字母返回指定的字符表达式，要求变换字段为字符类型字段名。

P13：根据指定的 ANSI 数值代码返回其对应的字符，要求变换字段为数字类型字段名。

P14：返回数字类型星期值，要求变换字段为日期类型或日期时间类型。

P15：返回年份，要求变换字段为日期类型字段。

P16：返回字符型星期值，要求变换字段为日期类型或日期时间类型。

P17：返回日期时间表达式的小时数，要求变换字段为日期时间类型或时间类型。

P18：返回日期时间型表达式中的分钟数，要求变换字段为日期时间类型或时间类型。

P19：返回日期或日期时间表达式的月份数，要求变换字段为日期时间类型字段。

P20：返回日期时间型表达式中的秒数，要求变换字段为日期时间类型或时间类型。

P21：返回日期时间表达式中返回一个日期值，要求变换字段为日期时间类型。

P22：返回给定日期表达式的天数，要求变换字段为日期类型或日期时间类型。

P23：以日期时间值返回当前的日期和时间，要求变换字段为日期类型。

P24：变日期为中文年月日（例如：二零零三年元月十五日），要求变换字段为日期类型。

P25：变日期为数字年月日（例如：2003 年 1 月 15 日），要求变换字段为日期类型。

P26：变日期格式为字符****.**.**格式，要求变换字段为日期类型。

P27：变日期格式为字符****_**_**格式，要求变换字段为日期类型。

P28：变日期格式为字符****-**-**格式，要求变换字段为日期类型。

P29：变中文年月日（例如：二零零三年元月十五日）为日期格式，要求变换字段为字符类型。

P30：变数字年月日（例如：2003 年 1 月 15 日）格式为日期格式，要求变换字段为字符类型。

P31：返回给定日期或日期时间表达式的月份英文名称，要求变换字段为日期类型或日期时间类型。

P32：求表达式的值（数字类型表达式）。

P33：求平均(数字类型字段名1,数字类型字段名2 [,数字类型字段名3 ...])。

P34：求最大(数字类型字段名1,数字类型字段名2 [,数字类型字段名3 ...])。

P35：求最小(数字类型字段名1,数字类型字段名2 [,数字类型字段名3 ...])。

P36：根据字符串求变换为UTF-16BE码（字符类型字段名）。

P37：根据接口参数文件中规定的条件将某字段数据改为新值，或产生新字段用新值填充。

接口文件由一到多行语句构成，每行语句包括多个子句，之间用中文句号分隔。这些子句意义分别为：序号、结果字段名、条件表达式、计算式。

其格式为：<序号>。<结果字段名>。<条件表达式>。<计算式>。

例如："0。入库金额。序号>='0'。入库单价*入库数量。"

意义是：将序号>='0'的记录中"入库单价*入库数量"的数据存放到"入库金额"字段中，"入库金额"字段可能是原表中的字段，也可能是新生成的一个字段。

又例如："1。出库金额。。出库单价*出库数量。"

其中<条件表达式>部分子句为空，意义是将表中所有记录的"出库单价*出库数量"的数据存放到"出库金额"字段中。

数据处理部件4与数据处理部件2功能相同，只是在运行之后可通过按钮选择计算函数，可以在同一界面中多次进行不同统计运算。

数据处理部件5用于删除重复记录；数据处理部件6用于求关系差集；数据处理部件7用于求关系并集；数据处理部件8用于求关系交集；数据处理部件9用于求关系除法运算结果。这些部件不能对文本类型、图像类型等类数据操作，如果所操作的表存在这类数据，要选择字段号去掉这些类型字段。删除重复记录程序如果处理包含文本类型、图像类型等类数据的数据表，图像类型数据将丢失。

数据处理部件10用于求单数据交叉表，根据表中某一字段数据分组为列，按另一字段为行，统计第三字段的数据形成新表。数据处理部件11用于求多数据交叉表，根据表中某字段数据分组为列，按另若干字段分组为行，统计另一字段的数据形成新表。

数据处理部件12用于对一表中二个数字型数据分析其一元线性函数关系，求取拟合公式并用图形表示。数据处理部件13为集成关系代数数据处理的程序，可在运行过程中选择按钮完成不同关系代数运算操作。

（4）数据通信类部件。

应用系统中程序与程序之间、一个系统与另一个系统之间往往存在大量数据的交互，其交互一般通过文件、其他数据表作为媒介。一个系统也常将数据转存到其他文件或数据表中。将当前数据表中内容转存到其他文件或表中称为导出；从文件或其他数据表中将数据转存到当前表中称为导入。网络已经是管理工作中不可缺少的工具，从网上下载数据到当前表中，或将数据上传到网络中也是应用系统必备功能。

1）导入导出部件1、2、3：将数据导出到纯文本文件、XML文件与其他数据表中，生成的纯文本文件分为按标准格式存放（每记录一行，各字段按定义长度定长存放）、紧缩格式（每记录一行，字符类型数据根据实际数据长度用双引号引起，字段间用逗号分隔）、自定义格式（字段间分隔符可自定义，其他与紧缩格式相同）等不同格式组织。导入导出部件1为覆盖式导出，原目标文件内容删除。导入导出部件2为添加式导出，原目的文件内容保留，当前表数据添加到目的文件尾部。导入导出部件 3 为修改式导出，原目的文件内容保留，根据关键字用当前表数据修改目的文件数据。

2）导入导出部件 4、5、6：将数据导出到 Office 文件中。Office 文件包括 Excel 文件、Word 文件与 PDF 文件。需要下载 5 个开源软件包：iText-5.0.5.jar、jacob.jar、PDFBox-0.7.3.jar、poi-3.8-20120326.jar、poi-scratchpad-3.9-20121203.jar 并复制到本系统 p1 文件夹的 com 子文件夹中。导入导出部件 4、5、6 分别实现覆盖式、添加式和修改式导出。

3）导入导出部件 7、8、9 是和导入导出部件 1、2、3 分别对应的数据导入程序。要求格式一致。

4）导入导出部件 10、11、12 是和导入导出部件 4、5、6 分别对应的数据导入程序。其中从 PDF 文件导入只能导入应用本系统程序导出生成的 PDF 文件中的数据。

5）导入导出部件 13：从网页下载数据并导入，根据网页地址读取网页内容并导入到当前数据表中。导入导出部件 14 为将数据导出生成邮件发送。

6）导入导出部件 14、15：通用导入导出部件，可以独立使用，使用时需要输入源文件类型、源文件名、导入导出方式等，之后组织导入导出。

（5）打印报表部件。

在各种管理信息系统中，打印报表都是被业主看重的内容，也是很费时的工作。一般方法都是先设计报表格式文件，然后组织打印或打印预览。

1）表格式报表格式生成程序及相应报表预览和打印程序。

表格式报表指以表格形式表现数据并打印的报表。其格式内容包括报表标题、表格表头定义、表体数据定义、分组要求定义、页尾定义、表尾定义等六部分。"表格式报表格式生成程序 1"生成的格式文件用于"打印预览表格式报表 1"预览报表，或调用"打印表格式报表 7"打印报表。

第 1 页界面输入报表标题、所在行号、列号、宽度与高度（输入时以字符个数为单位）、左边距、到顶距、字体字号等内容。可以设置多行内容，例如单位、作者、日期等。每份报表打印一次。输入完毕需要单击"辅助计算"按钮改换宽度等数据单位为像素点单位。

第 2 页设计表头部分，包括标签名称及其属性值，每页打印一次。标签内容可变换。默认表格都打印表格线，考虑到有的行或列可能划分为多行或多列，设计时需要考虑每一个标签下方是否有表格线、右方是否有表格线。表头最下一栏所有内容都应当有下表格线，最右一列文字右边都应有表格线。输入完毕之后单击"辅助计算"按钮。

第 3 页设计表体部分，对应欲打印的数据表中数据，每行记录打印一次。输入内容包括字段名称、宽度、高度（均以字符个数为单位）、字体、字号、有无下表格线、有无右表格线等内容，之后单击"辅助计算"按钮。

第 4 页设计表尾，每表打印一次，设置情况与标题相同。

第 5 页设计页尾，每页打印一次，设置情况与标题相同。

修改数据之后可预览效果图。

2）表格标签式报表格式生成程序及相应报表预览和打印程序。

有时需要将一个打印文本复制多份放在一页内打印，例如打印商业上用的标签，要求将同样内容表格复制多份放到同一页面上。又例如打印工资条或成绩单，需要在一页打印纸上打印多个人的成绩单或工资条，内容不同但格式一样。

"表格标签式格式生成程序 6"生成表格格式重复的标签格式文件，打印程序可以灵活打印相同或不同的多份标签式报表。设计时先设计一个标签，之后选择在纵向复制的份数与在横向复制的份数，就可完成设计。根据所生成格式文件可调用"打印预览表格式标签表 3"预览，或调用"打印表格式标签表 9"打印。

3）单记录式报表格式生成程序及相应报表预览和打印程序。

单记录式报表指以每页一条记录的形式表现数据并打印成报表，例如履历表、公文文件、报告、通知等。其格式内容包括报表标题、表体数据定义、报表尾页定义等三部分。表体数据包括字段数据、标签或某些说明文本（填在"内容"中）；格式文件需要说明每一个打印内容的行列位置、宽度、高度、到左边距离、到顶距离、字号与字体等数据。

"单记录式格式生成程序 5"生成单记录式报表格式文件，报表格式文件设计完成后可调用程序"打印预览单记录报表 2"预览，或调用"打印表格报表 7"打印。

4）单记录标签式报表格式生成程序。

单记录标签例如名片、相片、商业上的标签等也是将同样内容复制多份。结构相同，内容相同或不同。设计时也先设计一个标签，之后选择在纵向复制的份数与在横向复制的份数，就可完成设计。

"单记录标签式格式生成程序 7"生成单记录标签式报表格式文件，调用"打印预览单记录式标签报表 4"预览，或调用"打印单记录式标签报表 10"打印。

5）带统计功能的表格式报表格式生成程序。

带统计功能的表格式报表指有小组统计或总计要求、带明细的表格式报表。"带分组统计格式生成程序 2"生成这类报表格式，调用"打印预览统计报表 5"预览。

6）带统计图功能的表格式报表格式生成程序。

带统计图功能的表格式报表指生成交叉表并显示直方图、圆饼图等统计图的报表。"带统计图报表格式生成程序 4"生成这类报表格式，同时设有打印预览和打印带统计图的表格式报表的功能。

本程序需要用到 Java 平台上的开放的图表绘制类库 jfreechart-1.0.13.jar、jcommon-1.0.16.jar，需要从网上下载并复制到 P1 目录中的 COM 文件夹内。

13.3　实验范例

从随书光盘"实验数据文件备份/实验 13"所附"学生.bak"恢复"学生"数据库，如果因为 DBMS 版本关系无法还原或附加，可将"实验 13 数据备份.doc"中语句复制到查询编辑器并执行，要求生成学生表、成绩表、课程表、学生 1 表、Sc 表、Course 表、Ssex 代码表、学生 1 字典表、性别代码表、专业代码表、工资表、部门表、职员表等数据表并录入数据。修改 ODBC 数据源指向"学生"数据库。

13.3.1　数据维护基本操作

（1）对学生表全表进行表格式数据录入。

分析：表格式数据录入可以选择表格维护 2、3、4、5，其中表格维护 3 操作最快捷，录入数据后无需单击"存盘"或"修改存盘"按钮就可以完成录入或修改操作。

双击"数据库桌面操作系统.jar"，选择"表格维护3，数据直接录入"，填入表名"学生"，关键字选"学号"，单击"执行"按钮。界面如图 13.2 所示。

学号	姓名	性别	班级	专业	平均成绩	年龄	出生日期	电话
1	王斌	男	2016101	计算机技术	80.00	22	1995-02-05 00:...	13680291233
2	吴嘉	男	2016201	软件工程	67.00	21	1996-10-12 00:...	12730072189
3	陈明心	女	2016301	电子技术	79.00	21	1995-12-02 00:...	13902309478
4	李辉	男	2016401	通信工程	81.00	22	1995-09-04 00:...	13921003445
6	于感	女	2016301	电子技术	83.00	22	1995-04-21 00:...	13682367544

删除　　退出

图 13.2　数据直接录入表格操作界面

说明：如果录入数据直接填到表格最后一行中，每填入一行数据，会再添加一个空行。可以直接在表格中修改数据。如果要删除数据，先用鼠标在某行记录上单击，再单击"删除"按钮。操作时注意，输入最后一个数据之后，要用鼠标单击表格另一行任意位置后再单击"退出"按钮，本程序在换行时完成存盘操作。

（2）选择学号、姓名、出生日期三列对学生表进行表格式数据录入。

分析：本题要求提供只包含学号、姓名、出生日期三列的视图，可以通过定义字段号实现。

双击"数据库桌面操作系统.jar"，选择"表格维护3，数据直接录入"，填入表名"学生"，关键字选"学号"，用鼠标单击"字段号表"文本框，在列表框中列出了学生表全部字段名，点选"学号""姓名""出生日期"三个字段，可见到在字段号表文本框中显示"0,1,7"。单击"执行"按钮。

（3）利用表单数据维护部件向数据表学生1录入数据。

分析：最基本的表单程序是单记录维护1，如果做数据录入使用，应当选择"存盘""清屏"按钮。

双击"数据库桌面操作系统.jar"，选择"单记录维护1"，填入表名"学生1"，关键字选SNO，单击"按钮号表"文本框，在列表框中列出了"单记录维护1"全部按钮名，选择"存盘""清屏""退出"等按钮，可见到在按钮号文本框中显示"5,6,9"，面板宽度填 300，面板高度填 260，单击"执行"按钮。执行界面如图 13.3 所示。

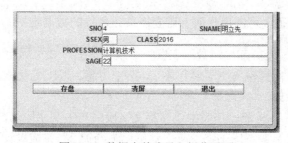

图 13.3　数据表单式录入操作界面

13.3.2　存在文本类型数据的数据维护

（1）对学生表除图片外数据进行数据维护，要求能完整显示文本数据类型字段"履历"

的数据。

分析：本题要求完整显示文本数据类型数据，需要选用表单程序实现。

双击"数据库桌面操作系统.jar"，选择"表格维护3，数据直接录入单记录维护1"，填入表名"学生"；关键字选"学号"；单击"字段号表"文本框，在列表框中列出了学生表全部字段名，点选除图片外各个字段，可见到在字段号表文本框中显示"0,2,5,6,7,8,9,10,11"；面板宽度填 600，面板高度填 400，单击"执行"按钮，界面如图 13.4 所示。

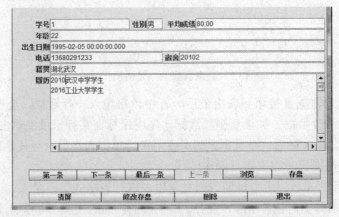

图 13.4 带文本字段数据维护程序界面

（2）对学生表除图片外数据进行数据修改，要求能完整显示文本数据类型字段"履历"的数据。

分析：本题要求提供修改数据的程序，可以在表单式程序中选择"修改存盘"及"移动指针"各按钮，去掉"录入存盘""删除"及相关按钮。

双击"数据库桌面操作系统.jar"，选择"单记录维护1"，填入表名"学生"；关键字选"学号"；用鼠标单击"字段号表"文本框，在列表框中列出了学生表全部字段名，点选除图片外各个字段，在字段号表文本框显示"0,2,5,6,7,8,9,10,11"；面板宽度填 600，面板高度填 400，单击"按钮号表"文本框，在列表框中列出了单记录维护1全部按钮名，选择：第一条、下一条、最后一条、上一条、浏览、修改存盘、退出等按钮，按钮号文本框中显示"0,1,2,3,4,7,9"，单击"执行"按钮。

13.3.3 可变换标签、可使用代码、可变换按钮名称的数据维护

（1）利用表单数据维护部件向数据表学生 1 录入数据。要求用中文显示字段名，性别字段的数据要求按代码表内容输入。要求有录入、清空屏幕、退出等功能。如果要求将存盘按钮改名为"录入"如何操作。

分析：设计"学生 1 字典表"，在其中建立英文字段名与中文字段名的联系，还要建立 SSEX 代码表，结构与数据情况参看图 13.5。应用"单记录维护2"完成设计。

本系统如果要修改所显示的按钮名字，可以在选择参数时填写"要求按钮号表"，在列表框中选择按钮，程序会自动将按钮号填入"要求按钮号表"框中，如果要变换标签，可以在按钮序号的数字后面加分号，再加修改后的按钮名。如果不改按钮名，选择全部按钮，可以不填写"要求按钮号表"。如果选择按钮但不要求修改按钮名，可以在选择按钮、生成按钮序号表

后不修改"要求按钮号表"的内容。

双击"数据库桌面操作系统.jar",选择"单记录维护 2",填入表名"学生 1";关键字选 SNO;选择:存盘、清屏、退出等按钮,显示的按钮序号为"5,6,9",将它改为"5;录入,6,9"; 面板宽度填 300,面板高度填 260,单击"执行"按钮,执行界面如图 13.5 所示。

图 13.5　字典表、SSEX 代码表与单记录维护 2 执行界面

（2）利用表单数据维护部件对数据表"学生"进行操作。提供修改与删除功能,性别字段和专业字段的数据要求按代码表内容输入。

分析:需要建立性别代码表与专业代码表,结构与数据情况参看图 13.6。应用"单记录维护 2"完成设计。要求显示全部字段,只要保持字段号表一栏为空即可。

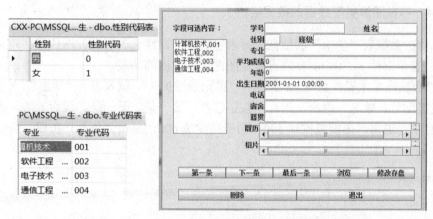

图 13.6　性别代码表、专业代码表与单记录维护 2 执行界面

双击"数据库桌面操作系统.jar",选择"单记录维护 2",填入表名"学生";关键字选"学号";字段选择:学号、姓名、性别、班级、专业、年龄;按钮选择:第一条、下一条、最后一条、上一条、浏览、修改存盘、删除、退出等按钮,面板宽度填 500,面板高度填 400,单击"执行"按钮,执行界面如图 13.6 所示。

说明:本表单程序不具备图像类型字段显示与修改功能,因此尽管界面中有"图片"图像框,但并不能显示图片信息,也无法录入或修改图片内容。

（3）利用表单数据维护部件对数据表"学生"非图像字段作维护操作。要求能提供录、改、删功能,性别字段和专业字段的数据要求按代码表内容输入。

分析:表单式数据维护部件 5 也具有字典变换与代码表数据输入的功能,它设计用下拉组合框显示代码数据并提供用户选择录入,需要建立性别代码表与专业代码表,结构与数据情况与图 13.6 所示相同。要求能提供录、改、删功能意味要求保留全部按钮,在按钮号表一栏保持为空就达到目的。

双击"数据库桌面操作系统.jar"，选择"单记录维护5"，填入表名"学生"，关键字选"学号"，输入字段号"0,1,2,3,4,5,6,7,8,9,10"，面板宽度填500，面板高度填400，单击"执行"按钮，执行界面如图13.7所示。

图13.7 表单式数据维护5运行界面，用下拉组合框表示代码数据

13.3.4 存在图像类型数据的数据维护

（1）修改数据表"学生"的数据。要求包括学号、姓名、履历、图片等字段。

分析：表单部件3、4、6、9具有处理图像类型数据的功能。

双击"数据库桌面操作系统.jar"，选择"单记录维护3"，填入表名"学生"，关键字选"学号"；字段选学号、姓名、履历、图片；按钮选择：第一条、下一条、最后一条、上一条、浏览、修改存盘、退出，面板宽度填500，面板高度填600，单击"执行"按钮。执行界面如图13.8所示。

图13.8 具有图像类型字段数据维护功能的表单数据维护3

（2）修改数据表"学生"的数据。要求包括学号、姓名、履历、图片等字段。

分析：表单部件 3、6 具有处理图像类型数据的功能，但是如果窗口中包含图像类型数据，在单击"存盘""修改存盘"后都自动进入操作系统资源管理器，要求输入图像文件名，如果原来已经存放了图形，就会用新文件更新原文件，如果不输入新文件名，这条记录的录入或修改就会失败，让用户感到不便。表单部件 4、9 将一般数据录改操作和图像录改操作分开，专门设计图像录入按钮，在操作时单击"存盘"或"修改存盘"按钮，均只完成非图像数据的录入或修改，如果需要录入或修改图像字段数据，需要单击"图像录入"按钮，之后输入图像文件名，完成录入。

双击"数据库桌面操作系统.jar"，选择"单记录维护 4"，填入表名"学生"，关键字选"学号"；字段选学号、姓名、图片；按钮选择：第一条、下一条、最后一条、上一条、浏览、查询、清屏、存盘、修改存盘、图片存盘、退出，面板宽度填 500，面板高度填 500，单击"执行"按钮。执行界面如图 13.9 所示。

图 13.9　表单数据维护 4 运行界面

在本程序左边有一个公共列表框，当单击某一个文本框时，如果该文本框字段存在相应的代码表，在列表框中会显示全部代码数据供选择录入，如果该字段无相联系的代码表，在列表框中会显示之前在该字段中已经录入的数据（去掉重复值）。操作者可以单击某一数据实现录入，既提高数据输入效率，也是实现规范化输入的手段之一。

本程序提供"查询"按钮，当在某字段文本框中输入一个数据，之后单击"查询"按钮，将查询该字段等于所输入数据的全部记录，之后"浏览"及移动指针所能看到的都是查询所得记录中的数据。本程序还有一个"批处理"按钮，查询之后，在另外的文本框中输入数据，之后单击"批处理"按钮，查询结果集中所有记录中输入数据的字段中数据会全改为所输入数据。

13.3.5　存在数据安全性、数据完整性控制要求的数据维护

（1）提供用户 User1 修改学生表数据的程序，要求控制年龄在 18～30 之间，对于专业、班级只能显示，不能修改，其他字段可读可写。

分析：表格式数据维护 7、11，表单式数据维护部件 3、5、6、9 具有数据安全性、数据

完整性保护功能。表格式数据维护 7、9 要求预先定义接口参数表，表单式数据维护部件 3、5、6、9 要求预先定义接口参数文件。

解 1. 应用表格式数据维护 7 或表格式数据维护 11 实现。

定义接口参数表可应用"0 初始设置.jar"帮助操作。

"0 初始设置.jar"可操作内容如图 13.10 所示。

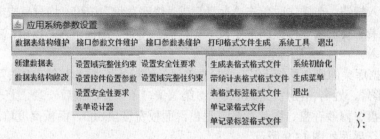

图 13.10　0 初始设置.jar 菜单结构

选择"接口参数表维护"菜单下的"设置域完整性约束"选项，界面如图 13.11 所示。

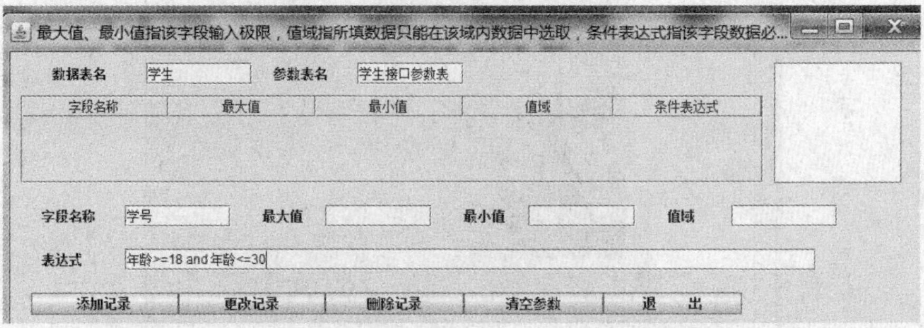

图 13.11　设置数据完整性参数

操作时，选择数据表名，输入接口参数表名称，再逐一定义条件表达式，对每一条件式，先选择表名，之后输入最大值、最小值、值域或条件表达式，输入后单击"添加记录"按钮，之后再输入其他条件，完毕后单击"退出"按钮。

选择"接口参数表维护"菜单下的"设置安全性要求"选项，界面如图 13.12 所示。

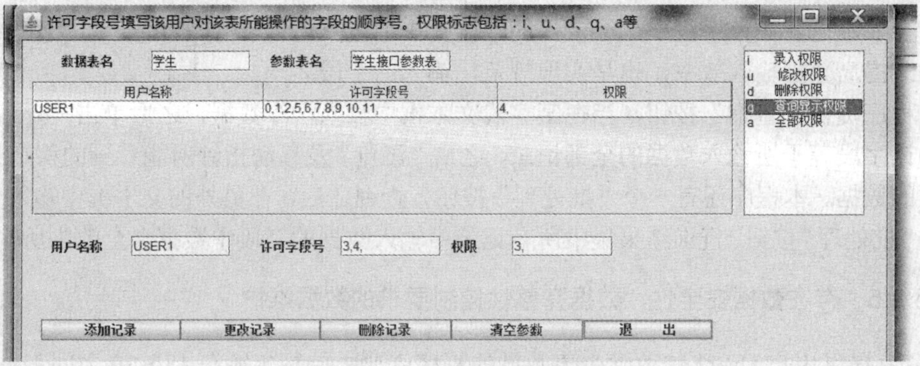

图 13.12　设置安全性控制参数

双击"数据库桌面操作系统.jar"，选择"表格维护 7"，填入表名"学生"，关键字选"学号"，输入字段号"0,1,2,3,4,5,6,7,8,9,10"，单击"执行"按钮。

运行表格维护 7 可见，当输入年龄不在 18 到 30 之间时，如果存盘，会报警"字段内容不在规定的范围内，请检查！"。在实验 14 中，如果建立应用系统之后，用 User1 登录，无论是录入还是修改，专业、班级二字段内容都不能录入到数据库之中。

解 2. 应用表单式数据维护部件 5 或表单式数据维护部件 6 实现。

分析：可应用"0 初始设置.jar"帮助定义接口参数文件。

双击"0 初始设置.jar"。在如图 13.10 所示 "接口参数文件维护"菜单下选择"设置域完整性约束"选项，界面与图 13.11 类似。

操作时，选择数据表名，输入接口参数表名称，再逐一定义条件表达式，对每一条件式，先选择表名，之后输入最大值、最小值、值域或条件表达式，输入后单击"添加记录"按钮，之后再输入其他条件，完毕后依次单击"表格内容存盘"和"退出"按钮。

再选择"接口参数文件维护"菜单下的"设置安全性要求"选项，界面如图 13.13 所示。

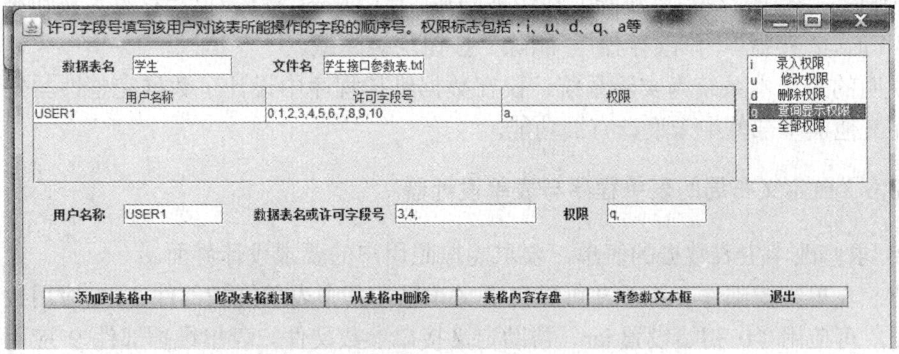

图 13.13　在接口参数文件中设置安全性控制要求

和图 13.11 相比，①本程序中有关安全性、数据完整性控制的参数数据存放到纯文本文件中，而上一个实验中这些数据被存放到数据表中，需要说明的是，用文件保存安全性约束条件这样一种做法本身是不安全的，正确的设计应当存放到数据表中；②本设计中安全控制对象包括数据表和字段两类，在"数据表名或许可字段号"一栏中可以填写数据表名，也可以填写字段的序号，如果是前者，将来在表单中会将不满足条件的按钮灰掉，而对于后者，将在存盘时予以控制。

选择数据表名，输入接口参数表名称，在用户名称中输入 User1，逐一单击列表框中字段名称，选择除专业、班级外其他所有字段，自动变换成字段序号字符串填充到"数据表名或许可字段号"文本框中，选择全部权限 a，单击"添加到表格中"按钮。再输入用户名称 User1，"数据表名或许可字段号"中选择专业、班级（在文本框中显示的是字段序号"3,4"），权限中选择"q 查询显示权限"，单击"添加到表格"按钮。再依次单击"表格内容存盘""退出"按钮。

如果应用实验 14 建立了应用系统，开始运行时进行了登录操作，系统中如果调用表单式数据维护 3 或表单式数据维护 5 或表单式数据维护 6，当 User1 操作时，所有按钮均可见，但在存盘或修改存盘后发现，专业与班级数据未被修改。

（2）求控制对成绩表数据操作的权限，User1 可对表进行所有维护操作，User2 只能录入与查看成绩数据，User3 可修改或删除表中数据，User4 对所有数据只能看，不能录入不能修改或删除。

分析：表单式数据维护 3、5、6、9 都提供关于数据表的安全性控制，表单式数据维护 3、5、6 的实现方法是在"接口参数文件维护"的"设置安全性要求"程序中定义用户名、数据表名及权限；表单式数据维护 9 要求在表单设计器中定义用户名、数据表名及权限。

以在"接口参数文件维护"的"设置安全性要求"程序中定义用户名、数据表名及权限为例。双击"0 初始设置.jar"，在弹出的菜单中选择"接口参数文件维护"下的"设置安全性要求"选项。填写用户名称：User1，数据表名或许可字段号中填写当前被定义权限的数据表名称，在权限一栏填写：a，单击"添加到表格"按钮。再单击工具条中文本框，重复上面的操作，用户名填写：User2，权限填：i,q，单击"添加到表格"按钮。以下继续定义 User3 的权限为 d,u,q，单击"添加到表格"按钮；User4 的权限为 q，单击"添加到表格"按钮。之后依次单击"表格内容存盘""退出"按钮。

如果应用实验 14 建立了应用系统，开始运行时进行了登录操作，系统中如果调用表单式数据维护 3 或表单式数据维护 5 或表单式数据维护 6，当 User1 操作时，所有按钮均可见，当 User2 操作时，"修改存盘""删除"按钮被隐藏，当 User3 操作时，"存盘"按钮被隐藏，当 User4 操作时，"存盘""修改存盘""删除"按钮均被隐藏。

要说明的是，本系统为实验系统，仅在数据维护程序中设计了数据完整性与安全性控制功能，在其他类型部件中未设计有关功能。

13.3.6　自定义布局的表单程序与表单设计器

（1）求修改学生表数据的表单，要求能按照用户的要求设计界面。

分析：表单维护部件 3、6、9 可以自定义布局，其中表单维护部件 5、6 应用数字化方式定义界面，可应用"0 初始设置.jar"帮助定义接口参数文件。表单维护部件 9 应用可视化方式帮助定义界面。

双击"0 初始设置.jar"，在如图 13.10 所示的菜单中选择"接口参数文件维护"下的"设置控件位置参数"选项。

数据表名选"学生"，文件名输入"接口参数表 1"。在"字段名称"中输入"学号"，"行号"输入 1，"列号"输入 1，单击"添加到表格中"按钮。以下依次输入其他字段字段名和行号、列号，对于文本类型、图像类型字段，还要输入字段宽度和字段高度，都以字符宽度高度为单位，例如履历，输入字段宽度 17，表示 17 个中文字宽，高度为 10，表示 10 个中文字高度。设计情况如图 13.14 所示。

定义完毕后，单击"辅助计算"按钮，将字符为单位的数据变换为像素为单位的数据，同时，自动将第一列的标签变为等宽，将每一行宽度调为等宽，计算每个控件到左边的距离和到窗口顶部的距离并填写到表格内。可以手工再修改至满意后，单击"表格内容存盘"按钮，将数据保存到接口参数文件中。之后，在桌面系统中选择表单式数据维护部件 6，输入表名、接口参数文件名、关键字，窗口宽度 600，高度 400，单击"执行"按钮。如果对界面不满意，可以重新进入"0 初始设置.jar"中单击"设置控件位置参数"选项，输入接口参数文件名，恢复表格中数据，修改后重新存盘。也可以直接对接口参数表文件编辑修改，反复修改至满意为止。

（2）求向学生表录入数据的表单，要求用可视化方式设计界面，要求能变换按钮标签。

分析：表单维护部件 9 为自定义型表单式维护程序，需要应用表单设计器定义界面。

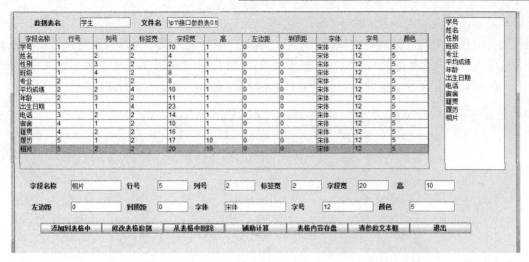

图 13.14　数字化方式定义控件位置，以字符宽度、高度为单位

双击"0 初始设置.jar"，在如图 13.10 所示的菜单中选择"接口参数文件维护"下的"表单设计器"选项。其界面如图 13.15 所示。

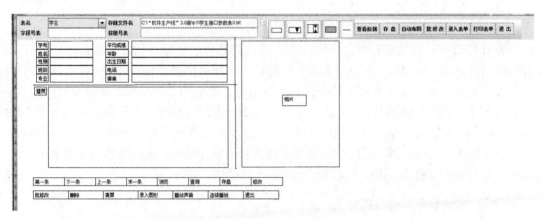

图 13.15　表单设计器

操作时首先选择数据表名，输入存储文件名，如果该文件已经存在，在窗口中会显示原设计内容，可以进行修改。如果为新设计，可以选择字段、选择按钮（按表单数据维护部件 9 选择按钮），单击"自动布局"按钮，会建立一个初始界面提供修改。也可以单击工具条中控件按钮，之后在绘图板上单击，将弹出对话框，要求输入必要的参数。工具条上前三个图标分别代表文本框、组合框、列表框，其后三个分别为按钮、线条、标签。如果选择：文本框、组合框、列表框、按钮，提问内容如图 13.16 所示。

首先选择字段名，之后关于更换名称、左边距及位置大小有关参数根据鼠标所单击位置计算得到后显示在对话框中，可以进行进一步修改。"更换名称"中填写变换后的标签名称。在"类型"一栏中选择：普通字段、文本字段、图像字段、语言文件名、组合框、列表框、按钮其中一种。如果该字段存在代码表，在"代码表名"中填写代码表表名。代码表内容可以选择组合框或列表框显示，以提供选择操作。如果选择"列表框"，在"字段或按钮名"组合框中可以有两类选择：一是选择星号，表示该列表框作为公共列表框使用；二是选择字段名，表示用来显示该字段的代码表。关于代码表名称及结构的约定和之前的约定相同。字体、字号、颜色选择组合框中的数据。最大值、最小值、域值、条件表达式中填写数据完整性控制要求。在"只作显示"中选择可读写或只读。如果要求播放语音，要求在本机中存放语音文件，在字段名一栏填写语音文件的文件名，只能使用扩展名为.wav、.mid 的语音文件。

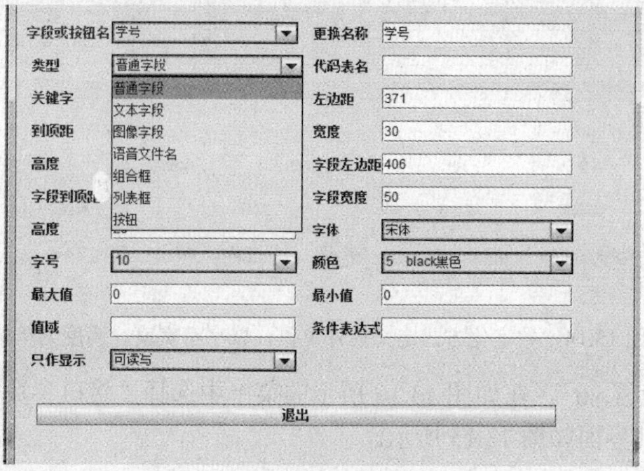

图 13.16　文本框参数设置对话框

在设计过程中，可用鼠标靠近各控件图形四边或四角，鼠标形状会有变化，变化后，按下鼠标右键并拖动，可以放大或缩小图形。用鼠标单击图形中间部位后拖动，可以改变图形位置（不能用这种方法单独改变标签的位置，可以用放大缩小的办法单独改变标签的位置）。可以用鼠标右击图形，将弹出对话框，询问是修改参数或者删除图形。可以单击工具条中"批修改"按钮，可列表显示所有控件的数据，可以在该表中修改数据。用可视化方式调整图形大小位置，很难精准，只能粗调。采用数字化方式修改可以更加精细，设计结构会令人更满意。当设计完成后，单击"存盘"按钮将数据保存到接口参数文件中去。

13.3.7　实现参照完整性控制

（1）在录入成绩表数据时，要求输入的学号数据必须在学生表中存在。如果删除学生表中一个学生的数据，必须删除他有关的成绩记录。

分析：表单式数据维护表单 7 在界面中提供表格显示主表数据，提供表单式界面作为对子表数据维护窗口。操作时，单击主表某一行，其外键值自动填入子表中相应字段文本框中，这样就可保证子表中外键数据在主表中一定存在。当在主表中欲删除一条记录时将提问是否同时删除子表相关记录，这样就保证了不会因为主表中删除操作导致子表中数据失联。

进入桌面系统，部件选数据维护表单 7，主表名选学生，子表名选成绩，主表中主键选学号、课号，子表中外键选学号。窗口宽度 600，高度 400。运行界面如图 13.17 所示。

当在主表中选中一条记录时，相关外键数据值显示在子表表单中，加入或修改其他数据后录入或修改，如果从主表删除一条记录，会提问是否同时删除子表中相关记录，从而保证数据的参照完整性。

（2）在录入成绩数据时，往往按某一门课程输入某一个班全体学生的数据，希望在操作时能提供表格界面，其中已经填写了该班所有学生的学号或姓名，只需要录入分数数据，之后连同课程名存放到成绩表中。设成绩表结构为：成绩(学号,课程名,分数)。

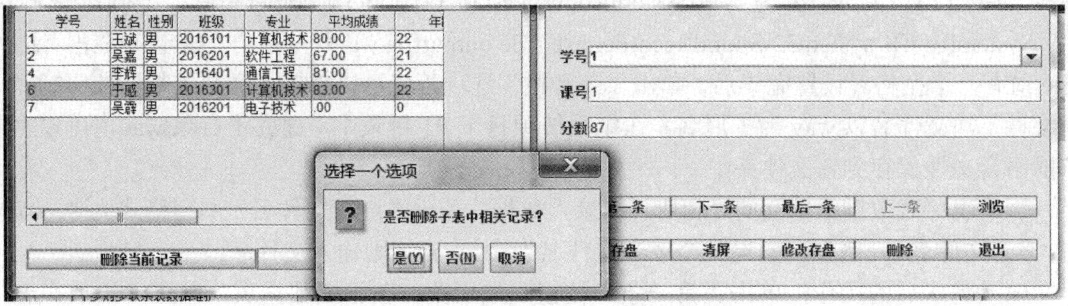

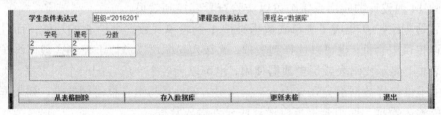

图 13.17　表单式数据维护 7 运行界面

分析：表单式数据维护部件 8 提供表格进行多对多关系的联系数据表维护操作，操作时要求输入两主表名字与联系表名字，输入联系表关键字，和对两个主表关联的数据条件，之后提供一个显示联系表的表格式界面，其中，原来主表中的数据会被抽取到联系表中，不必重复输入，只需要输入联系表中需要而主表中不存在的数据，就能完成数据输入。可以提高输入效率。

进入桌面系统，部件选择"数据维护表单 8"；主表名 1 选择"学生"；主表名 2 选择"课程"；表名选择"成绩"；关键字选择"学号，课号"；条件表达式 1 输入"班级='2016201'"；条件表达式 2 输入"课程名='数据库'"。窗口宽度 800，高度 600。运行界面如图 13.18 所示。单击"更新表格"按钮，窗口内表格中显示所有"班级='2016201'"的学生的学号，所有课程均为 2，留出"分数"一列供操作者输入成绩数据。输入完毕，单击"存入数据库"按钮，完成录入。这样的界面使得录入操作免于输入学生学号、课程号，既提高效率，也减少出错可能性，可以满足参照性、完整性要求。

图 13.18　多对多联系表数据输入界面

13.3.8　音像手册设计与自定义表单

（1）建立一个存放贵重相片的相册，要求配文字说明，在看相片时有语音说明。

分析：表单式数据维护 9 具有语音功能。

建立相册数据表，包括：序号、标题、日期、地点、说明、声音文件名、相片。其中"日期"选 DATETIME 类型，"说明"选 TEXT 类型，"相片"选 IMAGE 类型，其他选 CHAR 或 NCHAR 类型。"声音文件名"宽度定为 30。

应用"表单设计器"设计对"相册"录入数据的程序界面。

准备好数据，特别是制作说明相片意义的语音文件。（制作方法：应用 Windows 7 的录音机功能，原 Windows 7 的录音机生成的文件为 wma 格式，需要改为 wav 格式，简单的解决办法为：开始→所有程序→附件→右击"录音机"选项→选择"属性"选项→在"快捷方式"页原"目标(T)"中内容为"%SystemRoot%\system32\SoundRecorder.exe"，将其修改为"%SystemRoot%\system32\SoundRecorder.exe /file outputfile.wav"→单击"确定"按钮。注意，/file 前有一个空格。设置完毕后，单击"录音机"选项，就可以单击"开始录制"按钮制作语音文件了，文件名以.wav 为扩展名。在本系统项目下 P1 目录中，建立子目录 wav，可以将制作的语音文件保存到该文件夹中。

调用表单式数据维护 9 向"相册"中录入数据，关于"声音文件名"书写格式为".\wav\"加<声音文件名>。例如，如果一个声音文件名为：1.wav，则输入文件名：.\wav\1.wav。

输入完毕后的操作：单击"第一条"按钮，显示第一条记录数据后，单击"播放声音"按钮，可以听到语音内容播报。如果单击"下一条"按钮，前面的播放停止，再单击"播放声音"按钮，可以听到播放第二条记录的语音文件的内容。如果单击"连续播放"按钮，将从当前记录的语音内容开始，逐条播放，直到播放完毕。单击"第一条"和"下一条"等按钮可以中断播放。

（2）在表单式数据维护 9 中控制对成绩表数据操作的权限，User1 可对表进行所有维护操作，User2 只能录入与查看成绩数据，User3 可修改或删除表中数据，User4 对所有数据只能看，不能录入不能修改或删除。

双击"0 初始设置.jar"，在所弹出菜单中选择"接口参数文件维护"下的"表单设计器"选项。用鼠标单击工具条中文本框，再在图板上单击，在弹出的组合框的"字段名或表名"输入框中输入当前所选择的数据表名，之后填写用户名：User1，在权限一栏填写：a，单击"返回"按钮。再单击工具条中文本框，重复上面的操作，用户名填写：User2，权限填：i,q，单击"返回"按钮。以下继续定义 User3 的权限为 d,q；User4 的权限为 q。完成全部布局设计后单击"存盘"按钮。

在实验 14 内设计的应用系统中可以实验查看其控制效果。

表单式数据维护 9 集成了表单式数据维护 1 到表单式数据维护 6 的功能，而且，关于代码文件可以提供组合框，也可以选择列表框，选择列表框可以类似于表单式数据维护 2 那样作为公共列表框、显示代码表或历史数据使用，也可以为各个字段各配一个列表框，类似于组合框使用，由于供选择数据都亮在桌面上，操作更方便，且与组合框不同的是，列表框只能选择数据，不能输入数据，而组合框可以设计成允许输入数据。

表单式数据维护 9 对包括按钮在内的所有控件位置都可以任意设计，可以加线条、文本或图像标签，所设计界面可以更加灵活与美观。它还提供语音播放功能，使得设计更加多样化。

13.3.9   固定格式查询程序

（1）在图书管理系统，"书名"字段中查找包含某内容的全部图书。

分析：查找某个字段中数据是实际应用中普遍的要求，希望提供一个界面，只需要输入查找内容，单击"确定"按钮就能快速达到目的。

选择单条件查询 1，输入表名"图书信息"，查询字段选"书名"，窗口中显示的是选择的字段号：1，选择关系符：包含。窗口宽度 600，高度 500，单击"执行"按钮，界面如图 13.19所示。

在书名包含文本框中输入"机"，单击"查询"按钮，表格中将显示两条记录。

（2）在图书管理系统中，查找作者为某人，同时"内容摘要"字段中包含某内容的图书。

选择查询 5，输入表名"图书信息"；查询字段 1 选择"作者"，选择关系符"等于"按钮。查询字段 2 选择"内容摘要"，选择关系符"包含"。窗口宽度 1000，高度 500，单击"执行"按钮。

窗口上面显示：

作者　等于＿＿＿＿＿＿

内容摘要　包含＿＿＿＿＿＿

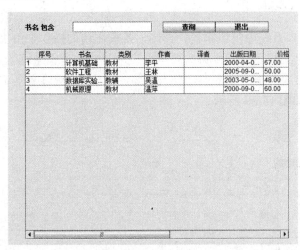

图 13.19　固定单条件查询

在作者框中输入欲查的作者姓名，例如"温萍"，内容摘要中输入要求包含的内容，例如"机械"。单击"查询"按钮可见查询结果。

（3）求在学生管理系统中，查找有成绩大于某个值的学生的有关数据。

选择查询 2，"表名集"中输入"学生,成绩"；查询字段选择"分数"，选择关系符"大于"。窗口宽度 1000，高度 500，单击"执行"按钮。

（4）求在学生管理系统中，查找有成绩大于某个值，同时，专业包含某个值的学生的有关数据。

解 1：选择查询 6，"表名集"中输入"学生,成绩"；查询字段 1 选择"分数"，选择关系符 1"大于"，查询字段 2 选择"专业"，选择关系符 2"包含"。窗口宽度 1000，高度 500，单击"执行"按钮。

解 2：选择查询 8，"表名集"中输入"学生,成绩"；在"条件表达式"文本框中输入"学号大于?与专业包含?"，窗口宽度 1000，高度 500，单击"执行"按钮。

查询 9 类似于查询 8，但可以变换表头的列名。

有时用条件表达式表达查询要求比较自然，另外，选择查询 8、9 涉及多个条件时可以用 AND 连接，也可以用 OR 连接。

（5）在学生管理系统中"学生 1"与 SC 表采用英文字符定义字段名，同时建立了字典表：学生 1 字典表。如果欲查找有成绩大于某个值，同时，专业包含某个值的学生的有关数据，界面中显示的问题要求用中文表示。

选择查询 6，"表名集"中输入"学生 1,SC"；查询字段 1 选择 Grade，选择关系符 1"大于"，查询字段 2 选择 Profession，选择关系符 2 "包含"。窗口宽度 1000，高度 500。单击 "执行" 按钮。由执行结果可见查询界面满足要求。在运行前注意要建立相应字典表。查询 6 运行时如果选择有标签变换的字段（存在字典表的字段），需要根据变换后的字段名提出查询条件。其他查询 4、7、9、12、14、16 具有同样功能。对于所维护的一个数据表只能建立一个字典表，因此，本问题在设计字典表时，应将 SC 表中字段的字典数据包含进去，使能适应一对多的查询需要。

采用类似这样一些界面的固定式查询，用户操作时针对性强，击键次数最少。

13.3.10　通用查询程序

（1）求在学生管理系统中组织单条件查询，要求在查询操作中由用户选择字段、选择关系符，输入查询内容之后显示查询结果。要求用户选择字段和关系符的操作要准确快捷。

选择单条件查询 3 或单条件查询 4，输入表名 "学生"，窗口宽度 1000，高度 500，单击 "执行" 按钮，界面如图 13.20 所示。

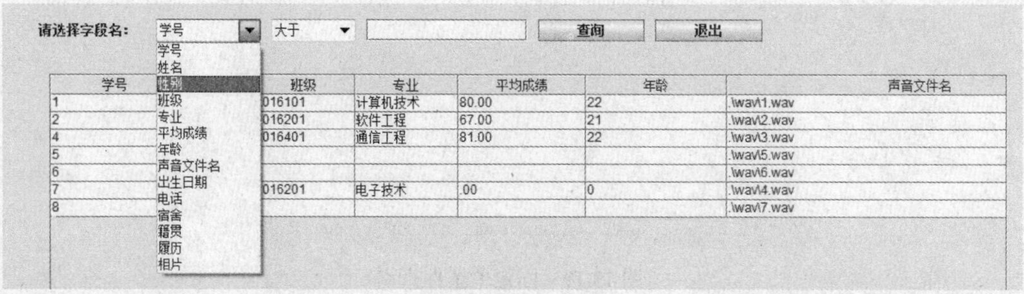

图 13.20　条件通用查询

在字段名列表框中选择 "姓名"，关系符中选择包含，内容文本框中输入 "王"，单击 "查询" 按钮，表格中将显示一条记录。

单条件查询 4 允许应用字典表变换字段名称，但如果数据表不存在字典表，和单条件查询 3 的表现是一样的。

（2）求在学生管理系统中针对学生表与成绩表组织两条件查询，要求在查询操作中由用户分别选择字段、关系符，分别输入查询内容，形成两个条件表达式之后组织查询，要求在同时满足两个条件时显示查询结果。要求用户选择字段和关系符的操作要准确快捷。

选择两条件查询 7，"表名集" 中输入 "学生,成绩"，窗口宽度 1000，高度 500，单击 "执行" 按钮。

在窗口顶部出现 4 个组合框、2 个文本框，要求选择两个字段、两个关系符，分别输入两个查询内容后单击 "查询" 按钮，显示查询结果。

通用查询可以让用户更灵活地组织查询，可以针对任意字段、根据任意关系组织查询。但这样的查询对用户的要求稍高一些。

13.3.11　组合查询程序

（1）在图书管理系统中，查找作者为李平，或者 "内容摘要" 字段中包含某内容的图书。

分析：查询 5 程序虽然能解决固定两条件的查询问题，但是，要求这两条件只能是 AND 关系，目前要解决的是通用两条件查询，要求的是两条件满足 OR 关系。需要设计新的程序或采用更灵活的程序实现。应用前面介绍的两条件查询程序可以满足要求，另外，采用单表组合查询程序可以满足要求。

选择查询 10，表名选择"图书信息"，单击"执行"按钮。首先选择字段名"作者"，选择关系符"等于"，在输入值中输入"李平"，单击"添加条件"按钮，形成一个条件被添加到文本域框中；单击 OR 按钮；再选择第二个字段名"内容摘要"，第二个关系符"包含"，输入第二个查询值"软件"，单击"添加条件"按钮，形成第二个条件被添加到文本域框中。单击"全部移入"按钮，选择全部字段到输出列表中。界面如图 13.21 所示。单击"浏览查询结果"按钮，可完成查询。

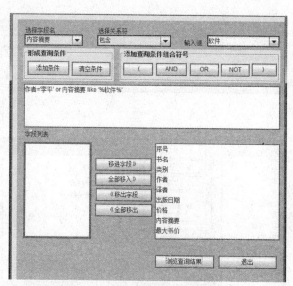

图 13.21   单表组合查询程序界面

（2）在学生管理系统中针对学生表与成绩表组织两条件查询，要求在查询操作中由用户分别选择字段、关系符，分别输入查询内容，形成两个条件表达式之后组织查询，要求只要满足两个条件中的 一个条件就显示查询结果。

分析：两条件查询 7 是通用两条件查询程序，但要求两条件满足 AND 关系才达到查询要求，如果是 OR 关系，本系统中只能选择能进行多数据表查询的组合查询程序查询 11 加以处理。

选择查询 11，表名选择"学生,成绩"，单击"执行"按钮。用户首先要选择字段名、关系符，在"输入值"中输入第 1 个查询内容，单击"添加条件"按钮，形成一个条件到文本域框中。单击 OR 按钮，再选择第二个字段名、第二个关系符、输入第二个查询值，单击"添加条件"，形成第二个条件到文本域框中。单击"全部移入"按钮，选择全部字段到输出列表中。最后单击"浏览查询结果"按钮，完成查询。

上述两程序有较强通用性，可以对任意多个条件、任意组合关系组织查询，可以选择字段输出。但是其操作过程要更复杂一些，对操作者的要求也更高一些。

组合查询 12 程序也可实现多表组合查询，同时允许应用字典表变换字段名称供选择操作。

13.3.12   涉及聚集函数的查询程序

（1）按班级和课程统计每班每门课最高分、平均分。

分析：本题不要求设置条件，关键是选择输出内容与确定分组，如果只是显示每班每门课最高分、平均分这样两个分数，不知道是哪个班、哪门课的成绩是没有意义的，因此输出要选择班级与课程字段，需要按班级、课程分组。

选择查询 12，表名选择"学生,成绩"，单击"执行"按钮。在字段列表中选择字段名"班级"，单击"移进字段"按钮，将字段名"班级"送到输出内容列表框中。同样选择字段名"课号"到输出内容中。选择"分数"字段名，单击"加入求平均值字段"按钮，再单击"加入求最大值字段"按钮。选择字段名"班级"，单击"加入分组字段"按钮；选择字段名"课号"，单击"加入分组字段"按钮。运行界面如图 13.22 所示，单击"浏览查询结果"按钮，完成查询。

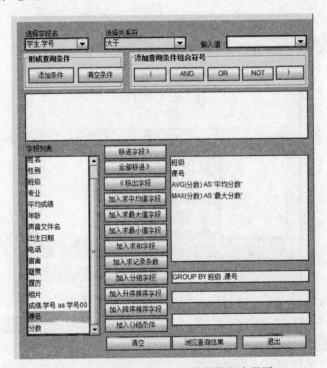

图 13.22　求输出分组统计数据的程序界面

（2）按班级和课程统计每班每门课最高分、平均分，输出最高分大于 90 的记录，按最高分从大到小排序。

选择查询 13，表名选择"学生,成绩"，单击"执行"按钮。运行程序后，选择允许分组、允许排序。在字段列表中选择字段名"班级"，单击"移进字段"按钮，将字段名"班级"送到输出内容列表框中。同样选择字段名"课号"到输出内容中。选择字段名"分数"，单击"加入求平均值字段"按钮，再单击"加入求最大值字段"按钮。选择字段名"班级"，单击"加入分组字段"按钮；选择字段名"课号"，单击"加入分组字段"按钮。选择"MAX(分数)"单击"加入排序字段"按钮，先单击"升序排序字段"按钮，再单击"降序排序字段"按钮。选择字段名"MAX(分数)"，单击"加入分组条件"按钮，运行界面如图 13.23 所示。在分组条件"HAVING MAX(分数)"后面补充">90"。单击"浏览查询结果"按钮，完成查询。

查询程序 14 也允许对多表进行可涉及聚集函数、分组统计、分组条件的查询，可以应用字典表实现字段名称的变换。

13.3.13　文本查询程序

在图书信息的内容摘要中查找哪些包含有"软件"，但不包含"数据库"；或者包含"数据库"同时包含"实验指导"的记录。

图 13.23　允许设置分组条件的查询

分析：条件可以分为包含有"软件"，但不包含"数据库"和包含"数据库"同时包含"实验指导"两部分，可以分别用括号括起来。文本检索一般不以"等于""大于"为查询条件，都以包含或不包含为查询条件，包含用 LIKE 作关系符，不包含用 NOT LIKE 作关系符，在写检索条件时前者直接写文字内容，后者写减号加文字内容。查询条件间一般用 AND 或 OR 连接，在文本检索中用空格表示 AND，用"|"表示 OR。因此，包含有"软件"，但不包含"数据库"可以表述为"软件-数据库"；包含"数据库"同时包含"实验指导"可以表述为"数据库 实验指导"。本题检索条件写为：(软件-数据库)|(数据库 实验指导)。

选择文本查询 15 或文本查询 16，表名选择"图书信息"，单击"执行"按钮。

在文本查询 15 运行界面中，字段名选择"内容摘要"，之后文本框中输入"(软件-数据库)|(数据库 实验指导)"，单击"文本检索"按钮，可见到检索结果，如果有多条记录满足检索条件，可以用"下一条"等按钮逐一查看检索到的数据。

文本查询 16 与文本查询 15 功能相同，可以应用字典表变换字段名称，窗口中还提供一个文本域，显示所生成的 SELECT 查询语句，可了解条件表达式与 SQL 语句间的关系。

13.3.14　纵向数据统计程序与 ABC 分类

（1）对工资表基本工资、津贴、三金扣款、应发工资、实发工资等各列求统计标准偏差。

选择"数据统计与处理"类"全表统计 1"程序，表名选择"工资"，"统计字段名集"选择：基本工资、津贴、三金扣款、应发工资、实发工资，“统计项目名”选择“求统计标准偏差”。

进入程序运行界面后，单击“统计”按钮，计算结果界面如图 13.24 所示。

部门号	员工号	发放年月	基本工资	津贴	三金扣款	应发工资	实发工资
01	001	1905-07-0...	1660.00	500.00	268.80	2160.00	1891.20
01	002	1905-07-0...	1560.00	380.00	300.50	1940.00	1639.50
01	003	1905-07-0...	1680.00	610.00	330.70	2290.00	1959.30
01	004	1905-07-0...	1730.00	680.00	380.30	2410.00	2029.20
02	005	1905-07-0...	1450.00	430.00	258.30	1880.00	1621.70
02	006	1905-07-0...	1850.00	710.00	480.30	2060.00	2079.70
02	007	1905-07-0...	1420.00	310.00	269.50	1730.00	1460.50
02	008	1905-07-0...	1520.00	380.00	263.80	1900.00	1636.20
			1726.1145...	555.28628...	349.72886...	2199.4252...	1926.7433...

统 计　　打印预览　　打 印　　导 出　　退 出

图 13.24　对工资表部分字段求统计标准偏差

应用本程序还可以对所选列求最大值、求最小值、求平均值、求记录条数、求和、求填充统计标准偏差、求统计方差、求填充统计方差。

对计算结果可以按 Java 表格格式打印。如果下载了 5 个开源软件包：iText-5.0.5.jar、jacob.jar、PDFBox-0.7.3.jar、poi-3.8-20120326.jar、poi-scratchpad-3.9-20121203.jar 并复制到本系统 p1 文件夹的 com 子文件夹中，可以将结果导出到 XML 文件、Excel 文件、Word 文件或 PDF 文件中。

（2）对工资表按部门分组求应发工资、实发工资的统计方差。

选择“数据统计与处理”类中“分组统计 2”程序，表名选“工资”；“统计字段名集”选择：“应发工资”“实发工资”；“分组字段名”选择“部门号”；“统计项目名”选择“求统计方差”。

进入程序运行界面后，单击“统计”按钮，每个部门数据下面有一行记录，其应发工资、实发工资两列数据显示分组统计方差。在全部记录后有一条记录显示全表数据的统计方差。计算结果可以打印，可以导出。

应用“纵向数据统计 4”也可以完成分组统计操作，在运行程序进入程序界面后，提供“求和”“求平均”“求最大”“求统计标准偏差”“ABC 分析”等按钮，可以现场切换求解各个统计项目。

（3）对仓库入库商品进行 ABC 分类，将占库存资金超过 70%的商品定为 A 类，超过 20%的商品定为 B 类，其他定为 C 类。

选择“数据统计与处理”类中“分组统计 2”程序，表名选择“出入库”；“统计字段名集”选择“金额”；“分组字段名”选商品编号；“统计项目名”选择“求 ABC 分类”；“分类比例”输入“70,20,10”。字段选择：序号、商品编号、入库单价、入库数量、金额。

进入程序运行界面后，显示当前表中数据情况。单击“统计”按钮，显示统计表与分类表，小计表中显示金额明细与按商品小计数据。分类表中显示每种商品库存金额小计值、记录条数、分类结果、金额小计占总库存金额比值、各商品记录条数占入库总记录条数的比值等，如图 13.25 所示。可发现某些商品（例如服务器、电脑）数量不多，但占库存金额比例高，如果能对这些商品库存数严格控制，可有效减少库存积压资金。对生成的分类表可以导出，如果预制了格式文件可以打印。

13.3.15　横向数据统计程序

（1）求每个学生的出生日期，要求用中文字符串形式表示，结果放到新生成记录"出生日期1"中。

选择"横向数据统计 3"程序，表名选择"学生"；"统计字段名集"选择"出生日期"；"结果字段名"中输入"出生日期1"；"统计项目名"选择"P24 变日期为数字年月日"，"关键字1"选择"学号"，要求字段选择：姓名、性别、班级、出生日期。单击"执行"按钮。

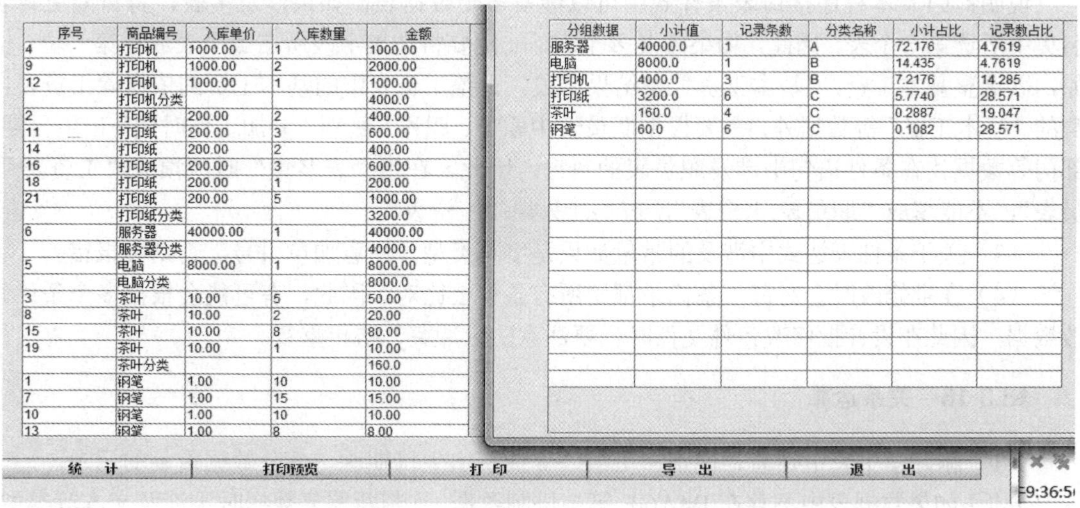

序号	商品编号	入库单价	入库数量	金额		分组数据	小计值	记录条数	分类名称	小计占比	记录数占比
4	打印机	1000.00	1	1000.00		服务器	40000.0	1	A	72.176	4.7619
9	打印机	1000.00	2	2000.00		电脑	8000.0	1	A	14.435	4.7619
12	打印机	1000.00	1	1000.00		打印机	4000.0	3	B	7.2176	14.285
	打印机分类			4000.0		打印纸	3200.0	6	C	5.7740	28.571
2	打印纸	200.00	2	400.00		茶叶	160.0	4	C	0.2887	19.047
11	打印纸	200.00	3	600.00		钢笔	60.0	6	C	0.1082	28.571
14	打印纸	200.00	2	400.00							
16	打印纸	200.00	3	600.00							
18	打印纸	200.00	1	200.00							
21	打印纸	200.00	5	1000.00							
	打印纸分类			3200.0							
6	服务器	40000.00	1	40000.00							
	服务器分类			40000.0							
5	电脑	8000.00	1	8000.00							
	电脑分类			8000.0							
3	茶叶	10.00	5	50.00							
8	茶叶	10.00	2	20.00							
15	茶叶	10.00	8	80.00							
19	茶叶	10.00	1	10.00							
	茶叶分类			160.0							
1	钢笔	1.00	10	10.00							
7	钢笔	1.00	15	15.00							
10	钢笔	1.00	10	10.00							
13	钢笔	1.00	8								

统　计	打印预览	打　印	导　出	退　出

图 13.25　入库数据明细、统计及 ABC 分类

进入程序运行界面后，单击"统计"按钮，可见到运行结果如图 13.26 所示。

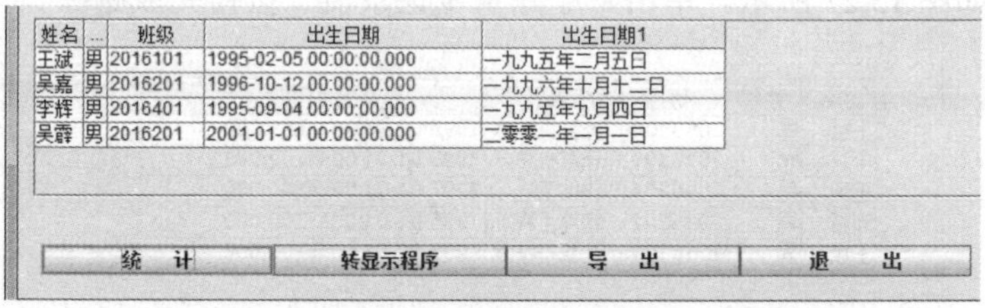

姓名		班级	出生日期	出生日期1
王斌	男	2016101	1995-02-05 00:00:00.000	一九九五年二月五日
吴嘉	男	2016201	1996-10-12 00:00:00.000	一九九六年十月十二日
李辉	男	2016401	1995-09-04 00:00:00.000	一九九五年九月四日
吴霖	男	2016201	2001-01-01 00:00:00.000	二零零一年一月一日

统　计	转显示程序	导　出	退　出

图 13.26　将日期变换为中文字符串

运行结果可以与数据处理 1 程序一样导出到 Office 文件或纯文本文件中。

（2）根据学生成绩划分为优、良、中、及格、不及格五等级。

分析："横向数据统计 3"程序中函数 P37 有根据"批修改条件文件"进行批修改的功能。要求预先建立批修改条件文件，其内容为若干行用中文句号分隔的字符串，句号前为条件表达式，句号后为修改结果字段数据值的表达式。

建立"批修改条件文件"，文件名"批修改条件文件.txt"，内容：

分数>=90。优

分数<90 and 分数>=80。良

分数<80 and 分数>=70。中

分数<70 and 分数>=60。及格

分数<60。不及格

选择"横向数据统计3"程序，表名集选择"成绩"；批修改文件输入"批修改条件文件"，"统计字段名集"保持空；"结果字段名"中输入"等级"；"统计项目名"选择"P37 按文件变换"。关键字等栏目均可为空。单击"执行"按钮。

进入程序运行界面后，单击"统计"按钮。提问是否更换成绩表，回答更换后可见到在成绩表中生成了新字段"等级"，并且根据分数情况填入了等级数据。

说明：（1）本程序接口表条件式中可以涉及多个数据表，如果涉及多表，将只能更新表名集中所选第一个表，因此，如果涉及多个表，一定要将结果字段所在那个表放在第一位。例如，欲调整基本工资，"基本工资"是结果字段。调整工资表中的基本工资的依据除工资表自身的"基本工资"等数据外，主要根据职员表中职务、职称、级别、参加工作时间、出生日期、部门等数据，在条件语句中涉及职员表的数据。因此，在填"表名集"时应填成"工资表,职员表"，不能填成"职员表,工资表"，也不能只填"工资表"。

（3）关于条件表达式中涉及的常量如果是字符类型，注意加单引号，否则会报错。

（4）在批修改时会对每一条记录都用所有条件去比对，因此，有可能会根据多个条件修改数据，因此在设计批修改条件文件时，要注意防止冲突、防止重复。

13.3.16 关系运算

（1）删除学生表中姓名、性别、班级、专业、出生日期这一部分数据重复的记录。

分析：如果数据表中不存在 IMAGE 等二进制数据，且判断重复数据时不涉及文本等类型，可以应用"删除重复记录5"程序完成删除部分数据重复的问题。

选择"删除重复记录5"，表名选择"学生"，选择字段：姓名、性别、班级、专业、出生日期。执行界面如图 13.27 所示。单击"删除重复记录值"按钮完成删除。

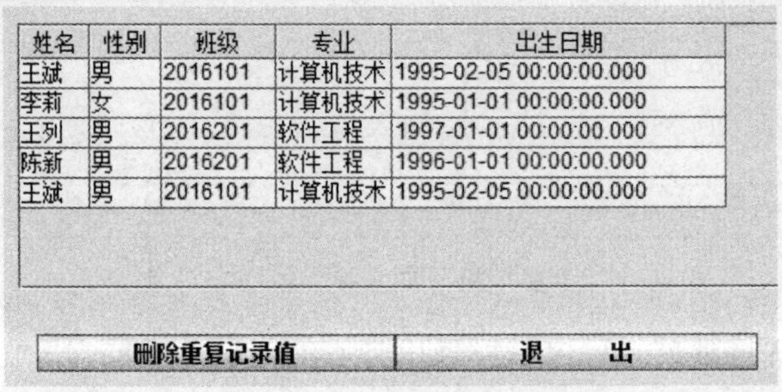

姓名	性别	班级	专业	出生日期
王斌	男	2016101	计算机技术	1995-02-05 00:00:00.000
李莉	女	2016101	计算机技术	1995-01-01 00:00:00.000
王列	男	2016201	软件工程	1997-01-01 00:00:00.000
陈新	男	2016201	软件工程	1996-01-01 00:00:00.000
王斌	男	2016101	计算机技术	1995-02-05 00:00:00.000

删除重复记录值	退　出

图 13.27　删除重复记录

（2）有成绩和成绩1两个表，结构完全相同，求所有成绩中有而成绩1中没有的记录。

选择"求关系差集6"，表名选择"成绩"，子表名选择"成绩1"；"要求字段号表"和"子表字段名表"均保持空。运行程序后单击"求表1减表2"按钮完成操作。

（3）有成绩和成绩1两个表，结构完全相同，求所有成绩中有成绩1中也有的记录。

选择"求关系交集8"，表名选择"成绩"，子表名选择"成绩1"；"要求字段号表"和"子表字段名表"均保持空。运行程序后单击"求表1减表2"按钮完成操作。

13.3.17 交叉表、表转置与生成统计图表

（1）已知有学生表、成绩表、课程表，显示成绩单。

在桌面系统中选择"单数据交叉表 10"程序，表名选择"学生,成绩,课程"，选择字段：姓名、课程名、分数。执行程序后界面如图 13.28 所示。

"行"选择"姓名"，"列"选择"课程名"，"交叉数据"选择"分数"，单击"生成交叉表"按钮，生成的交叉表情况如图 13.29 所示。

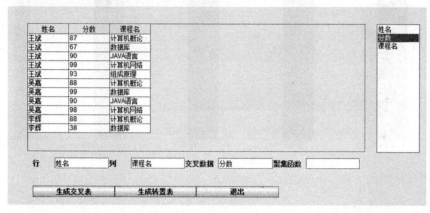

图 13.28 学生、成绩、课程三表连接后姓名、课程名、分数三字段数据

姓名	计算机概论	数据库	JAVA语言	计算机网络	组成原理
王斌	87	67	90	99	93
吴嘉	88	99	90	98	0
李辉	88	38	0	0	0

生成新表	导出到文件	显示统计图	退出

图 13.29 选择姓名、课程名、分数后生成的交叉表

由此可见，单数据交叉表是根据三列数据得到，如果每位学生每门课一个分数，则选为"行"的字段分组后为交叉表中第一列数据，构成每一行的标题。选为"列"的字段分组后为交叉表中第一行数据，构成每一列的标题。选为"交叉数据"的第 3 个字段的数据根据它相关的"行"组、"列"组放到交叉点上。如果每行每列对应的第三字段数据不唯一，可以选择聚集函数，可以求和或求条数。

生成交叉表后，可以单击"生成新表"按钮，回答新表的名字，例如"交叉表"，将在当前数据库中看到该表。

如果用鼠标单击表格中某一行，例如第 2 行，单击"显示统计图"按钮，弹出对话框："请输入选择序号：1.显示单柱面统计图；2.显示多柱面统计图；3.显示饼形统计图；4.显示折线图"，如果选择 1，会以柱面图形式表现吴嘉各门课程成绩的高低情况；如果选择 3，会用圆饼图比较他各科成绩情况；如果选择 4，会用折线图比较他各科成绩情况。

生成交叉表后，如果不单击任何一行，单击"显示统计图"按钮后在弹出的对话框中选择 2，将显示多柱面统计图，可以很直观地表现每门课各人成绩情况，如图 13.30 所示。

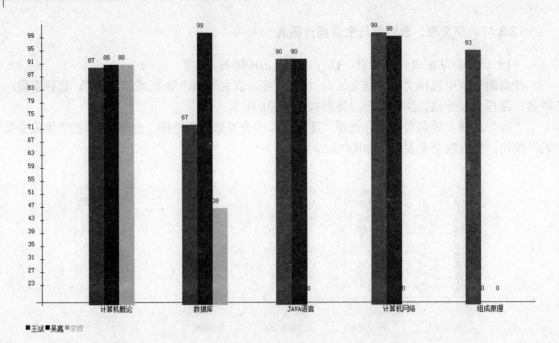

图 13.30　多柱面统计图

（2）求图 13.28 的转置表。

选择"单数据交叉表 10"程序，表名选上题生成的"交叉表"，显示类似于图 13.28 所示的表格后，单击"生成转置表"按钮。

所生成的转置表如图 13.31 所示。

姓名	王斌	吴嘉	李辉
计算机概论	87	88	88
数据库	67	99	38
JAVA语言	90	90	0
计算机网络	99	98	0
组成原理	93	0	0

生成新表	导出到文件	显示统计图	退出

图 13.31　由图 13.28 交叉表生成的行、列转置表

可见，本系统中所谓转置表是以表格对角线为轴转换得到的表。

（3）已知有学生表、成绩表、课程表，每个学生属于一个班，每个班有许多学生，求显示包含班级信息的成绩单。

在桌面系统中选择"多数据交叉表 11"程序，表名选择"学生,成绩,课程"，选择字段：班级、姓名、课程名、分数。执行程序后界面如图 13.32 所示。

"行"选择"班级,姓名"，"列"选择"课程名"，"交叉数据"选择"分数"，单击"生成交叉表"按钮，生成的交叉表情况如图 13.33 所示。

图 13.32　学生、成绩、课程三表连接后班级、姓名、课程名、分数四字段数据

班级	姓名	JAVA语言	数据库	组成原理	计算机概论	计算机网络
2016101	李辉		38		88	
2016101	王斌	90	67	93	87	99
2016201	吴嘉	90	99		88	98

图 13.33　多数据交叉表

13.3.18　数据导出到纯文本文件

（1）求连接学生表、成绩表、课程表后将学号、姓名、性别、班级、专业、课程名、分数等字段数据导出到文件"学生 0.txt"中，每条记录占一行，要求所有数据数字类型以实际值存放，非数字类型数据按内容实际宽度存放，其两边加双引号。该文件中原来如果已经有内容，需要保持，新内容在后面添加。

选择"添加式导出到纯文本文件 2"，表名选择"学生、成绩、课程"，字段选择：学生、学号、姓名、性别、班级、专业、课程名、分数。"导出文件名"输入框中输入"学生 0.txt"，单击"执行"按钮后，在程序运行界面中显示了连接后的数据情况。单击"紧凑格式导出"按钮完成导出。

注意：导出到文件中的数据可以来自多表，但是导入时只能导入到一个表中。

（2）求将学生表全部数据导入到 Ckgl 数据库中生成"学生 1"数据表。

分析：导出到纯文本文件部件实际包括导出到其他数据表的功能，如果原来存在目标表，则可以用覆盖式、添加式、修改式等方式导出。如果是导出到本机 SQL Server 系统的表中，可以实现所有类型字段数据（包括文本类型与图像类型）的导入导出。

选择"覆盖式导出到纯文本文件 1"，"导出表名"输入"Ckgl.dbo.学生 1"，表名选择"学生"，不选字段表示全部字段。单击"执行"按钮后，在程序运行界面中显示了数据情况。单击导出"到数据库表"按钮完成导出。在 Ckgl 数据库中新增加了"学生 1"数据表。

说明：如果导出目标不是当前系统中的数据表，需要输入：DBMS 名称和 ODBC 数据源名称，DBMS 名称例如 oracle、Mysql、access、JavaDB、DB2、Sybase；如果在本地，ODBC 数据源名称仍用 sql1。如果是本地本系统，DBMS 名称：sqlserver 和 ODBC 数据源名称 sql1

可以不输入，如果输入，必须按此格式，"sqlserver"全小写，中间无空格。

如果是本地本系统的非当前数据库，要如本例输入数据库名、加点、加"dbo"，加点后跟新表名。

（3）求将学生表中除图片字段外其他字段数据导出到文件"学生 0.txt"中，要求以后可以将包括文本类型字段的全部数据导入到相同结构表中。

分析：应用"导出到纯文本文件 1"程序中"自定义格式导出"功能可以将除图像类外数据导出到纯文本文件中，且能应用本系统导入到纯文本文件程序，将数据导入到同结构数据表中。

选择"覆盖式导出到纯文本文件 1"，表名选择"学生"，字段选择除图像类型外全部字段。"导出文件名"输入框中输入"学生 0.txt"，单击"执行"按钮。

单击"自定义格式导出"按钮，考虑到一般符号可能都会在文本类型字段中出现，为避免冲突、误判，采用 3 个中文句号（。。。）作分隔符。

本程序导出时自动在每条记录后面加上"】【"和回车符作为换行标志。

13.3.19　数据导出到 Office 文件

（1）求连接学生表、成绩表、课程表后将学号、姓名、性别、班级、专业、课程名、分数等字段数据导出到文件"学生 0.doc"中。

选择"添加式导出到 Office 文件 5"，表名选择"学生,成绩,课程"，字段选择：学号、姓名、性别、班级、专业、课程名、分数。"导出文件名"输入框中输入"学生 0.doc"，单击"执行"按钮。

单击"添加式导出到 Word 文件"按钮完成导出，在"学生 0.doc"生成一个表格，其中存放的是新导出的数据。

注意：不能导出图像类数据。

如果在目录 P1 下面的 COM 文件夹中无 iText-5.0.5.jar、jacob.jar、PDFBox-0.7.3.jar、poi-3.8-20120326.jar、poi-scratchpad-3.9-20121203.jar 等文件，将报错，并要求将这些文件存放到 P1 下面的 COM 文件夹中。

（2）求将学生表中学号、姓名、性别、班级、专业等字段数据导出到"学生 0.pdf"中。

选择"覆盖式导出到 Office 文件 4"，表名选择"学生"，字段选择：学号、姓名、性别、班级、专业。"导出文件名"输入框中输入"学生 0.pdf"，单击"执行"按钮。

单击"覆盖式导出到 Pdf 文件"按钮完成导出，生成了"学生 0. pdf"文件，其中生成了一个表格，存放的是新导出的数据。

（3）求将学生表中除图片字段外其他字段数据导出到文件"学生 0.xls"中，要求以后可以将包括文本类型字段的全部数据导入到相同结构数据表中。

分析：应用"导出到 Office 文件 4"程序中"导出到 Excel 文件"功能可以将除图像类外数据导出到 Excel 文件中，并能应用覆盖式导入到 Office 文件 10 将全部数据导入到同结构数据表中。

选择"覆盖式导出到 Office 文件 4"，表名选择"学生"，字段选择除图像类型外全部字段。"导出文件名"输入框中输入"学生 0.xls"，单击"执行"按钮。

单击"覆盖式导出到 Excel 文件"按钮，完成导出。

13.3.20　从纯文本文件导入数据

（1）求将 13.3.18 中第 1 题生成的"学生 0.txt"中数据导入到与学生表同结构的"学生 0"中，要求文本类型字段也能正确导入。

分析：应用"从纯文本文件覆盖式导入 7"程序中"自定义格式导入"功能可以将除图像类外纯文本文件中数据导入到数据表中，数据表中原有记录将被删除，能正确导入文本类型数据。

选择"从纯文本文件覆盖式导入 7"，表名选择"学生 0"，字段选择除图像类型外全部字段。"导入文件名"输入框中输入"学生 0.txt"，单击"执行"按钮。

单击"自定义格式导出"按钮，输入 3 个中文句号（。。。）作分隔符。查看"学生 0"可见已经成功导入，文本类型数据也被正确导入。

（2）从学生表中将非图像类型字段数据导入到当前数据库"学生 0"中。要求：关键字相同的记录，用"学生"表中数据修改。"学生"表中没有，"学生 0"表中有的数据保持不变。

选择"修改式从纯文本文件导入 3"，源表名选择"学生"，表名选"学生 0"，字段选择除图像类型外全部字段。"关键字"中选择"学号"，单击"执行"按钮。

单击"从数据表导入"按钮，完成导入。

13.3.21　从 Office 文件导入数据

（1）预先建立数据表"临时"（学号，姓名，性别，班级，专业，课程名，分数），求将文件"学生 0.doc"的表格中数据导入到临时表中。

选择"从 Office 文件覆盖式导入 10"，表名选择"临时"，"导入文件名"输入框中输入"学生 0.doc"，单击"执行"按钮。

单击"覆盖式从 Word 文件导入"按钮完成导入。

注意：不能导入图像类数据。

如果在目录 P1 下面的 COM 文件夹中无 iText-5.0.5.jar、jacob.jar、PDFBox-0.7.3.jar、poi-3.8-20120326.jar、poi-scratchpad-3.9-20121203.jar 等文件，将报错，并要求将这些文件存放到 P1 下面的 COM 文件夹中。

（2）求从"学生 0.pdf"将数据导入到"学生 0"表中。

选择"从 Office 文件覆盖式导入 10"，表名选择"学生 0"，"导入文件名"输入框中输入"学生 0.pdf"，单击"执行"按钮。

单击"覆盖式从 PDF 文件导入"按钮完成导入。

注意：只有从应用本系统导出到 Office 程序生成的 pdf 文件才能导入。

（3）求从"学生 0.xls"中导入数据到"学生 0"表中数据尾部。

"从 Office 文件添加式导入 11"，表名选择"学生 0"，"导入文件名"中输入"学生 0.xls"，"执行"。

单击"添加式从 Excel 文件导入"按钮完成导入。

13.3.22　生成表格格式文件及打印与打印预览

（1）求连接学生表、成绩表、课程表，打印学号、姓名、性别、班级、专业、课名、分数等内容。

分析：如果需要打印报表，需要先建立打印格式文件。在一些查询、统计部件程序中也附带有打印程序，许多也要求先建立格式文件。

选择"生成打印格式文件"→"表格式格式生成 1"，在"表名集"一栏中依次选择：学生表、成绩表、课程表，单击"执行"按钮。该格式生成界面分为 5 个页面，依次是标题、表头、表体、表尾、页尾。存盘按钮设在标题页。在标题页可以设计标题、单位、制作人姓名、日期等数据。在某些查询、统计程序里可以调用本程序生成的格式文件打印报表，其中可以提供变量值，在标题页可以定义变量名。但我们设计时主要是定义标题。

在"文件名"中输入格式文件名，例如"学生成绩格式文件.txt"。在"内容"中输入"学生成绩明细表"，宽度：7，高度：1，左边距：80，到顶距：5，都以字符个数为单位。字体：黑体，字号：36。单击"添加到表格中"按钮，可以继续输入其他内容。完毕后，单击"辅助计算"按钮，将字符个数为单位变换为以像素点为单位。

在表头页定义表的表头，即每一列的标题，单击"标签名称"，选择"学生.学号"，单击"添加到表格中"按钮。同样选择其他字段，依次添加到表格中。如果需要变换标签名，可以变换，变换后宽度数据应当随之自动变换。如果直接在表格中修改标签名，需要手工设置宽度。完毕后单击"辅助计算"按钮。

在表体页，定义每一列字段名称，与表头页同样操作。字段名称不能随意变换，只能选择输入。

表尾与页尾操作与标题页相同。完毕后回到标题页，单击"表格内容存盘"按钮。如果需要，可以再调用该程序，当在文件名框选择本格式文件名时，会调出原设定数据，可以进行修改后存盘。

（2）根据"学生成绩格式文件.txt"打印预览和打印。

选择"打印预览与打印"→"打印预览表格式报表 1"，在"表名集"一栏中依次选择：学生表、成绩表、课程表。"打印格式文件名"一栏中输入"学生成绩格式文件.txt"，单击"执行"按钮可预览报表内容，如果不满意，可以修改格式文件。

选择"打印预览与打印"→"打印表格报表 7"，在"表名集"一栏中依次选择：学生表、成绩表、课程表。"打印格式文件名"一栏中输入"学生成绩格式文件.txt"，单击"执行"按钮，进入打印设置页，设置打印特性之后打印报表。

（3）求连接学生表、成绩表、课程表，打印学号、姓名、班级、平均成绩、年龄、课名、分数等内容。要求按班级分组，每组末打印该组成绩总分，在全表末打印总成绩。

选择"生成打印格式文件"→"带分组统计格式生成 2"，在"表名集"一栏中依次选择：学生表、成绩表、课程表。单击"执行"。

在"文件名"中输入格式文件名"按班级分组格式文件.txt"。在"内容"中输入"学生成绩分组统计表"，宽度：9，高度：1，左边距：80，到顶距：5，字体：黑体，字号：36。单击"添加到表格中"。单击"辅助计算"按钮，将字符个数为单位变换为以象素点为单位。

在表头页，单击"标签名称"，选择"学生.学号"，单击"添加到表格中"按钮。同样选择姓名、班级、平均成绩、年龄、课名、分数等字段，依次添加到表格中。完毕后单击"辅助计算"按钮。

在表体页，与表头页同样操作，将学生.学号、姓名、班级、平均成绩、年龄、课名、分数等字段依次添加到表格中。再输入"分组字段"：班级，"统计字段"：分数，"统计函数"从列表框中选择“求和”（其他可选项还有：最大、最小、平均、记录数）。“是否加总计”：加，意思是除每组末有统计数据外，全表末也要加统计值。完毕后单击“辅助计算”按钮。

回到标题页，单击“表格内容存盘”按钮。生成格式文件情况如图 13.34 所示。

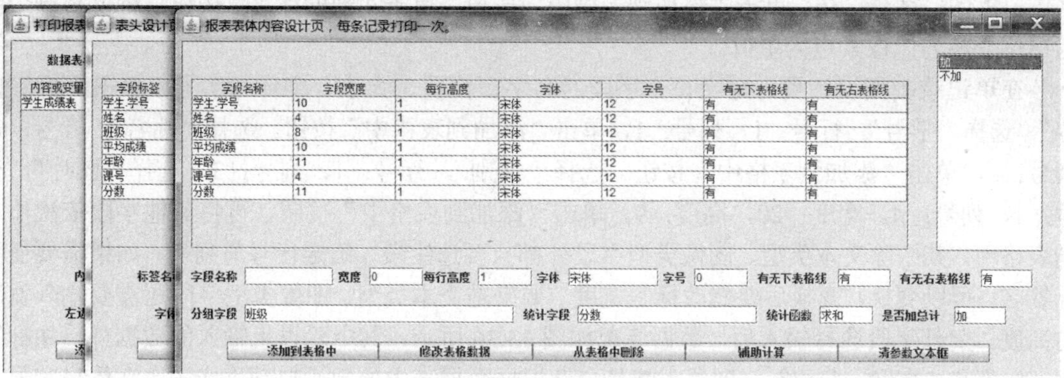

图 13.34　生成分组统计表格式文件

（4）根据“按班级分组格式文件.txt”打印预览分组统计表。

选择“打印预览与打印”→“打印预览统计报表 5”，在“表名集”一栏中依次选择：学生表、成绩表、课程表。在“打印格式文件名”一栏输入“按班级分组格式文件.txt”，单击“执行”按钮，报表内容预览如图 13.35 所示。

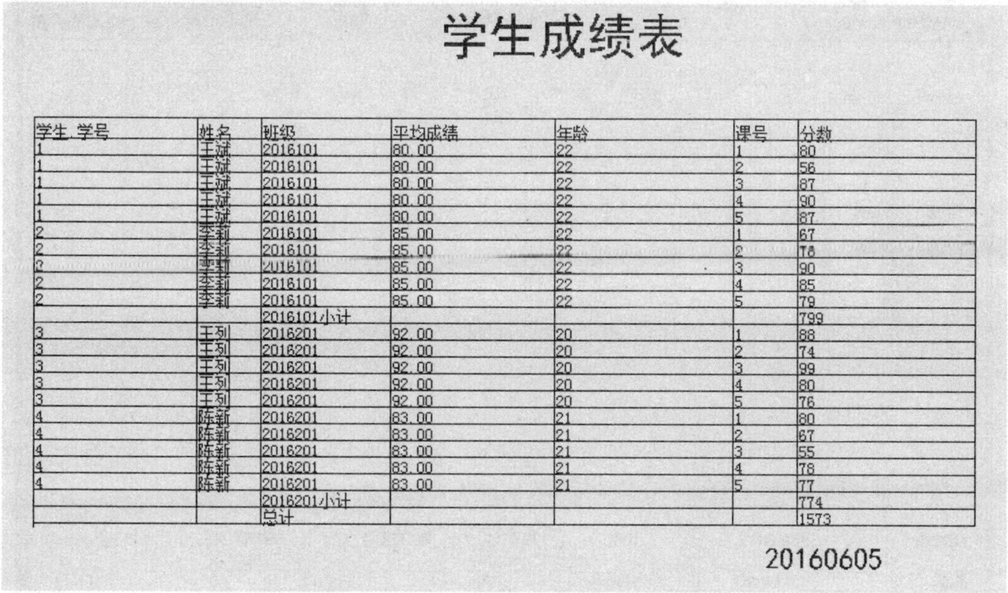

学生成绩表

学生.学号	姓名	班级	平均成绩	年龄	课号	分数
1	王斌	2016101	80.00	22	1	80
1	王斌	2016101	80.00	22	2	56
1	王斌	2016101	80.00	22	3	87
1	王斌	2016101	80.00	22	4	90
1	王斌	2016101	80.00	22	5	87
2	李莉	2016101	85.00	22	1	67
2	李莉	2016101	85.00	22	2	78
2	李莉	2016101	85.00	22	3	90
2	李莉	2016101	85.00	22	4	85
2	李莉	2016101	85.00	22	5	79
		2016101小计				799
3	王列	2016201	92.00	20	1	88
3	王列	2016201	92.00	20	2	74
3	王列	2016201	92.00	20	3	99
3	王列	2016201	92.00	20	4	80
3	王列	2016201	92.00	20	5	76
4	陈新	2016201	83.00	21	1	80
4	陈新	2016201	83.00	21	2	67
4	陈新	2016201	83.00	21	3	55
4	陈新	2016201	83.00	21	4	78
4	陈新	2016201	83.00	21	5	77
		2016201小计				774
		总计				1573

20160605

图 13.35　预览按班级分组成绩统计报表

13.3.23　生成表单式格式文件及打印与打印预览

（1）求打印学生基本情况报表，包括有文本、图形等类型全部字段。

选择“生成打印格式文件”→“单记录式格式生成 5”，在“表名集”一栏中选择“学生”

表；"打印格式文件名"中输入"学生基本情况报表.txt"，单击"执行"按钮。该格式生成界面分为 3 个页面，依次是标题页、单记录数据设计页、表尾页。存盘按钮设在标题页。在标题页"内容"一栏中输入"学生基本情况报表"，宽度：8，高度：1，左边距：10，到顶距：2，字体：黑体，字号：36。单击"添加到表格中"按钮。单击"辅助计算"按钮，将以字符个数为单位变换为以像素点为单位。

在单记录数据设计页，定义每个字段的名字、位置、大小、字体与字号。单击"标签内容"，选择"学号"，行号：1，列号：1，单击"添加到表格中"按钮。选择"姓名"，行号：1，列号：2，单击"添加到表格中"按钮。选择"性别"，行号：1，列号：3。选择"图片"，行号：1，列号：4，宽度：20，高度：9，单击"添加到表格中"按钮。再将其他字段依次添加到表格中，其中除文本类型、图像类型字段外都只要选字段，确定行号与列号，如果需要变换标签名，可以变换，变换后要修改标签宽度。如果是文本类型、图像类型字段还需要输入宽度与高度。全部字段选择输入后，数据情况如图 13.36 所示，其中除以上输入的数据外，如标签宽、字段宽、高度、左边距、到顶距都是自动根据数据表中的定义自动生成的，字体与字号是默认值，可以修改。全部输入后，单击"辅助计算"按钮，计算后的数据如图 13.37 所示。其中，第一列标签宽度统一为第一列的最大宽度。除文本类型、图像类型字段外每一行统一成相同宽度。其中，履历高度 72，到顶距 144，合计为 72+144=216，而图片底边应当与履历底边有相同的到顶距，但是，目前其到顶距为 0，高度为 192，显然不够整齐，可以手工在表格中修改，将 192 改为 216。

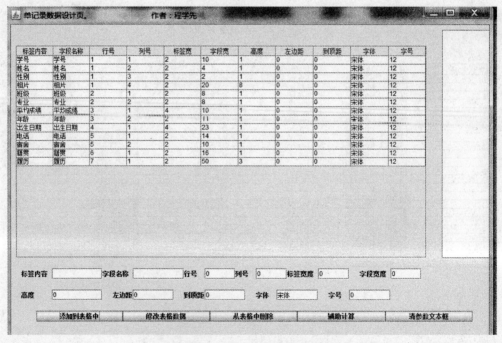

标签内容	字段名称	行号	列号	标签宽	字段宽	高度	左边距	到顶距	字体	字号
学号	学号	1	1	2	10	1	0	0	宋体	12
姓名	姓名	1	2	2	4	1	0	0	宋体	12
性别	性别	1	3	2	2	1	0	0	宋体	12
相片	相片	1	4	2	20	8	0	0	宋体	12
班级	班级	2	1	2	8	1	0	0	宋体	12
专业	专业	2	2	2	8	1	0	0	宋体	12
平均成绩	平均成绩	3	1	4	10	1	0	0	宋体	12
年龄	年龄	3	2	2	11	1	0	0	宋体	12
出生日期	出生日期	4	1	4	23	1	0	0	宋体	12
电话	电话	5	1	2	14	1	0	0	宋体	12
籍贯	籍贯	5	2	2	10	1	0	0	宋体	12
籍贯	籍贯	6	1	2	16	1	0	0	宋体	12
履历	履历	7	1	2	50	3	0	0	宋体	12

标签内容 [　　　] 字段名称 [　　　] 行号 [0] 列号 [0] 标签宽度 [0] 字段宽度 [0]

高度 [0] 左边距 [0] 到顶距 [0] 字体 [宋体] 字号 [0]

添加到表格中	修改表格数据	从表格中删除	辅助计算	清参数文本框

图 13.36 设计单记录打印格式

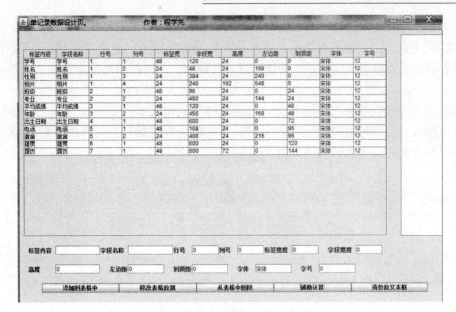

标签内容	字段名称	行号	列号	标签宽	字段宽	高度	左边距	到顶距	字体	字号
学号	学号	1	1	48	120	24	0	0	宋体	12
姓名	姓名	1	2	24	48	24	168	0	宋体	12
性别	性别	1	3	24	384	24	240	0	宋体	12
相片	相片	1	4	24	240	192	648	0	宋体	12
班级	班级	2	1	48	96	24	0	24	宋体	12
专业	专业	2	2	24	480	24	144	0	宋体	12
平均成绩	平均成绩	3	1	48	120	24	0	48	宋体	12
年龄	年龄	3	2	24	456	24	168	48	宋体	12
出生日期	出生日期	4	1	48	600	24	0	72	宋体	12
电话	电话	5	1	48	168	24	0	96	宋体	12
寝舍	寝舍	5	2	24	408	24	216	96	宋体	12
籍贯	籍贯	6	1	48	600	24	0	120	宋体	12
履历	履历	7	1	48	600	72	0	144	宋体	12

图 13.37　以像素点数为单位的格式定义

全部设计完成后回到第一页，单击"表格内容存盘"按钮，格式文件成功生成。

（2）根据格式文件"学生基本情况报表"打印预览报表。

选择"打印预览与打印"→"打印预览单记录报表 2"，在表名集一栏中选择学生表。"打印格式文件名"一栏输入"学生基本情况报表.txt"，单击"执行"按钮。在预览页面上显示学生表数据情况，单击第 1 条记录，再单击"当前记录预览"按钮，所见到图形如图 13.38 所示。

可以重进入打印格式生成程序，修改有关数据到满意为止。

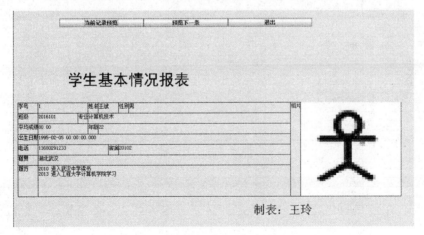

图 13.38　单记录格式报表预览

13.3.24　生成标签格式文件及打印与打印预览

（1）求打印工资条，每页分三行，每行打印 5 个工资条，共计每页打印 15 个工具条。

1）首先制作打印格式文件，选择"生成打印格式文件"→"表格式标签格式生成 6"，在表名集一栏中选择工资表；"打印格式文件名"输入框中输入"工资条格式文件.txt"，单击"执行"按钮。该格式生成界面第一页定义每个字段数据，第二页定义复制标签的参数。在第一页输入打印格式文件名"工资条格式文件.txt"。单击"标签内容"，选择"部门号"，将字号改为14，单击"添加到表格中"按钮。以下依次选择其他字段，同样添加到表格中，单击"辅助计算"按钮。

在第二页"每行模块数"中输入 5，"行间间隔"中输入 2，"每列模块数"中输入 3，"列间间隔"中输入 2。"横向或纵向"设为横向，"每块是否包括列名"选择"是"，如图 13.39 所示。添加到表格中，单击"存入文件"按钮。

图 13.39　设置标签分布参数

2）打印预览与打印工资条。

选择"打印预览与打印"→"打印预览表格式标签表 3"，在"表名集"一栏中选择工资表。"打印格式文件名"一栏输入"工资条格式文件.txt"，单击"执行"按钮。在预览页面上显示工资表数据情况，单击第 1 条记录，再单击"依次打印记录"按钮，所见到图形如图 13.40 所示。每人一个工资条。目前，表中只有 8 条记录，有 7 个空白表。

部门号	01	部门号	01	部门号	01	部门号	01	部门号	02
员工号	001	员工号	002	员工号	003	员工号	004	员工号	005
发放年月	1905-07-08 00:00:00.000	发放年月	1905-07-08 00:00:00.000	发放年月	1905-07-08 00:00:00.000	发放年月	1905-07-08 00:00:00.000	发放年月	1905-07-08 00:00:00.000
基本工资	1660.00	基本工资	1560.00	基本工资	1680.00	基本工资	1790.00	基本工资	1450.00
津贴	600.00	津贴	380.00	津贴	610.00	津贴	680.00	津贴	430.00
三金扣款	268.80	三金扣款	330.50	三金扣款	330.70	三金扣款	380.30	三金扣款	258.30
应发工资	2160.00	应发工资	1940.00	应发工资	2290.00	应发工资	2410.00	应发工资	1880.00
实发工资	1891.20	实发工资	1639.50	实发工资	1959.30	实发工资	2029.20	实发工资	1621.70
部门号	02	部门号	02	部门号	02	部门号		部门号	
员工号	006	员工号	007	员工号	008	员工号		员工号	
发放年月	1905-07-08 00:00:00.000	发放年月	1905-07-08 00:00:00.000	发放年月	1905-07-08 00:00:00.000	发放年月		发放年月	
基本工资	1850.00	基本工资	1420.00	基本工资	1520.00	基本工资		基本工资	
津贴	710.00	津贴	310.00	津贴	380.00	津贴		津贴	
三金扣款	480.30	三金扣款	269.50	三金扣款	263.80	三金扣款		三金扣款	
应发工资	2060.00	应发工资	1730.00	应发工资	1900.00	应发工资		应发工资	
实发工资	2079.70	实发工资	1460.50	实发工资	1636.20	实发工资		实发工资	
部门号		部门号		部门号		部门号		部门号	
员工号		员工号		员工号		员工号		员工号	
发放年月		发放年月		发放年月		发放年月		发放年月	
基本工资		基本工资		基本工资		基本工资		基本工资	
津贴		津贴		津贴		津贴		津贴	
三金扣款		三金扣款		三金扣款		三金扣款		三金扣款	
应发工资		应发工资		应发工资		应发工资		应发工资	
实发工资		实发工资		实发工资		实发工资		实发工资	

图 13.40　打印工资条

执行"打印表格式标签表9"可以打印工资条。

（2）求打印学生卡片，每页分三行，每行打印两个学生卡片，共计每页打印 6 张卡片。每张卡片包括学生学号、姓名、性别、班级、专业、出生日期、图片。

1）制作打印格式文件，选择"生成打印格式文件"→"单记录式标签格式生成 7"，在"表名集"一栏中选择学生表。单击"执行"按钮。在第一页输入打印格式文件名"单记录标签格式文件.txt"。单击"标签内容",选择"学号",行号:1,列号:1,单击"添加到表格中"按钮。选择"图片",行号:1,列号:2,宽度:20,高度6,单击"添加到表格中"按钮。选择"姓名",行号:2,列号:1,单击"添加到表格中"按钮。选择"性别",行号:3,列号:1,单击"添加到表格中"按钮。以下依次将班级、专业、出生日期安排在第4、5、6行的第1列,单击"辅助计算"按钮。

每横行模块数:2,每竖行模块数:3,单击"存入文件"按钮。

每横行模块数:2,列模块间距:5,每竖行模块数:3,行模块间距:5。单击"保存到文件"按钮。

2)打印预览。

选择"打印预览与打印"→"打印预览单记录式标签表 4",在"表名集"一栏中选择学生表。"打印格式文件名"一栏输入"单记录标签格式文件.txt",单击"执行"按钮。在预览页面上显示学生表数据情况,单击第 1 条记录,再单击"顺次预览"按钮,所见到图形如图13.41 所示。

图 13.41　打印学生卡片

13.3.25　生成带统计图报表格式文件及打印与打印预览

选择"生成打印格式文件"→"统计图标格式生成 4",界面如图 13.42 所示。

首先选择保存格式文件的文件名,如果是已经存在的格式文件,将用其中数据填充各文本框,可以修改后再存盘。需要填充的内容分为两部分,一部分关于表格:标题及其字体与字号、表格数据的字体与字号、表格涉及的字段名与宽度。字段名从列表框中选取,程序在选后根据字段名宽度与数据宽度选择较大者乘字号系数后填入宽度文本框,可以手工再修改。字段名之间以及宽度数据之间用逗号分隔。第二部分关于统计图,包括统计图标题、字体与字号。图形数据字段名的数据用于绘制柱面或圆饼的大小,为纵坐标所表现。纵坐标按数据最大与最小的差值根据纵坐标轴长短等分并标注。图形分组字段名为横坐标标称内容,图形可分成两类,一类用柱面或饼图显示每一分组字段内容的数据大小,另一类在大类中还可再分小类,例如显示小计与明细两种数据。图形关键字段名填入的字段表示小类的数据。对于前一类图无需填写

"图形关键字段名"，保持内容为空。图形类型分为三种：按记录明细、分组求和小计及分组求平均。统计函数包括：明细、明细带小计、小计、明细带平均、平均等。图形宽度与高度根据表格宽度与高度自动计算后填入一个参考值，可以修改。填写完毕，单击"格式内容存盘"按钮，之后单击"打印预览与打印"按钮，进入预览程序，在预览界面设有"打印"按钮，可转入打印。图 13.43 为打印预览界面。

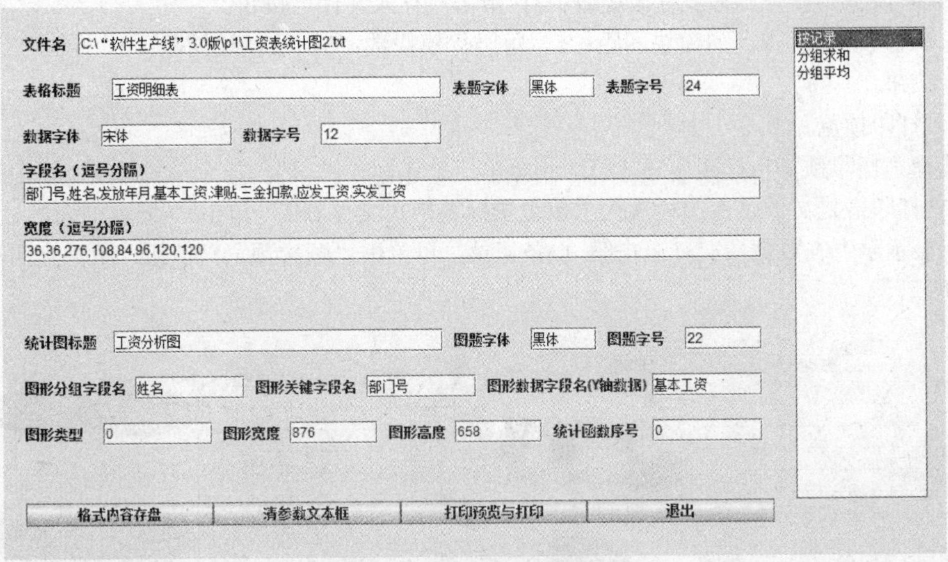

图 13.42 生成图表打印格式文件

工资明细表

部门号	姓名	发放年月	基本工资	津贴	三金扣款	应发工资	实发工资
01	王平	1905-07-08 00:00:00.000	800.00	500.00	268.80	1500.00	1391.20
01	李莉	1905-07-08 00:00:00.000	1200.00	580.00	300.50	1940.00	1809.50
01	陈欣	1905-07-08 00:00:00.000	1680.00	610.00	330.10	2250.00	1969.90
01	吴嘉	1905-07-08 00:00:00.000	1730.00	680.00	380.30	2410.00	2029.20
02	于辉	1905-07-08 00:00:00.000	1450.00	430.00	258.30	1880.00	1621.70
02	蒋来	1905-07-08 00:00:00.000	1850.00	710.00	480.30	2060.00	2079.70
02	孙小	1905-07-08 00:00:00.000	1420.00	310.00	269.50	1730.00	1460.50
02	方如	1905-07-08 00:00:00.000	1520.00	380.00	263.80	1900.00	1636.20

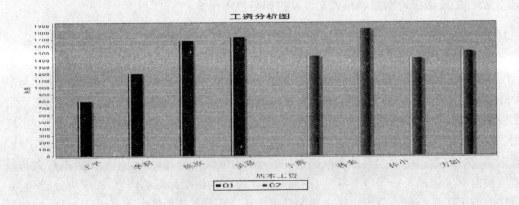

图 13.43 工资统计图表预览界面

本程序需要用到 Java 平台上的开放的图表绘制类库 jfreechart-1.0.13.jar、jcommon-1.0.16.jar，需要从网上下载并复制到 P1 目录中 COM 文件夹内。

13.4 实验练习

本实验要求建立如下表格并预录入数据。

商品（商品代码，商品名称，类别，型号，规格，生产厂，出厂时间，单价，商品简介，商品图片）。其中商品简介数据类型为 TEXT，图片为 IMAGE 类型。

商品 1（Productcode,Commodity,Category,Model,Specification,Productionplant, Factorytime, Unitprice）。

商品 1 字典表（字段名，中文标签名）。

Category 代码表（Category，Category 代码）。

类别代码表（类别，类别代码）。

销售表（商品代码，时间，员工号，柜台名称，数量，售价，金额，折扣率）。

柜台（柜台号，柜台名称，柜长，商品名称）。

部门表（部门号，部门名，电话）。

工资表（（序号，工号，部门号，姓名，固资，岗补，粮贴，补贴，补发，房租，扣税，水费，电费，公积金，应发，共扣，实发））。

职员表（员工号，商品名称，类别，出生日期，手机号码，工龄，部门号，备注）。

（1）求对商品表全表进行表格式数据录入。

（2）求选择商品代码，商品名称，类别，型号，规格，生产厂，单价对商品表进行表格式数据录入。

（3）求利用表单数据维护部件向商品表录入数据。

（4）求选择商品代码、商品名称、类别、型号、规格、生产厂、单价、商品简介对商品表进行数据维护，要求能完整显示文本数据类型字段"商品简介"的数据。

（5）求选择商品代码、商品名称、类别、型号、规格、生产厂、单价、商品简介对商品表进行数据修改，要求能完整显示文本数据类型字段"商品简介"的数据。

（6）求利用表单数据维护部件向商品 1 录入数据。要求用中文显示字段名，类别字段的数据要求按代码表内容输入。要求有录入、清空屏幕、退出等功能。

（7）求修改数据表商品的数据。要求包括学号、商品名称、图片等字段。

（8）求修改数据表商品的数据。要求包括商品代码、商品名称、型号、规格、图片等字段。

（9）求提供修改商品表数据的程序，要求控制单价在 0 到 2000 之间。

（10）说明本系统实施安全性控制的方法。如果要求控制对销售表数据操作的权限：User1 可对表进行所有维护操作，User2 只能录入与查看销售表数据，User3 可修改或删除表中数据，User4 对所有数据只能看，不能录入不能修改或删除，应当如何操作？

（11）求向商品表录入数据的表单，要求用可视化方式设计界面，要求变换按钮标签。

（12）在录入销售表数据时，要求输入的商品代码数据必须在商品表中存在。如果删除商品表中一个商品的数据，必须删除他有关的销售表记录。

（13）求在表单式数据维护 9 中控制对销售表数据操作的权限，User1 可对表进行所有维护操作，User2 只能录入与查看销售表数据，User3 可修改或删除表中数据，User4 对所有数据只能看，不能录入不能修改或删除。

（14）求在商品管理系统中，查找有销售数量大于某个值的商品的有关数据。

（15）求在商品管理系统中，查找有销售数量大于某个值，同时，生产厂名中包含某个值的商品的有关数据。

（16）求在商品管理系统中组织单条件查询，要求在查询操作中由用户选择字段、选择关系符，输入查询内容之后显示查询结果。要求用户选择字段和关系符的操作要准确快捷。

（17）求在商品管理系统中针对商品表与销售表组织两条件查询，要求在查询操作中由用户分别选择字段、分别选择关系符，分别输入查询内容，形成两个条件表达式之后组织查询，要求在同时满足两个条件时显示查询结果。要求用户选择字段和关系符的操作要准确快捷。

（18）求在商品管理系统中针对商品表与销售表组织两条件查询，要求在查询操作中由用户分别选择字段、分别选择关系符，分别输入查询内容，形成两个条件表达式之后组织查询，要求只要满足两个条件中的一个条件就显示查询结果。

（19）求按类别统计每柜台最高销售量、平均销售量。

（20）求按文件调整退休职工基本工资，在职员表中退休人员的部门中填的是"退休"，文件规定：49 年前参加工作的每人增加 30 元，53 年前参加工作的每人增加 20 元；年满 70 的每人增加 40 元，80 及以上的每人增加 60 元。求调资程序。

（21）求每个商品的出厂时间，要求用中文字符类型表示，结果放到新生成记录"出厂时间 1"中。

（22）求删除商品表中商品名称、类别、规格、型号这一部分数据重复的记录。

（23）求连接商品表、销售表后将商品代码、商品名称、类别、规格、型号、生产厂、销售量等字段数据以修改方式导出到文件"商品 0.txt"中，每条记录占一行，要求所有数据数字类型以实际值存放，非数字类型数据按内容实际宽度存放，其两边加双引号。

（24）求将商品表全部数据导入到 Ckgl 数据库中生成"商品 1"数据表。

（25）求将商品表中除图片字段外其他字段数据导出到文件"商品 0.xls"中，要求以后可以将包括文本类型字段的全部数据导入到相同结构数据表中。

（26）从商品表中将非图像类型字段数据导入到当前数据库商品 0 中。要求：关键字相同的记录，用商品表中数据修改。商品表中没有，商品 0 表中有的数据保持不变。

（27）求从"商品 0.xls"中导入数据到商品 0 表中数据尾部。

（28）求连接商品表、销售表，打印商品代码、商品名称、类别、型号、规格、生产厂、销售量等内容。

（29）求连接商品表、销售表，打印商品代码、商品名称、型号、规格、平均销售量。要求按生产厂分组，每组末打印该组销售表总分，在全表末打印总销售表。

（30）求打印商品基本情况报表，包括有文本、图形等类型全部字段。

（31）求打印商品卡片，每页分 3 行，每行打印 2 个商品卡片，共计每页打印 6 张卡片。每张卡片包括商品代码、商品名称、类别、生产厂、出厂时间、图片。

实验 14　使用软件生产线建立应用系统

14.1　实验目的

（1）了解软件生产线的概念与意义。
（2）学习用例图的用途与画法。
（3）学习数据结构部件图的用途与画法。
（4）学习系统结构部件图的用途与画法。
（5）学习组件图的用途与画法。
（6）学习时序图的用途与画法。
（7）学习绘制上述图形进而建立应用系统的方法。
（8）了解管理信息系统一般组成与设计方法。

14.2　预备知识

（1）用例图。

1）用例图是可视化需求分析工具，可用来描述工作流程、数据需求概要与功能需求概要，是和使用方交流的主要工具。运行本系统用例图程序时，在图形顶层显示工具条，及"用例图文件名"文本框，如果 P1 文件夹中有名为"用例图.txt"的文件，将打开该文件显示其相关用例图图形，可予修改。可单击"用例图文件名"文本框，将显示资源管理器，如果选择一个保存用例图数据的文件名，将显示其有关的用例图以供修改；也可以输入一个新文件名，将显示空绘图板，以设计新的用例图。

2）主要图形元素或按钮。

①　"参与者"指工作的主体。

②　"用例"表示工作内容。在本系统中用例对应一个具体的部件程序。

③　"实体"指参与者操作某一用例时所涉及的数据，代表业务中涉及或处理的事物、概念或事件，在本系统中一个实体对应一个具体的数据表，可能是实体数据表，也可能是多对多联系数据表。

④　"文件"代表系统外输入输出介质或媒体。

⑤　"箭头线"表示参与者、用例、文件之间的关系，用来形象地表现工作流程，一般是从参与者指向用例，从用例指向文件。

⑥　"虚线"表示某一操作与相关实体或文件的关系，虚线一端必须连接实体或文件，另一端连接箭头线。

3）主要操作。

①　填写文件名。

在图形顶层"用例图文件名"文本框中填写准备保存图像数据的用例图文件名。如果输入已经存在的用例图文件，可调出该文件图形数据提供修改，如果是新文件名，将显示空图板，可以设计新用例图。

② "查看数据"按钮。

系统用列表保存用例图设计过程中产生的图形数据，单击"查看数据"按钮可以查看有关图形信息。

③ "存盘"按钮。

系统将保存在列表中的数据存储到操作（1）指定的文件中，再次运行时将自动打开该文件并恢复原图，可在原图基础上修改与完善。

④ "系统初始化"按钮。

构建应用系统时，需要有数据库名称、ODBC 数据源名称及涉及封面的应用系统名称（初始认为是封面标题名称）、封面背景图名称、作者名称等数据。单击"系统初始化"按钮将执行系统初始化程序，对应用系统所采用的数据库、ODBC 数据源名称、封面图形与标题等进行定义。

⑤ 绘制图形元素的操作。

用鼠标左键单击"参与者""用例""实体"或"文件"按钮，之后在绘图板上单击，回答关于图形名称的提问，可在绘图板上画出相应图形。

⑥ 绘制箭头线的操作。

绘制箭头线的目的是充分表现工作过程。双击"箭头线"按钮，再用鼠标点在一个图形元素上，鼠标左键按下不放拖到另一个图形上，可在绘图板上画出箭头线。箭头线从鼠标按下处指向释放处，一般是从"参与者"指向"用例"，表示一种操作；或从"用例"指向"文件"或相反，表示程序运行产生的数据输出到打印机或文件中保存，或从文件中读出数据到程序中。

⑦ 绘制虚线的操作。

绘制虚线的目的是表现数据处理与相关数据间的关系。双击"虚线"按钮，按下鼠标左键不放从一个图形或箭头线拖到一个实体，可在绘图板上画出虚线。一般是从"参与者"与"用例"间的"箭头线"上某一点指向"实体"，表示有关操作涉及的数据输入或输出的数据表名称。

⑧ 修改图形名称与删除图形的操作。

用鼠标右击具体图形，弹出对话框，提问是修改图形名称还是删除图形，如果回答修改图形名称，将弹出对话框，要求输入新图形名称，单击"确定"按钮后图中图形名称随之变更。如果回答删除，将删除该图形及相关所有箭头线与虚线。

⑨ 删除线条的操作。

用鼠标右击"箭头线"或"虚线"中部，将提问是否删除该线条，如果给出肯定的回答，该箭头线或虚线被从图中删除。

⑩ 移动图形位置的操作。

用鼠标左键单击某图形左上角后按住鼠标不放，拖到新位置后释放，将提问是否将图形移到新位置，单击"确定"按钮后将图形连同有关的箭头线或虚线移动到新位置。

（2）数据结构部件图。

1）功能。

数据结构部件图根据用例图中实体情况进一步用部件图描述实体的属性以及数据及数据

之间联系，每一部件图定义一个数据的数据库名称、数据表名称、字段名称及属性。将根据每一个部件图在"系统初始化"中定义的"ODBC 数据源"所指向的数据库中建立一个数据表。用 1 对多或多对多线条形象地描述数据与数据之间的联系。运行时，在图形顶层显示工具条。

2）主要图形元素或按钮。

①　"查看数据"按钮，显示设计过程中产生的图形元素数据和线条数据，包括序号、部件代码、部件名称、x 坐标、y 坐标、终点 x 坐标、终点 y 坐标、线条起点序号、线条终点序号、字段数据。

②　数据结构"部件图"表示数据表，用来描述数据表的结构定义，是建立数据表的依据。

③　"一对多实线"用线条上方两端分别标有 1 和 n 字样的图形表示，表示数据与数据之间的一对多联系。

④　"多对多实线"用线条上方两端分别标有 m 和 n 字样的图形表示，表示数据与数据之间的多对多联系。

⑤　"备注框"用来对数据安全性和其他特性进行说明。

⑥　"虚线"表示实体部件图与备注框之间的联系。

3）主要操作。

①　单击顶层"数据结构部件图"文件名文本框，找到已有的"数据结构部件图"文件，将还原原图，可供修改。如果输入新"数据结构部件图"文件名，再单击顶层"用例图文件名"文本框，将根据其中实体绘制初始的数据结构部件图，可在其基础上修改得到新"数据结构部件图"。

②　绘制数据结构部件图。

单击数据结构"部件图"按钮，再在绘图板上某空位置处单击，将弹出表格设计窗口。在表格下方输入字段名称、数据类型、宽度与小数位、是否允许空值、是否设置为主键、是否设置为外键及相关主表与主键的名称、默认值、值集集合、CHECK 约束条件表达式等内容。每完成一个字段的定义，单击"添加到表格"按钮，加入到表格中。全部字段设计完成后，单击"保存"按钮，再单击"退出"按钮重画数据结构部件图。

③　修改数据结构部件图。

右击图形板上某个"部件图"，在弹出的对话框中单击"修改部件图参数并绘制部件图"按钮，继而弹出表格设计窗口，设计完毕后重画部件图。

④　查看数据结构部件图信息。

用左键单击有关部件图，将弹出显示框显示所有字段信息。

⑤　删除数据结构部件图及相关线条。

右击某个部件图，在弹出对话框中选择"删除图形及相关线条"，有关部件图连同连接到该部件图的线条全被删除。

⑥　移动数据结构部件图。

用左键点中并拖动部件图，将部件图及相关线条移动到新位置。

⑦　绘制线条的操作。

双击"一对多线条"按钮或"多对多线条"按钮或"虚线"按钮，在某一部件图上按下鼠标左键不放拖到另一个部件图或备注框，可在绘图板上画出有关线条，一对多线条在鼠标按下处标 1，释放处标 n，多对多线条在鼠标按下处标 m，释放处标 n。

⑧ 删除线条的操作。

用鼠标右击线条中部，将提问是否删除该线条，回答肯定后该线条被从图中删除。

（3）组件图。

1）功能。

组件图用来表现子系统设置情况，描述系统与子系统之间的联系，设计并保存每个子系统名称、其子系统结构部件图数据存放的文件名称，具有生成应用系统菜单及建立应用系统的jar可执行文件的功能。

2）主要操作。

① 绘制组件部件图。

单击组件"部件图"按钮再在图形板上某空位置处单击，输入父部件图名称、部件图名称、子系统结构部件图数据存放的文件名称，确定后绘制组件部件图。

② 修改组件部件图。

右击图形板上某个"部件图"，输入修改后父部件图名称、部件图名称、子系统结构部件图数据存放的文件名称，绘制修改后部件图。

③ 删除组件部件图及相关线条。

右击某个部件图，在弹出菜单中选择"删除图形及相关线条"选项，有关组件部件图连同连接到该部件图的线条全被删除。

④ 移动组件部件图。

单击并拖动部件图，将部件图及相关线条移动到新位置。

⑤ 绘制线条的操作。

双击"箭头线"按钮，按下鼠标左键不放从系统部件图拖到子系统部件图，绘制箭头线。

⑥ 删除线条的操作。

右击线条中部，将要求确认是否删除，确认删除后该线条被从图中删除。

（4）系统结构部件图。

1）功能。

系统结构部件图用于子系统或较小应用系统的设计，先定义系统结构部件图文件名。如果存在"组件图"，"系统结构部件图"的文件名应当是组件图中定义的一个子系统结构部件图的文件名，否则默认用"系统结构部件图.txt"命名。

系统结构部件图中的部件图表现系统中一个模块将调用的程序名称、参数要求，用箭头线表现模块之间的联系。该程序可直接生成规模较小的应用系统菜单并建立jar可执行文件。

2）主要操作。

如果已经绘制了一个系统结构组件图，从顶层"子系统结构部件图"下拉组合框中找到已有的"系统结构部件图"文件，将还原原图，可供修改。如果单击顶层"用例图文件名"文本框，将根据其中用例绘制初始的系统结构部件图，可在其基础上修改得到新的"系统结构部件图"。

① 绘制系统结构部件图。

单击系统结构"部件图"按钮再在图形板某空白位置上单击，在弹出的参数定义窗口中输入父部件名称、部件名。之后从左边列表框中选择部件，根据所选择部件的需要选择或输入有关参数，确定后绘制出部件图。

部件图是建立菜单的主要依据，所有父部件名与部件名对应菜单树的根和节点，它们必须形成完整的树，每个树的根命名为"系统"。因此，先应建立"根"下一级部件节点，其父部件名称为"系统"，节点名为子系统名或程序名。如果为子系统名，该节点部件下不选择执行具体操作的部件、不设置参数，其图形只有上面两层。其下的部件图可能表现再下一级节点或叶节点，它们的父节点为该子系统名。除根外所有部件图必须保证其"父部件名称"为已经绘制的部件图中某一个的部件名，保证所有部件图形成一个完整的树。

② 修改系统结构部件图。

用鼠标右击图形板上某个"部件图"，选择"修改部件图参数并绘制部件图"按钮，修改部件图参数。

③ 查看系统结构部件图。

用左键单击某个部件图显示该部件图设计的完整数据。

④ 删除系统结构部件图及相关线条。

用右击某个部件图，在弹出对话框中选择"删除图形及相关线条"，删除有关部件图连同连接到该部件图的线条。

⑤ 移动系统结构部件图。

用左键单击某个部件图左上角不放松并拖动到新位置，可将部件图及相关线条移动到新位置。

⑥ 绘制线条的操作。

双击"箭头线"按钮，在某一部件图上按下鼠标左键不放拖到另一个子系统部件图上，绘制的箭头线方向是从点下处部件图指向释放处部件图，表现彼此间联系。

⑦ 删除线条的操作。

用鼠标右击某线条中部，确定执行删除后删除该线条。

（5）时序图。

1）功能。

用于存在时序关系的应用系统的设计，先定义时序图文件名，默认为"工作流时序图.txt"。

时序图中的部件图表现系统中一个程序模块将调用的程序名称、参数要求，用生命线表现与模块的联系。用参与者表示操作者。用箭头线表示工作流，说明工作的先后关系、联系类型。

2）主要操作。

① 绘制时序图部件图。

单击时序图"部件图"按钮再在图形板某空白位置上单击，在弹出的参数定义窗口中输入父部件名称、部件名。之后从左边列表框中选择部件，根据所选择部件的需要选择或输入有关参数，确定后绘制出部件图。

② 绘制生命线。

单击工具条中"生命线"（虚线）按钮，再在面板上单击一个部件图图像后垂直向下拖动生成一条生命线。处在生命线上的参与者将执行其所关联的部件图代表的部件程序。

③ 绘制参与者。

单击工具条中"开始""参与者"或"结束"等某一个按钮，再在面板上某生命线上单击，将提问操作者姓名，开始操作时间。操作时间填在文本域中，格式为 yyyy-mm-dd。某些工作要求规定最迟开始时间，可在文本域第二行填写，某些工作要求规定最迟完成时间，可在文本域第三行填写。填写完毕，在所涉及的生命线上画出"开始""参与者"或"结束"图形。一个工作流程由"开始"的操作者启动运行，运行开始后根据工作流的规定依次传给下一位参与者运行其部件图相关的程序，直到传给"结束"的人，完成全部工序的操作。

④ 绘制箭头线。

箭头线包括串行箭头线、并行箭头线、返回线。从一个参与者（生命线）指向下一位参与者（生命线），表示箭头线开始处的操作者完成其工作后，自动启动箭头线所指下一参与者所需要从事的工作。当下一参与者的工作尚未启动时，下一操作者将无法操作有关程序。

⑤ 存盘。

将数据存放到"工作流时序图.txt"文件中，同时将有关工作流的数据存放到数据库的"工作流程表（序号，部件与参数，工作流程，开始时间，最迟开工时间，结束时间）"中。

工作流程表数据格式将在下面说明。

为保证工作顺利进行，对到了开始时间而没有开始或到了结束时间而未结束的事务要求有催办功能，为此需要定义"开始时间""最迟开始时间"和"结束时间"。记录到数据库中的数据，"开始时间"每人一行，格式：流程序号！姓名！开始日期。"最迟开始时间"中每人一行，格式：流程序号！姓名！最迟开始日期。"结束时间"中每人一行，格式：流程序号！姓名！结束日期。

14.3　实验范例

（1）环境要求。

操作系统：Windows XP 及以上。

程序语言：Java（要求正确安装 JDK 1.6，正确设置环境变量，正确设置 ODBC 数据源）。

数据库：SQL Server 2014 或其他数据库。

（2）文件准备。

将"软件生产线 3.0 版"压缩文件解压。

建立数据库。

建立 ODBC 数据源 sql1，指向该数据库。

14.3.1　仓库管理系统框架设计

1．需求分析

要求适用于第三方物流企业的需要，通过对供应商、仓库、客户三方面信息的采集、储存、沟通，加强物资管理，堵塞漏洞，将库存成本与资金的占有率降到最低限度。要求操作简便、功能齐全、能满足企业管理的需要，更好地服务于生产、商务等的需要。

仓库的基本职能是存放物品。商品品种繁多，进、出频繁，处理过程复杂，仓库管理人员工作负担繁重，由于数据量庞大，很容易发生错误，要求能提高信息系统智能化水平，准确可靠地提供所存储商品品种、数量、质量、金额等方面信息。

系统的主要目标是监控整个仓库的运转情况，要求能提供完善的任务计划数据，正确进行商品入库、出库操作，实时监控所有商品在线运动的情况，提供库存数量与资金占用变化数据，既要保证供给，又要尽可能减少资金占用率。系统涉及多方面人员，各有其工作范围与权限，要求进入系统时要先登录，之后按其被赋予的权限操作。

（1）仓库管理系统功能要求。

1）仓库管理。

仓库管理包括：采购管理、进货管理、退货管理、领料管理、退料管理、商品调拨、商品报废、质量监控、物品借用、仓库盘点等内容。这一部分内容是全仓库管理信息系统的核心。通过本系统，应当使库存数据精度准确，提高库存周转率，减少库存资金占有率，提高仓库空间利用率，减少冗余或无效的作业。其中主线是：仓库进货→仓库领料→仓库盘点。

2）外部信息管理。

仓库的进货与供应商相关，出货主要和客户相关，因此系统涉及供应商管理与客户管理，供应商的管理目的在于能高效、优质、低成本获得商品，使降低成本、减少库存、保证供给。对客户的管理目的主要在于扩展销路，提高效益，掌握商品去向，为制定经营策略提供依据。

3）计划管理。

为保证有规范化的、严密的物资与资金的管理，要求制定完善的采购计划和销售计划，并控制商品进、出全过程。采购与商品入库必须符合采购计划的指导，计划外的采购与入库必须得到特别的批准。销售计划是依据历史销售情况及对形势与环境的分析制定的，是指导制定库存计划与采购计划的主要依据，本系统必须保证或促进销售计划圆满超额完成。

4）员工管理。

企业内涉及仓库物资管理的有计划部门、生产部门、采购部门、销售部门、仓库保管、仓库业务人员、相关财务人员、企业有关行政人员等方面人员，需要有完善的用户与角色分配、权限与工作管理子系统。

5）业务代码管理。

为统计需要及实现规范化、标准化管理，需要制定完善的数据代码体系，包括商品大类划分表、小类划分表、质量标准代码表、ABC 分类表、商品入出分类表、货位代码表、商品条码表、商品包装方式代码表等。本系统要求建立商品类别表、入出分类表，能自动进行 ABC 分类。

6）业务查询。

要求有库存查询、进货查询、领料查询、销售查询、历史记录查询等模块。

库存查询要能实时提供按类别、按时间、按货位、按商品、按质量要求、按计划、按金额、按生产需求等查询库存变化信息。进货查询要求了解按类别、按时间、按货位、按商品、按计划采购等查询入库的信息。领料查询要求了解按类别、按时间、按领料单位、按领料人、按金额、按货位、按商品、按出库类别（领料、调拨、借还、报废）等出库信息。销售查询要求了解按类别、按时间、按商品、按客户（个人、单位、区域）、按数量、按金额分类信息。历史记录查询与分析可以帮助了解与分析商品供给、商品需求、仓库管理信息，辅助制定采购策略、商品推销计划，加强仓库管理，因此需要将采购、进货、销售、资金占用、商品报废、退货退料、商品质量等信息定期转存历史库，并提供查询、分析功能。

7）系统管理。

包括用户设置、登录、权限管理及系统初始化、系统结构维护、基础数据管理等内容。

基础数据包括用户表、角色表、权限表、部门信息表、员工岗位设置表等公用数据表。

根据上述分析可设计系统模块结构如图 14.1 所示。

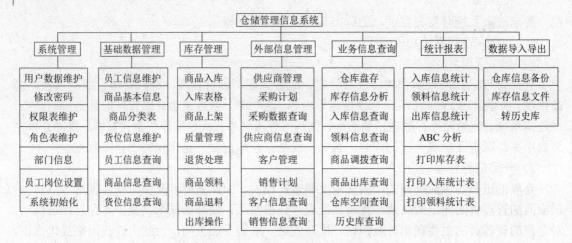

图 14.1　仓储关系系统模块结构

（2）实体分析。

本系统涉及人员繁多，考虑到对员工、客户、供应商的管理要求、工作内容不相同，设计用员工、客户、供应商三个表存放人员的基本数据。

商品是系统管理对象，对于一个仓库而言，需要统一管理，设计用"商品"表保存所有商品信息。

仓库关于商品的业务很多，包括采购商品入库、商品退货出库、调拨商品入库与出库、借用商品入库与出库、入库商品上架、商品条码管理、商品销售出库、商品退料入库、商品损坏与报废及其他损耗、商品折旧等。为了减少库存，需要设置库存上限数据；为了保证供给，需要设置库存下限；要根据历史进出情况合理设置上限与下限，其常用方法是 ABC 管理法；需要在越限时及时报警及其他管理。需要加强质量管理，确保向客户提供满足质量要求的商品，就要掌握好入库检验、做好在库商品的管理。需要经常统计库存，审计商品情况。归纳上述内容，其基本内容是入库与出库管理，都涉及人员与商品，二者间是多对多关系。设计采用一个"出入库"表管理所有出库与入库信息。其中设计"入出类别"字段以区分不同入库、出库情况。为便于统计计算，入库与出库的编号、单价、数量分别用不同字段存放数据。设计使用不同字段存放出、入库的生产单位、生产时间、供应商编号、采购时间、客户编号等数据。其他经办人、负责人、保管、质量类别、货位代码、计量单位、金额、备注等字段同时存放出、入库数据。要注意设计不同程序模块、采用不同视图应对不同操作需要，需要考虑安全性、数据完整性等问题。

设计商品代码表、部门代码表、用户表、角色代码表、权限表、类别代码表、货位代码表、岗位类别表、质量标准代码表等满足规范化输入的需要。

根据以上分析，设计本系统数据表包括：

员工（工作证号，姓名，性别，出生日期，所属部门，家庭地址，电话，职务，职称，岗位类别）。

客户（客户编号，身份证号，姓名，性别，工作单位，职务，联系地址，电话）。

供应商（供应商编号，身份证号，姓名，性别，公司名称，公司地址，公司法人，联系电话，邮政编码）。

商品（商品编号，商品代码，商品名称，类别，型号，规格，参考单价，库存上限，库存下限，质量标准）。

出入库（序号，商品编号，出入库时间，入出类别，入库编号，出库编号，经办人，负责人，保管，质量类别，生产单位，生产时间，供应商编号，采购时间，客户编号，货位代码，计量单位，入库单价，出库单价，入库数量，出库数量，金额，备注）。

采购计划（序号，商品代码，计划采购时间，质量类别，生产单位，供应商编号，公司名称，计量单位，参考单价，数量，金额，经办人，负责人）。

销售计划（序号，商品代码，计划出货时间，质量类别，生产单位，生产时间，客户编号，计量单位，计划单价，数量，金额，负责人）。

商品代码表（商品代码，商品名称）。

部门代码表（部门代码，部门）。

用户表（用户代码，用户名，密码，岗位类别）。

角色代码表（角色代码，角色，用户名）。

权限表（权限代码，用户名，角色，菜单项名，权限）。

类别代码表（类别代码，类别，大类类别，小类类别）。

货位代码表（货位代码，货位，仓库名称，区间代码，货位特征，备注）。

岗位类别表（岗位类别代码，岗位类别）。

质量标准代码表（质量标准代码，质量标准）。

出入历史库（序号，转存时间，商品编号，出入库时间，入出类别，入库编号，出库编号，经办人，负责人，保管，质量类别，生产单位，生产时间，供应商编号，采购时间，客户编号，货位代码，计量单位，入库单价，出库单价，入库数量，出库数量，金额，备注）。

2. 绘制用例图

首次运行请将 P1 文件夹下用例图.txt、数据结构部件图.txt、系统结构部件图.txt、组件图.txt 等文件删除。

双击"用例图.jar"，单击工具条中"系统初始化"按钮，设置"标题"为"仓库管理系统"，"数据库名称"为"仓库管理"，"是否有登录程序"为"有"，单击"表格内容存盘"按钮，退出。

在 SQL Server 数据库中建立数据库"仓库管理"，建立 ODBC 数据源 sql1，指向"仓库管理"。

回到用例图设计界面，单击"用例图文件名"文本框，在弹出的选择文件对话框中输入"用例图.txt"。单击工具条中"参与者"小人图案，再在图板上单击，输入参与者名字"系统管理员"，在图板上出现代表"系统管理员"的小人图案。他在系统中的工作有：涉及用户表的修改密码、用户数据维护；涉及权限表的权限表维护；涉及角色代码表的角色表维护；涉及部门代码表的部门信息维护；涉及岗位类别表的员工岗位设置；涉及员工表的员工信息维护；涉及商品基本信息的商品基本数据维护；涉及商品分类表的商品分类；涉及货位代码表的货位信息维护等。其中，修改密码、用户数据维护、权限表维护等称为"用例"，用户表、权限表、角色代码表、部门代码表等称为"实体"。

单击工具条中代表"用例"的椭圆，在图板上单击，输入"用例"的名字"修改密码"。在图上出现代表"修改密码"用例的椭圆图案。单击工具条上箭头线，在"系统管理员"实体处点下，拖到"修改密码"用例处释放，在图板上画出从"系统管理员"指向"修改密码"的箭头线，表示"系统管理员"所从事的一项工作"修改密码"。单击工具条上代表"实体"的圆形图案，在图板上单击，输入"实体"名字"用户表"，在图板上画上"用户表"的圆形图案。单击工具条上虚线按钮，再在图板上从实体"用户表"点下拖动"系统管理员"到"修改密码"的箭头线上，在"用户表"和箭头线间画上虚线。以上图案表示，"系统管理员"的一项工作是涉及"用户表"的"修改密码"。以下同样操作，画出如图 14.2 所示的用例图。单击"存盘"按钮。

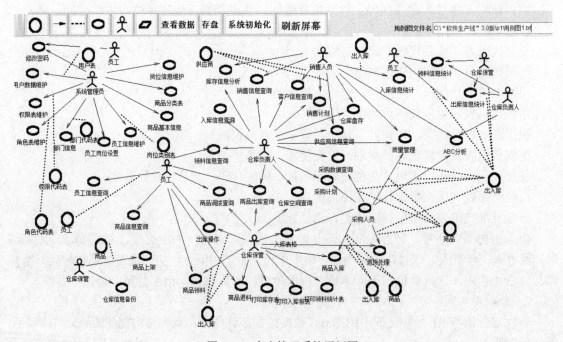

图 14.2　仓库管理系统用例图

3．绘制数据结构部件图，生成数据表

删除 P1 项目文件夹中文件"数据结构部件图.txt"。双击"数据结构部件图.jar"，在图板中已经对用例图中的每一实体生成了一个部件图图形，每个部件图图形分为三层：高层显示在系统初始化中定义的数据库名，第二层显示实体名称。

输入数据结构图文件名"数据结构部件图.txt"。以定义"用户表"为例：用鼠标右击"用户表"部件图，程序给出三种选择："修改部件图参数并重画部件图""删除部件图与线条""退出"。如果选择修改，将弹出数据结构定义对话框，输入字段名：用户代码，选择数据类型：NCHAR，输入数据宽度：4，选择"是"主键，单击"加入表格"按钮。以下逐一输入字段：用户名、密码、岗位类别等字段及属性。输入完毕，单击"保存"按钮，图板中部件图内容被修改。以下逐一修改每一个实体参数。

可以单击实体部件图并拖到新位置以改变部件图位置。

如果需要补充新的实体部件图，可以单击工具条中的"部件图"按钮，再在图板上单击，在弹出的数据结构定义对话框中输入表名及字段属性，可以画出新的部件图。

单击"一对多"或"多对多线条"按钮，再单击某实体并拖到另一个实体上，建立部件图间联系。可单击虚线按钮，连接实体与多对多线条，表示多对多联系关系，如图 14.3 所示。

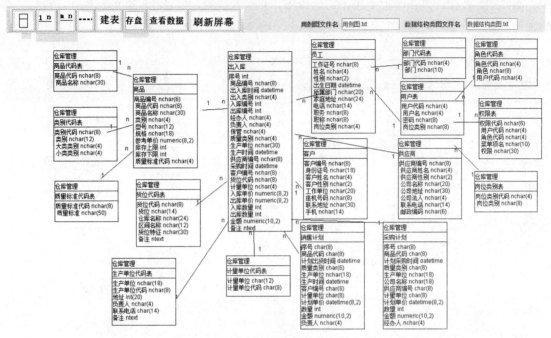

图 14.3　仓库管理系统数据结构部件图

全部设计完成后单击"存盘"按钮，将数据保存到 P1 目录下"数据结构部件图.txt"中。单击工具条中的"建表"按钮，报告已经成功建立了 18 个数据表。

4. 绘制系统结构部件图，建立系统菜单、生成应用系统

删除 P1 项目文件夹中文件"组件图.txt"和"系统结构部件图.txt"。

双击"系统结构部件图.jar"。在图板中已经对于用例图中每一用例生成了一个部件图图形，每个部件图图形分为三层，其中高层显示"系统"，表示将来应用系统菜单根的名称，第二层显示用例名称，表示将来应用系统程序节点的名称。

在图中补充对应水平菜单项的图形：单击工具条中"部件图"按钮，再在图板空白处单击，输入父部件部件名"系统"，部件名"系统管理"，单击"退出"按钮，在图板上生成只有两层内容的"系统管理"中间节点部件图。同样生成：系统-基础数据管理、系统-库存管理、系统-外部信息管理、系统-业务信息管理、系统-统计报表、系统-数据导入导出等图块。

右击"用户数据维护"部件图，选择"修改部件图参数并重画部件图"，弹出参数设置对话框，将父部件部件名"系统"改为"系统管理"。选择单记录数据维护 1，表名选择"用户表"，关键字选择"用户名"，窗口宽度输入 400，高度输入 300。单击"退出"按钮，图板中部件图图形已经修改。

同样，将修改密码、权限表维护、角色表维护、部门信息、员工岗位维护等的父部件部件名均改为"系统管理"。用箭头线将系统-系统管理与用户数据维护、修改密码、权限表维护、角色表维护、部门信息、员工岗位维护等部件图联系起来，如图 14.4 所示。

继续将员工信息维护、商品信息维护、商品分类表维护、单位信息维护、员工信息查询、商品信息查询、岗位信息查询等父部件的部件名改为基础数据管理，分别选择各部件图的部件

名、表名和其他参数。以下继续完成其他部件图设计。如果需要补充部件图，可以单击工具条中"部件图"按钮，再在图板上单击，选择部件并输入参数，可以绘制新的部件图。设计完毕后单击"存盘"按钮，在 P1 文件夹下生成"系统结构部件图.txt"文件。

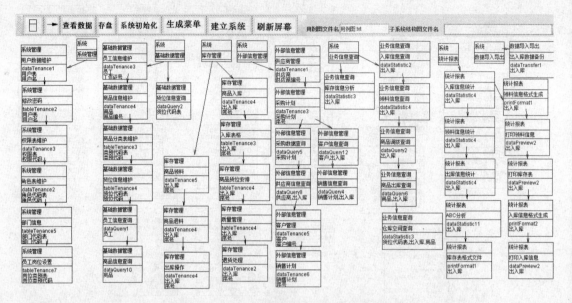

图 14.4　仓库管理系统系统结构部件图

单击工具条中"生成菜单"按钮，如果成功，将报告已经成功建立了菜单。

单击工具条中"建立系统"按钮，将看见 DOS 系统界面中将有关文件压缩的过程。将发现生成"仓库管理系统.jar"。其中"仓库管理系统"为"系统初始化"中定义的标题。

5. 双击"仓库管理系统.jar"，运行所生成的程序

界面如图 14.5 所示。

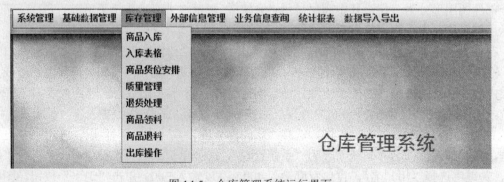

图 14.5　仓库管理系统运行界面

14.3.2　企业管理系统框架设计

1. 需求分析

要求建立一个汽车零配件企业的管理信息系统，能够帮助企业管理好人、财、物等各方面，重点在于精确地分析库存、生产能力、供货等诸多环节；科学地安排经营销售、车

间生产、物流管理、原料供应，管理好设备、人力、原料、资金；管理一系列的计划，让企业有效合理地利用资源、合理生产、强化销售、控制成本、压缩库存，促进企业发展与进步。

（1）企业管理系统功能要求。

汽车零配件企业管理系统可划分为人力资源、财务、生产、产品、设备资产、办公自动化等分系统，其中产品管理又可分为销售、采购、库存等子系统。办公自动化等分系统将另外设计，其他各分系统与子系统模块结构设计如下：

1）人力资源管理分系统模块结构。

人力资源管理分系统可分为人事管理、人力资源计划管理、工作任务管理、员工招聘、人员培训进修管理、工作测评等内容，具体可分模块结构如图 14.6 所示。

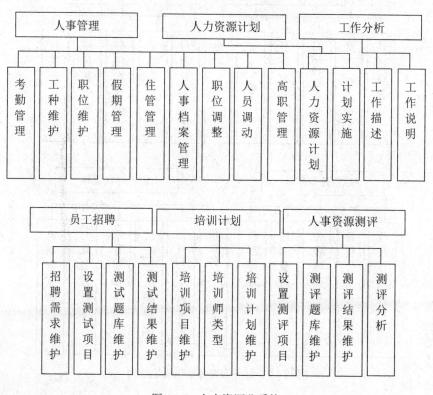

图 14.6　人力资源分系统

2）财务管理分系统又可分为总账管理、凭证处理、应付账管理、应收账管理、银行对账管理等子系统，进一步划分模块结构如图 14.7 所示。

3）生产管理分系统可划分为 JIT 系统维护、JIT 计划管理、JIT 生产管理、车间管理、质量管理、生产计划管理、制造工艺管理等子系统。其模块结构如图 14.8 所示。

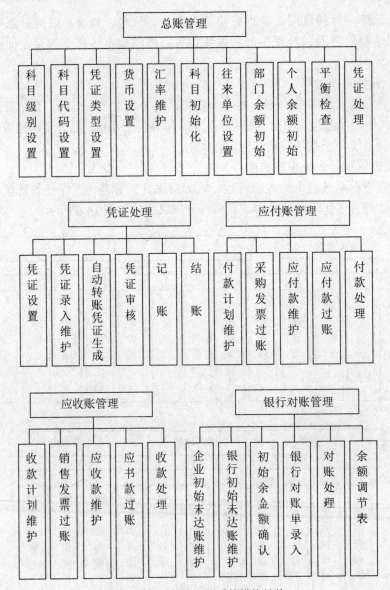

图 14.7　财务管理分系统模块结构

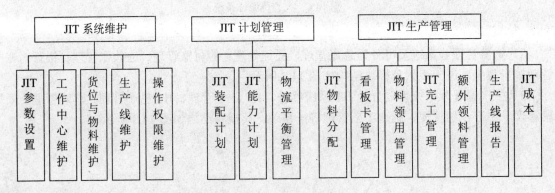

图 14.8　生产管理分系统模块图

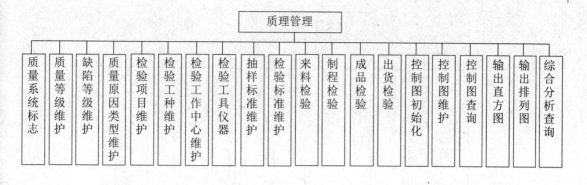

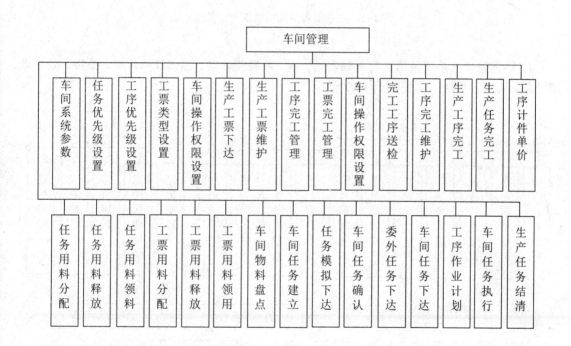

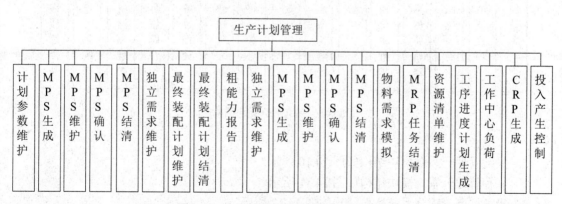

图 14.8　生产管理分系统模块图（续图）

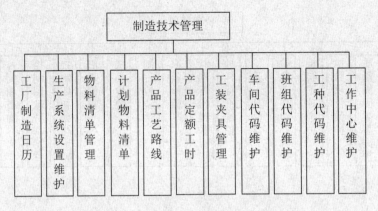

图 14.8 生产管理分系统模块图（续图）

4）销售管理分系统包括销售基础数据管理、收发货管理、销售订单管理、销售计划管理、销售服务管理等模块，结构如图 14.9 所示。

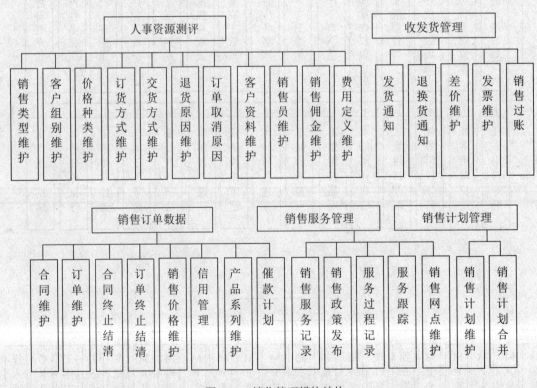

图 14.9 销售管理模块结构

5）采购管理子系统模块结构如图 14.10 所示。

6）库存管理分系统模块结构如图 14.11 所示。

7）设备资产管理分系统模块结构如图 14.12 所示。

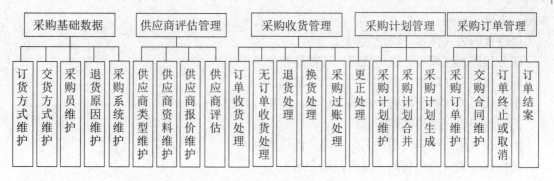

图 14.10　采购管理子系统模块结构

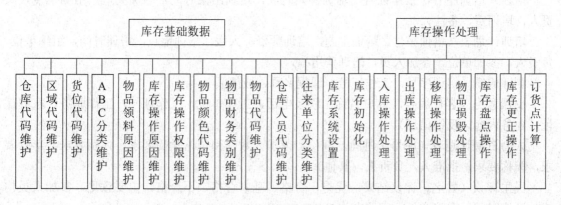

图 14.11　库存管理分系统模块结构

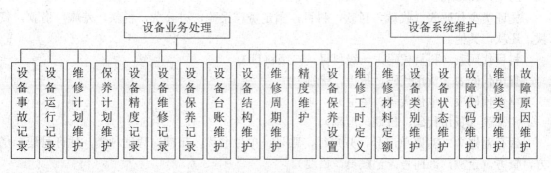

图 14.12　设备资产管理分系统模块结构

（2）实体分析。

1）人力资源管理部分。

职员表（工作证号，身份证号，姓名，性别，出生日期，部门，家庭地址，电话，参加工作时间，文化程度，政治面貌，职务，职称，岗位，宿舍，简历，相片）。

工资表（序号，工作证号，部门号，姓名，类别号，账号，固资，活资，岗补，粮贴，教护，书报，余补，补贴，特保，房贴，车贴，话贴，补发，房租，扣税，水费，电费，公积金，失险，养险，会费，病事，事故，应发，共扣，实发）。

考勤表（工作证号，部门号，序号，起始时间，终了时间，事假，病假，旷工，加班，中班，夜班，出差）。

岗位代码表（岗位，岗位代码）。

职务代码表（职务，职务代码，行政级别）。

职称代码表（职称，职称代码，职称级别）。

宿舍代码表（宿舍，宿舍代码，位置，面积，月租金）。

部门代码表（部门代码，部门）。

用户表（用户代码，用户名，密码，岗位类别）。

角色代码表（角色代码，角色，用户名）。

权限表（权限代码，用户名，角色名，菜单项名，权限）。

培训（培训序号，工作证号，培训开始时间，培训结束时间，培训类型，培训地点，负责人，培训费，备注）。

培训计划表（培训序号，培训主题，培训师资，人数，培训地点，培训时间，组织单位，负责人，参加单位，参加人员，培训费用）。

测评成绩（培训序号，工作证号，课程名称，成绩）。

反馈意见（客户编号，客户名称，联系电话，工作单位，工作证号，工作职务，家庭住址，业务内容，反馈信息）。

人力资源计划表（序号，时间，部门，需求人数，岗位，学历要求，性别要求，年龄要求，职称要求，批准人，负责人，其他）。

民主评议（姓名，评议结果，优秀，合格，基本合格，不合格，主要意见，参加人员构成，评议时间，审议意见，审议人）。

2）财务系统。

凭证类型代码表（收款，付款，科目，固定资产采购，办公费，税款，差旅，借款，贷款，还款，其他）。

科目代码表（科目代码，一级科目，二级科目）。

货币代码表（货币代码，货币，国别）。

单位代码表（单位代码，单位）。

汇率表（货币代码，日期，汇率）。

银行对账单（对账单序号，开户行，账号，单位名称，日期，凭证种类，凭证号码，借方，贷方，余额，部门号，记账员，摘要）。

3）生产管理。

生产工艺表（工艺代码，工艺，商品代码，产品名称，工序，负责人，人数，设备名称，设备台数，工时，物料清单代码，半成品代码，用电，用水，能耗，加工说明，注意事项）。

生产任务明细（任务号，工序代码，任务内容，班组，商品代码，计量单位，数量，质量类别，负责人，起始时间，完成时间，投入人员，投入设备）。

生产计划（生产计划序号，工序代码，部门号，班组，商品代码，计划时间，质量类别，计量单位，数量，负责人）。

车间基础数据（车间代码，车间名称，地址，电话，负责人，联系人，说明）。

车间物料库（仓库代码，仓库名称，地址，电话，负责人）。

车间领料单（仓库代码，部门，领料人，物料名称，日期，数量，经手人，负责人）。

工序代码表（工序代码，工序，工艺代码）。

物料清单（物料清单代码，工序，物料，计量单位，数量，时间，班组）。

班组代码表（班组代码，班组，负责人，班组成员，岗位责任）。

物料代码表（物料代码，物料，计量单位）。

定额工时（工序代码，定额时间，计量单位，数量）。

4）质量管理。

质量标准表（质量序号，工序代码，商品代码，质量标准，质量类别）。

检验标准（检验标准序号，商品代码，工序代码，检验内容，检验标准，等级）。

质检单（批次号，商品代码，工序代码，送检人，检验员，时间，长度，高度，色差，硬度，成分，质量等级，检验标准序号）。

装配计划（商品代码，工序代码，时间，半成品代码，加工材料代码，设备，数量）。

5）销售管理。

供应商（供应商编号，身份证号，姓名，地区，性别，公司名称，公司地址，公司法人，联系电话，邮政编码，业务内容，信息反馈）。

客户（客户编号，身份证号，姓名，性别，工作单位，职务，家庭住址，联系地址，电话，业务内容，信息反馈）。

商品（商品代码，商品名称，型号，规格，类别，单位，单价，产地，生产厂，库存上限，库存下限，质量标准）。

半成品（半成品代码，半成品名称，规格，单价，生产部门，产地，生产厂，单位，单价，质量标准）。

营业表（商品编号，客户编号，供应商编号，单价，数量，价格，备注）。

销售计划（序号，商品代码，计划出货时间，质量类别，生产单位，生产时间，客户编号，计量单位，计划单价，数量，金额，负责人）。

商品代码表（商品代码，商品名称）。

类别代码表（类别代码，类别，大类类别，小类类别）。

质量标准代码表（质量标准代码，质量标准）。

客户订单（编号，订单号，订单日期，商品数量，合计，付款日期，付款方式，已付金额，货款金额，交货方式，交货时间，页码，承办人，承办时间，发票类型，货币类型，已开票金额，订单编号，客户名称）。

订单统计（产品号，产品名，订单数，折扣，销售总额，起始日期，截止日期）。

订单预测（产品号，产品名，订单数，私人订单数，团体订单数）。

发货单（产品号，产品名，发货人，收货人，发货时间，单价，总额，折扣，发货数量，发货地点，仓库号，仓库名，发货日期，目的仓库号，目的仓库名，调货单号）。

坏损（序号，型号，修理项目，坏损情况，故障描述，已修好，更换配件，数量，维修价格，备注）。

客户（客户编号，客户名称，性别，身份证号，单位，单位负责人，职务，职称，专业，单位地址，家庭地址，邮编，办公电话，家庭电话，传真电话，手机，电子邮箱，网址，客户价值，客户分类，客户来源，客户状态，客户行业，税号，信誉度，购买力）。

客户服务（客户编号，客户名称，货品编码，货品名称，服务项目，反馈时间，购买价格，建议信息）。

客户理赔（保单号码，商品名称，型号，规格，客户名称，工作单位，联系电话，索赔金额，索赔原因，是否属实，核对金额，备注）。

销售（销售序号，销售日期，货品编码，货品名称，类别，规格型号，计量单位，销售数量，销售单价，销售总额，销售经办人，客户编号，客户名称）。

销售分析（产品号，产品名，单价，折扣，总额，售出数量，代理商号，合计数量，累计数量，累计金额）。

销售预测（产品号，产品名，预销售量，实销售量，单价，折扣，总额）。

月度计划（代理商号，产品号，产品名，计划销量，申请数量，上月剩余数）。

质量跟踪（销售序号，销售日期，质量跟踪，备注）。

销售合同（合同序号，合同名称，甲方，乙方，商品代码，型号，规格，产地，质量标准，交货时间，数量，单价，金额，付款方式，甲方代表，乙方代表，负责人，合同状况，时间，文本内容）。

销售订单（订单序号，合同序号，商品代码，时间，数量，单价，金额，付款方式，客户代码，经手人，订单状况）。

销售明细（订单序号，商品代码，时间，数量，付款金额，货币代码，付款方式，客户代码，经手人，收款人）。

6）采购管理。

材料（材料代码，型号，规格，质量标准，生产厂，单价）。

材料代码表（材料代码，材料）。

采购明细（材料代码，采购时间，采购单价，数量，金额，采购人）。

采购订单（采购计划序号，材料代码，预计采购时间，采购单价，数量，金额，采购人，采购状况）。

物料需求计划（材料代码，计划时间，计划数量，计划金额，需求部门，联系人，采购状况）。

物料检验单（批次号，材料代码，送检人，检验员，时间，检验内容，质量等级）。

7）库存管理。

出入库（序号，商品编号，出入库时间，入出类别，入库编号，出库编号，经办人，负责人，保管，质量类别，生产单位，生产时间，供应商编号，采购时间，客户编号，货位代码，计量单位，入库单价，出库单价，入库数量，出库数量，金额，备注，仓库代码，库位代码）。

采购计划（采购计划序号，商品代码，计划采购时间，质量类别，生产单位，供应商编号，公司名称，计量单位，参考单价，数量，金额，经办人，负责人）。

货位代码表（货位代码，货位，仓库名称，区间代码，货位特征，备注）。

出入历史库（序号，转存时间，商品编号，出入库时间，入出类别，入库编号，出库编号，经办人，负责人，保管，质量类别，生产单位，生产时间，供应商编号，采购时间，客户编号，货位代码，计量单位，入库单价，出库单价，入库数量，出库数量，金额，备注）。

库存限值（产品号，产品名，现有数量，最大库存，最小库存，产品总数）。

调仓（产品号，产品名，数量，单价，调仓时间，原仓位，新仓位，调仓人，备注）。

中转仓库（仓库号，仓库名，产品号，产品名，数量，来源仓库号，来源仓库名，目的仓库号，目的仓库名，到货日期，发货日期）。

仓库代码表（仓库代码，仓库，地址，负责人，电话，备注）。

货位代码表（货位代码，仓库代码，货位）。

8）设备管理。

设备（设备编号，资产编号，设备名称，设备类别，规格，型号，坏损情况，生产厂商，供应商，生产日期，出厂编号，起始价格，使用年限，维修周期，保养周期，设备精度，折旧）。

维修记录（维修编号，型号，客户名称，生产厂商，出场日期，出厂编号，故障部位，故障名称，修理时间，送修日期，完工日期，修理人）。

加工材料（材料代码，定额用料，定额工时，说明）。

精度代码表（精度代码，精度）。

维修保养计划（维修计划编号，设备编号，保养内容，时间，部门，修理人）。

设备故障记录（设备编号，故障时间，故障内容，维修情况，恢复时间，责任人）。

2. 绘制用例图

开始设计时请从 P1 文件夹中删除：用例图.txt，组件图.txt，数据结构部件图.txt，系统结构部件图.txt。

双击"用例图.jar"，进入绘图界面后，首先单击工具条中"系统初始化"按钮，检查或输入数据库 DBMS 名称：sqlserver。ODBC 数据源：sql1。数据库名称：系统管理，注意数据库名称应和数据源 sql1 所指数据库名称一致。将"是否有登录程序"后面的"无"改为"有"，表示将来自动生成应用系统并运行系统程序时先要进入登录程序，回复用户名与密码，只有正确回答后才能进入系统。应用系统标题改为"科星汽车零配件企业管理系统"。

本系统比较大，需要设计多张用例图，所设计的用例图如图 14.13 至图 14.17 所示。详细设计情况请运行随书光盘中"用例图.jar"程序，选择：用例图 01、用例图 02、……、用例图 05 查看。也可查看随书光盘中"软件生产线 3.0 版"目录下 P1 中用例图 01.txt、用例图 02.txt、……、用例图 05.txt 的文件内容。

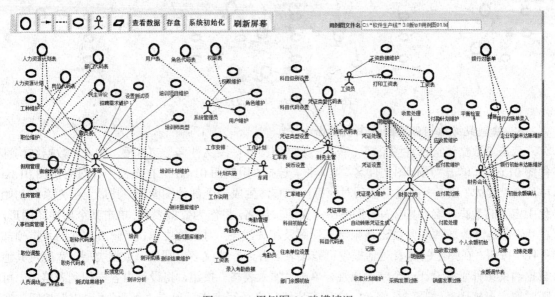

图 14.13　用例图 01 建模情况

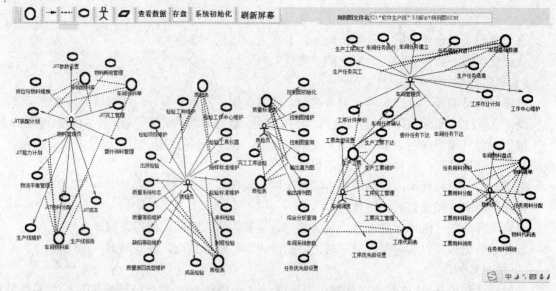

图 14.14　用例图 02 建模情况

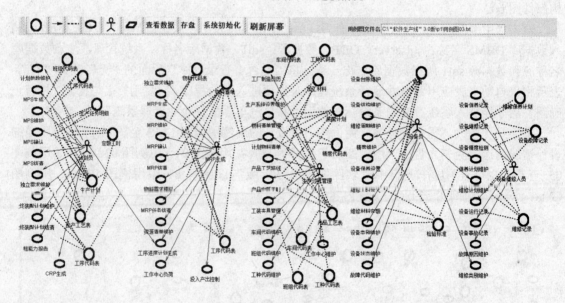

图 14.15　用例图 03 建模情况

3. 绘制数据结构部件图并生成数据表

双击"数据结构部件图.jar"，单击"数据结构部件图文件名"文本框，输入"数据结构部件图 01.txt"。单击"用例图文件名"文本框，选择"用例图 01.txt"。在图板中针对用例图 01.txt中所有"实体"图，去掉重复值后对应每一个实体生成一个部件图图形，其最上层为系统初始化中定义的数据库名，中层为用例图中定义的实体名，将作为数据表名。单击某个部件图图形，在"确定是修改部件图参数还是删除部件图及相关线条"对话框中单击"修改部件图并重画部件图"按钮。在弹出的建表对话框中可修改表名并逐一定义各字段名、数据类型、宽度及其他数据约束条件。每设计一个字段属性，单击"加入表格"按钮，将设计内容添加到表格中。可随时双击表格中某数据进行修改。将所有字段定义填写完毕后单击"保存""退出"按钮，在图板上可看到修改后的部件图图形。

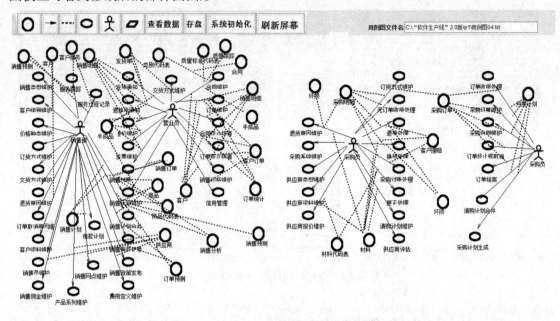

图 14.16　用例图 04 建模情况

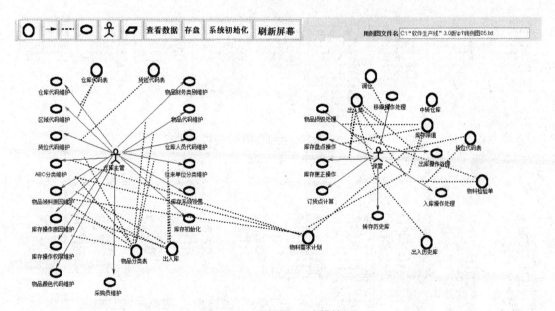

图 14.17　用例图 05 建模情况

逐一完成对所有实体部件图的模式定义后，单击工具条中"存盘"按钮。可单击"查看数据"了解生成的数据结构部件图文件中的数据情况。可在操作系统中修改。

单击工具条中"建表"按钮，等待片刻，如果报告生成了多少数据表，表示建表成功。如果未见到相关信息，表示生成的数据结构部件图文件中存在格式错误，请仔细检查修改后重新操作。如果已经生成部分数据表，重新建表前无须删除，在建表过程中将首先删除这些表，再重新建表，如图 14.18 至图 14.22 所示。

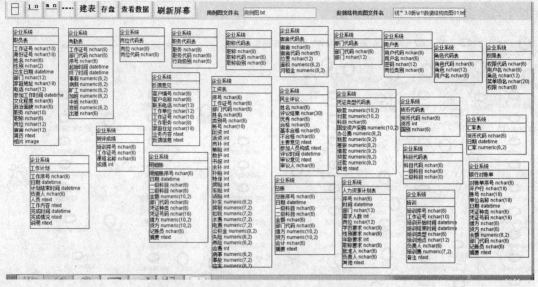

图 14.18 数据结构部件图 01 建模情况

图 14.19 数据结构部件图 02 建模情况

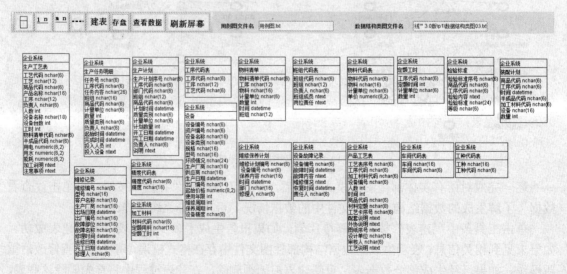

图 14.20 数据结构部件图 03 建模情况

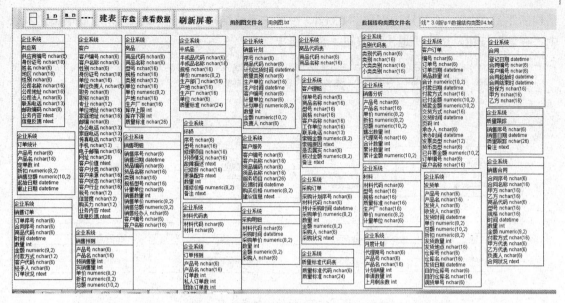

图 14.21　数据结构部件图 04 建模情况

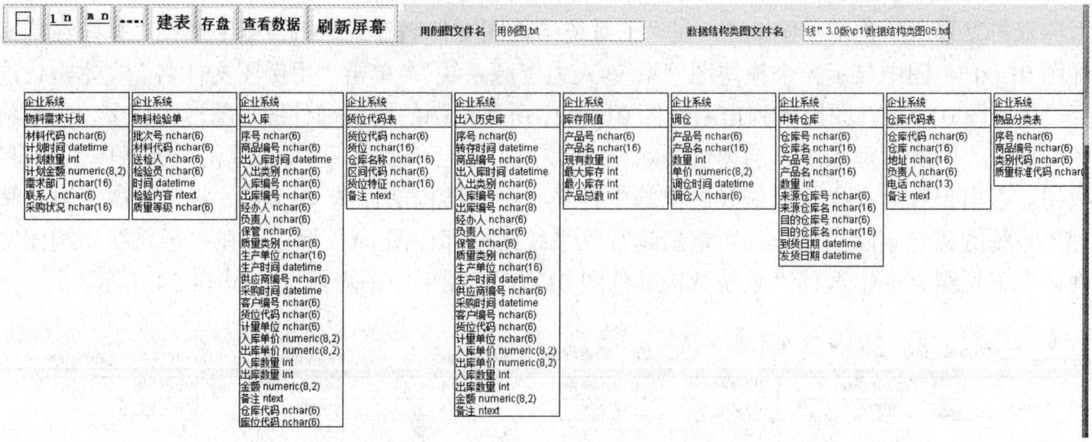

图 14.22　数据结构部件图 05 建模情况

继续针对"用例图 02.txt"生成"数据结构部件图 02.txt"并建表，针对"用例图 03.txt"生成"数据结构部件图 03.txt"并建表，……，针对"用例图 05.txt"生成"数据结构部件图 05.txt"并建表，共计生成 86 个表。可查看数据表建立情况，也可查看随书光盘中"软件生产线 3.0 版"目录下 P1 中数据结构部件图 01.txt、数据结构部件图 02.txt、……、数据结构部件图 05.txt 的文件内容。

4. 绘制组件图

本系统模块较多，需要分成子系统建模。双击"组件图.jar"，单击工具条上"部件"按钮，在图板上单击，保持父部件名"系统"不变，在"节点名"文本框中输入"人力资源系统"，在文件名对话框中输入"系统结构部件图 01.txt"，之后退出。同样，绘制系统-财务管理系统、系统-生产管理系统、系统-质量管理系统、系统-车间管理系统、系统-销售管理系统、系统-采购管理系统、系统-设备管理系统。生成图形如图 14.23 所示。相应模型图存放文件名为系统结构部件图 02.txt、系统结构部件图 03.txt、……、系统结构部件图 08.txt。完成后单击工具条中"存盘"按钮，单击"退出"按钮，暂且退出。

图 14.23　组件图建模情况

5. 绘制系统结构部件图

　　双击"系统结构部件图.jar"，在"子系统结构图文件名"下拉组合框中选择"系统结构部件图 01.txt"，图中显示一个模块图"系统-人力资源系统"。单击"用例图文件名"文本框，选择"用例图 01.txt"，图板中列出用例图 01.txt 中所有用例的对应部件图，图形比较多，需要将图中属于"财务管理系统"的模块删除。可以在图中逐一删除，也可以单击工具条中"存盘"按钮。退出设计后在操作系统我的电脑中打开"系统结构部件图 01.txt"，将其中属于财务管理子系统的语句删除后保存，再重新运行"系统结构部件图.jar"程序。在"子系统结构图文件名"下拉组合框中选择"系统结构部件图 01.txt"，图板中图形情况如图 14.24 所示。

图 14.24　人力资源管理子系统建模框架图

　　其中模块数达 23 个，依然比较多，需要建立下一级菜单，参考图 14.6，增加人力资源系统-人事管理、人力资源系统-人力资源计划、人力资源系统-工作分析、人力资源系统-员工招聘、人力资源系统-培训管理、人力资源测评等 6 个子节点，并修改从"考勤管理"到"测评分析"各模块，将它们的父部件名按图 14.6 分别改为人事管理、人力资源计划、……、人力资源测评，将子系统各模块分布到各子节点中。

右击"考勤管理"等各个部件图，选择"修改部件图参数并重画部件图"按钮，出现类似于桌面系统界面，在其中选择部件名、选择表名、定义关键字及其他参数，完成并保存所有部件图文件。所设计的人力资源子系统结构部件图如图 14.25 所示。

图 14.25　人力资源管理子系统建模系统结构部件图

在"子系统结构图文件名"下拉组合框中再选择"系统结构部件图 02.txt"，图中显示一个模块图"系统-财务管理系统"。单击"用例图文件名"文本框，选择"用例图 01.txt"，图板中列出用例图 01.txt 中未在"系统结构部件图 01.txt"中出现的用例的对应部件图，单击"存盘"按钮，生成"系统结构部件图 02.txt"文件。

继续类似操作，将"用例图 02.txt"中用例分别绘制到"系统结构部件图 03.txt"和"系统结构部件图 04.txt"中。将"用例图 03.txt"中用例绘制到"系统结构部件图 05.txt"中。将"用例图 04.txt"中用例分别绘制到"系统结构部件图 06.txt"和"系统结构部件图 07.txt"中。将"用例图 05.txt"中用例绘制到"系统结构部件图 08.txt"中。

双击"系统结构部件图.jar"，依次打开每一个系统结构部件图文件，右击各部件图，选择"修改部件图参数并重画部件图"按钮，出现类似于桌面系统界面，在其中选择部件名、选择表名、定义关键字及其他参数，完成并保存所有部件图文件。所得各子系统结构部件图如图 14.26 至图 14.32 所示。

图 14.26　财务管理子系统模块结构图

图 14.27 生产管理子系统模块结构图

图 14.28 质量管理子系统模块结构图

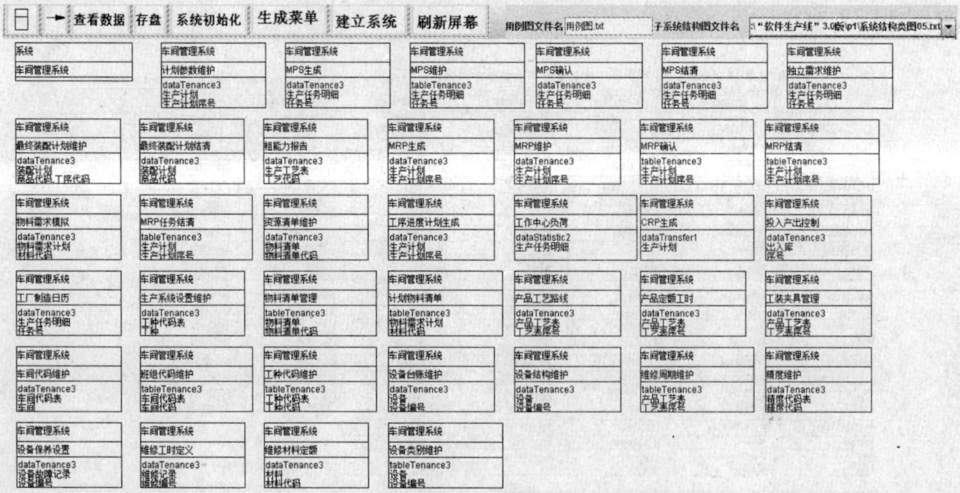

图 14.29 车间管理子系统模块结构图 1

图 14.30 销售管理子系统模块结构图

图 14.31 采购管理子系统与设备管理子系统模块结构图

图 14.32 车间管理子系统模块结构图 2

各子系统结构模块图设计完毕之后，双击"组件图.jar"，再次检查"系统初始化"中各项设置。单击"生成菜单"按钮，数十秒后报告"菜单已经生成"。单击"建立系统"按钮，在 P1 文件夹中将发现"科星汽车零配件企业管理系统.jar"。在数据库"用户表"中输入实验用用户名与密码，例如，用户名 sa，密码 123456。双击"科星汽车零配件企业管理系统.jar"，回答用户名与密码，界面如图 14.33 所示。

图 14.33　水平下拉菜单控制的科星汽车零配件企业管理系统运行界面

回到"组件图.jar"程序，单击"建立系统 1"，在 P1 文件夹中将发现新增的"科星汽车零配件企业管理系统 1.jar"，双击该文件，界面如图 14.34 所示。

图 14.34　树状菜单控制的科星汽车零配件企业管理系统运行界面

说明：

①本例建立了一个企业管理信息系统的框架，读者可以试运行并了解一般管理信息系统的需求与结构。

②本设计中从财务子系统之后未将模块结构细化，读者可试操作以了解多层菜单的意义。

③在设计多层菜单时，只要所有子系统模块结构部件图文件中从系统到子系统到再下层子系统层次结构连续正确，无论图形分布在那个文件中，都不会影响应用系统的生成。

④本系统为实验程序，需要进一步修改与完善才能投入实用。

14.3.3　办公自动化系统框架设计

1. 需求分析

办公事务是多人协作完成的工作，例如发布一个文件，需要有领导决定发文，由撰稿人起草，审稿人审稿，经校对、打印，领导签发，最后收集反馈意见。其间需要经过多人持续工作才能完成，以往是人找人实现接力与持续，功效低。需要将人找人的工作过程进化为事找人、事找事，实现以任务和事件为驱动的工作过程，需要提供在线的流程建模工具在业务需求发生变化时快捷地完成办公工作内容并实现流程优化。该系统对安全性控制要求很高，要求控制到记录、字段级，还有时间要求。例如，审稿人只能对具体某文件进行审核，只能操作涉及该文件的一条记录，而且只能书写审核意见，不能修改其他字段的内容。但需要看到和审稿有关的其他内容。在撰稿完成前对该记录无操作权限，在撰稿完成并提交审核时，审核人获得查看文件内容并书写审核意见的权利，但在审核完成并提交审核意见之后，就无需对该文件（即记录）的操作权限。

因此，设计办公自动化系统需要解决收文、发文、信件、通知等工作流驱动问题，要解决安全性控制问题，由于各种原因，工作操作者有可能变化，工作流程也有可能中途改变，所有操作都要求尽可能简单方便。

2. 数据结构设计

设计本系统数据表如下：

用户表（用户代码 NCHAR(6)，用户名 NCHAR(6)，密码 NCHAR(12)，岗位类别 NCHAR(6)，角色代码 NCHAR(6)）。

角色代码表（角色代码 NCHAR(6)，角色 CHAR(12)，用户代码 NCHAR(6)）。

权限表（权限代码 NCHAR(6)，用户名 NCHAR(6)，角色 NCHAR(6)，菜单项 NCHAR(20)，权限 NCHAR(8)）。

发文（发文号 NCHAR(12)，发文名称 NCHAR(16)，发文单位 NCHAR(16)，责任人 NCHAR(4)，主题 NCHAR(30)，关键词 NCHAR(30)，密级 NCHAR(4)，重要程度 NCHAR(4)，发文类别 NCHAR(10)，主管领导 NCHAR(4)，撰稿人 NCHAR(4)，撰稿时间 DATETIME，审核人 NCHAR(4)，审核意见 TEXT，签发人 NCHAR(4)，签发意见 TEXT，校对人 NCHAR(4)，校对意见 TEXT，打印人 NCHAR(4)，打印时间 DATETIME，收文人 NCHAR(4)，收文单位 NCHAR(16)，发文时间 DATETIME，归档人 NCHAR(4)，卷宗号 NCHAR(12)，归档时间 DATETIME，内容摘要 TEXT，发文内容 TEXT）。

收文（收文号 NCHAR(12)，收文名称 NCHAR(16)，来文单位 NCHAR(16)，主题 NCHAR(30)，关键词 NCHAR(30)，密级 NCHAR(4)，重要程度 NCHAR(4)，收文类别 NCHAR(10)，办文领导 NCHAR(4)，收文时间 DATETIME，收文人 NCHAR(4)，收文单位 NCHAR(16)，归档人 NCHAR(4)，卷宗号 NCHAR(12)，归档时间 DATETIME，内容摘要 TEXT，收文内容 TEXT，办文单位 NCHAR(16)）。

信件（信件号 NCHAR(12)，来信人 NCHAR(12)，来信地址 NCHAR(12)，收信人

NCHAR(12)，收信时间 DATETIME，信件内容 TEXT，回信内容 TEXT，回复时间 DATETIME）。

通知（通知号 NCHAR(12)，发通知单位 NCHAR(12)，来信地址 NCHAR(12)，收通知人 NCHAR(12)，收通知时间 DATETIME，通知内容 TEXT，附注 TEXT）。

3. 绘制发文时序图

假设一个发文过程包括开办、撰稿、审核、签发、归档五步。

双击"时序图.jar"，回答用户名与密码后进入程序，该用户名作为该项工作负责人存到数据库中。在"关键字值"下拉组合框中选择"清屏，绘制新图"，之后，单击工具条中"部件图"按钮，在图板上单击。出现类似于桌面系统的界面，输入部件名"开办"，选择"单记录数据维护部件 2"，表名"发文"，关键字"发文号"，关键字值"发文 20170610"。选择：发文号、发文名称、发文单位、责任人、主题、密级、重要程度、发文类别、主管领导、撰稿人、收文人、收文单位等字段。单击"存盘""清屏""退出"等按钮。

其他设计请查看随书光盘内容，其他工作中，需要将前面设计中已经输入的内容规定为只读，只将后续操作者有权操作的字段设计为可读写。

绘制时序图如图 14.35 所示。在其中撰稿人撰稿完成后可同时交两人审核，审核不分先后，采用并行箭头线表示。两人审核全部完成后，才可进入签发流程，也采用并行箭头线表示。审核可能发生退回修改的要求，用返回线表示退回到撰稿流程。

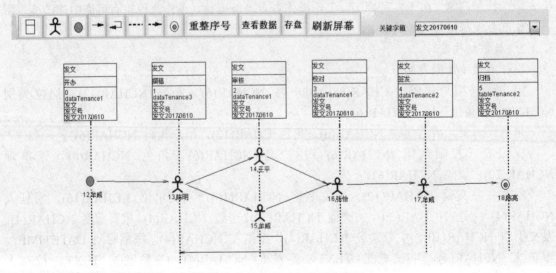

图 14.35　发文过程工作流程设计

要求设计图中各图形从左到右、从上到下顺序编号，如果编号出现混乱，可单击"重整序号"按钮加以整理。设计完毕后，单击"存盘"按钮，将涉及数据保存到"工作流时序图.txt"文件，并同时保存到数据表"工作流程表"中。前者是修改时序图的工具，保存到"工作流程表"中的记录包括控制工作流程的依据，也包括图形数据。

由于工作流将操作者、程序、安全性控制、数据库等内容纠结在一起，表现困难。如果用多个表分别表示各方面信息，维护麻烦，使用不方便，容易引发错误，设计与使用效益均很低。资料 26 介绍了在关系数据库平台上开发办公自动化系统需要解决的问题。其中，用特殊字符串或图形化方式存储与表现工作流信息具有比较好的效果。

　　"工作流程表"中用"工作流定义"字段采用特殊结构的字符串表示工作流，每一个工作流数据描述内容包括：工序状态，工序序号，工作责任人，当前责任人状态，关键字，关键字值，表名。"工作流程表"同一记录中用"图形位置数据"字符串表示项目代码、每一工序程序名称及有关参数。

　　工作流定义中用减号表示当前工序状态为尚未完工，惊叹号表示当前工序工作全部完成，逗号表示当前操作者状态为尚未完工，句号表示操作完成。

　　从一个"-"号到下一个"-"号之间如果有多人，表示并行流程。本工序开工后这多人中任何人都可以开工。

　　例如图 14.35 的流程表示为：-牟威,0+-陈明,1+-王平,2+牟威,2+-张怡,3+-牟威,4+

　　其中，"-王平,2+牟威, 2+"表示 2 人将同时操作第 2 道工序（由逗号后面的数字都是 2 表示），二人都尚未开工（由 2 人姓名后面的逗号表示），该工序尚未完成（由前面"-"号表示）。

　　流程控制程序检测到这一流程后，会根据最前面的"-"号判断：当前具有操作权限的是排在最前面且姓名前为待进行的减号的牟威。如果牟威登录，将在给他提供的树形菜单中看到该项目节点，如果他进入程序并完成提交，其前面的减号将变成惊叹号，其后面的逗号会变成句号。该流程中第一个减号将移到陈明前面，意味陈明成为当前有权操作的工作者。在陈明完成工作并提交后，王平和牟威同时获得操作权限，谁都可以开始自己的工作，直待二人工作全完成，张怡获得工序 3 的操作权。

　　根据上面的设计可以得到控制逻辑：在每个工作流中查第一个"-"号，查其后流程序号与姓名，该人获得操作权，如果到下一个"-"间有多人，这多人同时获得操作权，操作内容由每人后面的数字决定，根据该数字在"图形位置数据"中查找有待操作的程序名及相关参数。每人登录后，自动查找他当前有权操作的工作，列到树形菜单中供选择操作。

　　一位操作者操作完成并提交后，其后逗号改为句号，并失去操作权限。两个减号间如果不再存在逗号，第一个减号变惊叹号，表示该工序完工。

　　只有负责人有权修改由他定义的工作流图，双击"时序图.jar"，回答用户名与密码后在"关键字值"组合框中将列出该用户所设计的所有工作流图中的关键字值，选择某值就会调出有关工作流图提供修改。一般允许修改的内容包括增加工序、变换人员、改变工程状态、改变预定的开始和结束时间。如果该工作有部分工序的工作已经完成，在工作流程字符串中完成其工作的工作人员后面的逗号已经变成句号，所调出的工作流图中该工作人员之后的箭头线会被删除。如果补画箭头线，在存盘后工作流程将被修改。

　　按照如上设计，人员、程序、工作、权限彼此间联系与关系明了，容易修改，安全可靠。在其他运行状态较好的一些办公自动化系统中一般都用图形化方式表示工作流，取得良好效果。

　　4．运行

　　双击"工作流驱动.jar"，回答用户名与密码，将搜索所有"工作流定义"字段数据，查看该用户名当前可以或需要进行的工作内容，并以树形菜单形式表现在窗口中，如图 14.36 所示。

　　单击菜单项可进入工作状态，某些内容只能看，不能修改，在窗口中用灰色框展示。在完成工作单击"退出"按钮，会提问"工作是否完成，提交？"，如果回答"是"，该用户再次登录系统时，该项工作不再在列表中出现，工作按流程交给下一人。因此，每位操作者进入该工作流控制平台，都可见到当前他尚未做又急需做的工作目录，只需要逐一完成，就能完成当日工作任务，可以提高工作效率，避免因遗漏影响工作。如此控制，可以将数据安全性控制到记录字段一级，且有较高时效性，未到期与过期均无法操作。

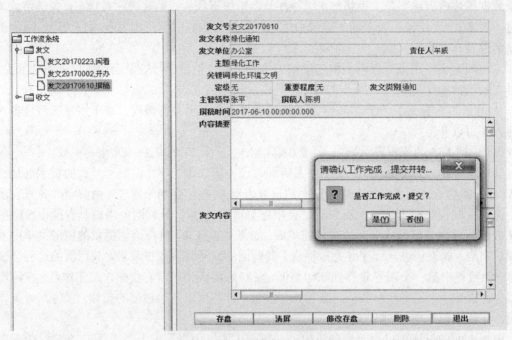

图 14.36　运行工作流控制程序

　　某些工序可能有返回要求，在流程图中存在返回线的工作完毕后，会显示一个下拉组合框，显示："工作完成，提交" "按返回线返回到前工序！" "工作尚未完成，先行挂起，暂不提交"。如果选择"工作完成，提交"，则操作者将操作权限交给流程下一人。如果选择"按返回线返回到前工序！"，则工作返回到返回线所指工序的操作者，其后所有工作流程重新被激活。

14.4　实验练习

　　（1）求建立一个部门图书资料管理系统，要求包括图书资料基本数据管理、图书资料借阅、入库、经费管理、借阅证管理、库存报表、论文管理、课程设计管理等内容。

　　（2）求建立个人事务管理系统，要求包括学习计划管理、书籍光盘管理、个人物资管理、朋友圈管理、微信管理、个人日记、参考资料与电子文献管理、生活安排、日常用度管理等内容。

　　（3）求建立班级活动管理系统，要求包括文体活动管理、社团管理、同学聚会、图片资料管理、寝室管理、重大活动管理、评选优秀、大事记等内容。

　　（4）游泳池管理系统，要求包括救生员管理、售票窗口、卫生管理、安全管理、设备管理、经费管理、日常管理、大事记、报表等内容。

　　（5）建立一个社区管理系统，要求包括社区组织人事、社区安全管理、物业（维修）管理、小区绿化管理、小区卫生管理、活动场地管理、文化活动管理、楼栋管理、停车管理，经费管理等内容。

　　（6）建立一个外卖管理系统，要求包括营销计划、广告管理、外卖哥管理、货源管理、小库管理、客户管理、外卖业务管理等内容。

（7）建立一个旅游社管理系统，要求包括景点管理、路线管理、餐饮管理、交通管理、导游管理、重要活动管理、特色服务管理、客户管理等内容。

（8）求建立一个小超市管理系统，要求包括柜台（货架）管理、商品管理、订单管理、商品采购与入库管理、商品销售管理、仓库管理、广告管理、商品查询、条码管理、统计报表、销售分析、客户管理、承包服务管理等内容。

（9）建立图书馆管理系统，要求包括读者信息管理、借书证管理、图书信息管理、出版社信息管理、图书类别管理、借书管理、还书管理、图书上架管理、仓库管理、图书报损、图书查询、新书订购、图书催还、盘存、报表管理等内容。

（10）求建立企业人事管理系统，要求包括人事管理（档案、考勤、奖惩、考核、招聘）、工资福利管理（账套管理、人员设置、职务晋免、职称评聘、工资标准、工资调整、福利待遇标准、公积金、个人税）、离退人员管理、人员培训进修管理、人事报表管理等内容。

（11）设计一个进销存管理系统，要求包括进货管理（进货计划、订货管理、采购管理、退货管理）、基础信息管理（客户管理、商品信息管理、供应商信息管理、往来单位管理、仓库管理、货架管理、代码表、商品分类）、销售管理（销售单、发票管理、合同管理、退货管理）、库存管理（库存盘点、商品入库、商品出库、库存价格）、查询统计（客户查询、商品查询、供应商查询、销售查询、退货查询、入库查询、入库退货查询、销售统计）、系统管理（操作员管理、权限管理、用户管理）等内容。

按小组完成以下各题：

（12）设计一个人力资源管理系统，要求包括组织机构、人员基本情况、工资管理、绩效管理、职工培训与考核、对外关系、日常管理等内容。其中组织机构包括人事政策、政策法规、组织文化、机构设置、机构负责人、内外环境、工作分析、投入产出、事故与事件等内容。人员基本情况管理包括人员基本数据、档案管理、人员调动、员工聘用、人员录用、合同与契约、职称管理、职务管理、社会关系管理、岗位管理与重要岗位管理（岗位设置、岗位分析、岗位定义、定岗定编、岗位变化、岗位监控、岗位评估）、人才管理、薪酬管理、健康管理、退休管理等内容。工资管理包括工资或薪酬制度、工资结构、数据维护、福利、税务、社保、公积金、报表打印、工资发放、成本核算、统计与分析、数据接口等内容。绩效管理包括政策与规章制度、素质评估、业绩管理、绩效考评（计划、过程、内容、管理）、测评管理、员工动态管理（晋升、辞退、解雇、调动、奖惩）等内容。职工培训与考核包括大纲、培训方式（委培、轮训、培训班、在职与脱产、人才培养）、师资（自有、外聘）、教材、教学计划、受训人员、题库、考试系统、实习与实训、成绩管理、结业管理、经费管理等内容。

所有管理可以考虑如下内容：基本数据录入与修改、备份、恢复、需求、规划与计划、审核、评估、分析、决策支持、投诉与接待、发布或交互、变动、通信、报表等。

要求进行详尽的需求分析，绘制用例图、数据结构图、组件图、系统结构图，建立应用系统，希望尽量贴近实用。

（13）设计一个质量管理系统。要求包括质量体系管理、产品质量管理、工序质量控制、检验标准与过程、质量管理工具、质量成本管理、服务质量与环境质量、可靠性管理、质量评估体系等内容。质量体系管理包括组织结构管理、管理流程程序管理、质量控制点管理、规范与制度管理、标准化工作管理、控制目标管理、控制内容管理、质量保证体系管理等内容。产品质量管理包括质量计划管理、质量标准管理、合同评审、标准与方法管理、测试过程管理、检验数据管理、出厂检验管理、反馈意见、差异管理、改进办法管理、质量分布分析、质量报警等内容。工序质量控制包括设计质量管理、设计过程管理、采购过程管理、材料质量管理、器具与设备管理、环境质量管理、生产过程管理、各工序质量管理、工序控制管理、工序能力管理、生产变更管理、产品维保与召回等内容。检验标准与过程包括测试标准、检验标准、分析标准、计量管理、器具校准维修与报废管理、检验现代化管理等内容。质量管理工具包括数据收集工具、数据收集方法、图表与报表、控制图、特征点分析与应用、质量分析方法、质量调查表、数据仓库与数据挖掘等内容。质量成本管理包括质量成本构成管理、运行质量成本管理（测试成本、损耗成本、鉴定成本、论证成本、预防成本、外部损耗成本）、质量成本预测与计划、质量成本核算、质量成本分析、质量成本报告、质量成本控制等内容。服务质量包括服务质量体系管理、服务规范、服务过程管理、服务数据管理、服务评价、服务质量预测与计划等内容。环境质量管理包括政策与法规、控制目标管理、污染与排放、环境资源管理、环境数据管理、环境评价管理等内容。可靠性管理包括可靠性目标、可靠性设计、可靠性管理过程、可靠性分析与评价等内容。质量评估体系包括质量信息管理、产品调查、产品跟踪、质量管理过程评估、质量数据分析、决策支持系统、外部质量信息、质量文件管理、质量档案管理、质量管理小组管理、质量认证管理等内容。

所有管理可以考虑如下内容：基本数据录入与修改、备份、恢复、查询、发布或交互、变动、通信、报表等。

要求进行详尽的需求分析，绘制用例图、数据结构图、组件图、系统结构图，建立应用系统，希望尽量贴近实用。

（14）设计一个企业物流管理系统。要求包括物流组织管理、企业供应链管理数据接口、生产物流管理、企业销售物流管理、企业库存管理、企业物流绩效管理等内容。其中物流组织管理包括物流组织机构管理（机构设置、目标管理、物流法规管理、物流结构体系管理、物流运作与分工、人员管理、客户管理、公司管理）、物流计划管理（ERP管理、物料需求、供应计划、生产、维修、分配、交换、流通等过程计划编制、执行、修正、监督）、物流质量管理（服务质量、工作质量、物流工程质量）、物流技术管理（基础设施管理、物流设备管理、物流工具管理、建模技术、编码技术、标准化技术）、物流经济管理（物流费用管理、劳务价格管理、经济成本核算、物流政策分析、物流费用分析、物流资金管理）、合同管理（招标、合同签订、合同跟踪、合同变更、验收）、其他管理（报关、纳税、股权、国际物流、……）等内容。生产物流管理包括生产工艺数据接口、生产过程组织管理数据接口、生产类型管理（计划、订单、批量、多品种小批量、单件、集成制造）、管理对象管理（原材料、零部件、整机、新产品、辅材、半成品、在制品、耗材、能源、设备、办公用品、转卖品、装配）、流水线管理、定额管理、生产数据接口（种类、数量、质量、成本）、生产组织与人员数据接口等内容。企业销售物流管理包括市场管理、客户管理、销售渠道管理、销售需求管理、销售计划管理、销售合同管理、产品推销与广告管理、服务管理、销售成本分析、产成品包装、产成品存储、产成品发送管理、网络销售、销售分析等内容。企业库存管理包括期初库存、预期进货量、预期发货量、实际库存、实际需求与变更、供应计划编制、计划执行、计划外管理、采购成本管理、ABC分析、物品核销、供应渠道或定货点管理、定货合同管理、合同执行管理、采购流程管理、电子商务、采购分析、仓库日常管理（领料、送料、账务、非限额供料、备料、配料、下料、补料、代用料管理、库存成本分析）等内容。企业物流绩效管理包括库存费用、物流投资、反映速度、服务水平、采购质量、销售质量、维保费用、物流损耗等内容。

所有管理可以考虑如下内容：基本数据录入与修改、备份、恢复、查询、方法、新技术、组织、规范、分析、通信、报表等。

要求进行详尽的需求分析，绘制用例图、数据结构图、组件图、系统结构图，建立应用系统，希望尽量贴近实用。

（15）设计一个营销系统。要求包括销售组织管理、企业供应链管理数据接口、企业销售管理、业务流程再造、市场管理、客户关系管理、电子商务、销售决策管理等内容。其中销售组织管理包括销售员管理、销售部门管理、用户管理、权限设置等内容。企业供应链管理包括企业信息管理（第三方组织结构、规模、能力、装卸、机械、运输、包装、仓储、服务、费用、信用、企业联盟）、物流过程管理（采购、运输、储存、搬运、包装、加工、配送、销售、服务、信息）、即时物流（计划、变化、配送、联运、协调、实时控制）、网络物流（电子订单、电子数据交换或无纸化模式、电子转账、信用卡服务、POS系统、联网信息处理、信息互动、信息时效管理、物流外包或联盟）、生产管理数据接口、新产品开发与生产管理、风险管理、库存管理数据接口、顾客反馈信息管理等内容。企业销售管理包括销售计划管理、进销存管理、价格管理、合同管理、销售数据管理、应收应付管理、销售完成、统计分析、销售成本管理、销售过程跟踪等内容。业务流程再造包括机构设置变更、业务流程识别、流程过程管理、流程变更、交叉作业管理、系统化管理变革、业务重组管理等内容。市场营销管理包括市场需求管理、市场规划、市场营销预算管理、市场营销组织架构、产品分类管理、产品供应情报系统、市场服务、关系市场、交易市场、产品策略、促销策略、市场营销评价、销售后勤管理、数据导入导出等内容。客户关系管理包括企业关系管理、企业形象管理、客户基本情况管理、往来单位管理、销售与分销渠道管理（分销商管理、营销过程管理）、客户群管理、客户调查数据管理、客户评估等内容。电子商务包括商务服务（网络安全、网络订单管理、网络支付、广告、咨询、售后服务、品牌服务、定制服务、虚拟经济）等内容。销售决策管理包括数据仓库、数据集成、决策模型管理、数据挖掘、销售预测、方案分析、企业环境分析等内容。

所有管理可以考虑如下内容：基本数据录入与修改、备份、恢复、查询、分析、报表等。

要求进行详尽的需求分析，绘制用例图、数据结构图、组件图、系统结构图，建立应用系统，希望尽量贴近实用。

（16）设计一个生产管理系统。要求包括生产工艺管理、生产计划管理、生产线管理、生产调度安排、设备管理、原材料管理数据接口、半成品管理数据接口、成品管理数据接口、库存管理数据接口、质量管理数据接口、成本管理数据接口等内容。其中生产工艺管理包括工艺数据、工艺图表、产品设计、定额管理、测试管理、生产环境管理、不当设计管理、标准化管理等内容。生产计划管理包括设备计划、人员计划、原材料计划、能耗计划、生产准备、另部件管理、备品备件、耗材计划、生产决策等内容。生产线管理包括生产流程、生产路线、生产线调度、人员调动、中间产品、班组管理、内部关系管理等内容。生产调度安排包括工艺路线、设备调度、流程图管理、生产任务管理、班组调度、任务变更、二级订单管理、材料调度、作业转换、运输与装卸、生产效率管理、绩效检查、生产成本管理、均衡生产管理等内容。设备管理包括设备管理、生产能力管理、设备大修、设备故障、设备报废、设备折旧、停机分析等内容。新产品设计与试生产管理包括新产品计划、新产品设计过程管理、试生产管理等内容。

所有管理可以考虑如下内容：基本数据录入与修改、备份、恢复、查询、分析、报表等。

要求进行详尽的需求分析，绘制用例图、数据结构图、组件图、系统结构图，建立应用系统，希望尽量贴近实用。

（17）设计一个财务管理系统。要求包括财务计划、预算管理、营运资本管理、账簿管理、应收管理、应付管理、存货管理、筹资管理、投资管理、分配管理、银行账务、往来管理、债务管理、财务分析等内容。

其中财务计划包括营业收入计划、成本计划、现金收支计划、资金需求计划、业绩评价等内容。

预算管理包括企业目标、经营预算（销售预算、生产预算、直接材料预算、直接人工预算、制造费用预算、产品成本预算、管理费用预算、专门决策预算（资金筹集预计、资金投放安排）、财务预算（现金预算、利润表预算（主营业收入（主营业成本、销售费用、财务费用、价值变动收益）、营业利润（营业外收入、营业外支出）、利润总额、净利润（年初未分配利润、盈余公积补亏、其他调整）、当年可供分配利润、可供投资者分配的利润、未分配利润）、资产负债表预算（流动资产（货币资金、应收账款、存货）、非流动资产（固定资产、在建工程）、流动负债（短期借款、应付账款）、非流动负债（长期借款））、股东权益（股本、资本公积、盈余公积、未分配利润））、执行预算、预算调整、预算考核等内容。

营运资本管理包括账簿管理（明细账、总账、会计报表）、现金管理（现金持有量、机会成本、管理成本、短缺成本、现金需求总量、收款管理、付款管理）、应收账款管理（应收账款账本、客户分析、收账管理）、应付账款管理、存货管理（存货账本、存货成本、存货控制）、债务管理（短期借款、信用筹资）等内容。

筹资管理包括筹资需求、筹资渠道（国家财政、财政补贴、信贷、市场筹集、其他投入、自身积累）、筹资方式、筹资成本、筹资收益等内容。

投资管理包括直接投资（固定资产、设备）、间接投资（股票、债券）等内容又分为对内投资与对外投资两部分。管理内容包括投资期、营业期（现金流量（营业收入、付现成本、非营业收入、非付现成本））、终结期管理、投资计算（净现值、净流量、现值指数、报酬率、投资回收期）分配管理（可供分配利润、利润分配项目）等内容。

财务分析包括重要财务指标、会计报表比较、资金来源、偿债能力分析、营运能力分析、盈利能力分析、发展能力分析、市场比率分析、财务评价、成本管理、银行账务、往来管理等内容。

推荐参考文献[25]（王东迪. ERP 开发实例详解之财务人事薪资篇. 北京：人民邮电出版社，2004.）为主要参考资料，归纳其中实体的设计有如下内容，可供参考。

预测（产品编号、产品名称、预测区间（预测日期、预测数量、预测剩余、备注））

说明：上面描述的是报表格式，括号内先描述表标题部分公共内容，内部小括号内描述一个表格，用若干列名表示表格的表头。

例如上面的描述表示如表 14.1 所示的表格，以下表 14.2 至表 14.4 类同。

表 14.1 产品编号____ 产品名称____ 预测区间

预测日期	预测数量	预测剩余	备注

客户（客户代号、客户名称、地址、联络人、电话、传真、开户行、账号、税率（送货地代号、送货地地址、联络人、电话、传真、备注））。

销售产品（客户代号、客户产品编号、内部产品编号、产品名称、单位、币种、单价、备注）。

销售订单（销售订单号、客户订单号、修改版次、订单日期（行号、产品编号、产品名称、送货日期、订单数量、单位、币种、单价、备注））。

项目主文件（项目编号、名称、规格、颜色、单位、制购代码、使用状态、项目类号）。其中项目包括物料、在制品、完成品、工具、模具、机器、人力、图纸等。

物料清单（父项编号、父项名称、父项单位（层次、子项编号、子项名称、单位、用量、量类、备注））。

供需平衡表（项目编号、项目名称、单位、制购代码、状态（日期、需求数量、订单供给数量、库存数量、预计可用量、需求供给来源））。

生产订单（生产订单号、修改版次、部门代号、发行日期（行号、项目编号、项目名称、完成日期、订单数量、单位、备注））。

采购订单（采购订单号、修改版次、供应商代号、发行日期（行号、项目编号、项目名称、交货日期、订单数量、单位、备注））。

供应商资料（供应商代号、供应商名称、地址、联络人、电话、传真、备注）。

采购材料资料（供应商代号、供应商项目编号、内部项目编号、项目名称、单位、币种、单价、备注）。

库位设置（仓库号、货位号、库位说明、备注）。

库存报告（仓库号、货位号、项目编号、名称、规格、颜色、单位、库位数量、备注）。

送货单（送货单号、客户代号、送货地代号、送货日期（行号、供应商项目编号、内部项目编号、名称、单位、销售订单号、批号、收货数量、备注））。

采购收货单（采购收货单号、供应商代号、供应商送货单号、收货日期（行号、供应商项目编号、内部项目编号、名称、单位、采购单号、批号、收货数量、备注））。

生产订单收货单（生产订单收货单号、部门代号、收货日期（行号、项目编号、名称、单位、生产订单号、批号、收货数量、备注））。

领料单（领料单号、部门（加工商）代号、领料日期（行号、项目编号、名称、单位、生产订单号、采购订单号、批号、领料数量、备注））。

库存移动（日期、文件号、行号、移动项目、项目名称、单位、从库号、从位号、移动数量、到库号、到位号、备注）。

库存调整（日期、文件号、行号、调整项目、项目名称、单位、库号、位号、调整数量、备注）。

表 14.2　科目表（大类表+中类表+小类表）（供参考数据）

大类 AT1	大类说明	中类 AT2	中类说明	小类 AT3	小类说明
1	资产	CT	成本类	001	货币资金
2	负债	L1	流动资产	002	短期投资
3	所有者权益	L2	长期投资	003	应收票据

大类 AT1	大类说明	中类 AT2	中类说明	小类 AT3	小类说明
4	成本	L3	固定资产	004	应收账款
5	损益	L4	无形及递延资产	005	减：坏账准备
		L5	其他长期资产	006	应收账款净额
		P1	产品销售收入	007	预付账款
		P2	产品销售利润	008	应收补贴款
		P3	营业利润	009	其他应收款
		P4	利润总额	010	存货
		P5	净利润	011	待摊费用
		R1	流动负债	012	待处理流动资产净损失
		R2	长期负债	013	一年内到期的长期券投资
		R3	递延税项	014	其他流动资产
		R4	所有者权益	021	长期投资
				024	固定资产原价
				025	减：累计折旧
				026	固定资产净值
				027	固定资产清理
				028	在建工程
				029	待处理固定资产合计
				035	无形资产
				036	递延资产
				037	无形资产递延资产合计

表 14.3 会计科目表（大类、中类、小类、会计科目代号、会计科目名称、借贷余、报表比率）（供参考数据）

大类	中类	小类	科目号	科目名	借贷余	比率
1	L1	001	1001	现金	1	1
1	L1	001	1002	银行存款	1	1
1	L1	001	1009	其他货币资金	1	1
1	L1	002	1101	短期投资	1	1
1	L1	002	1102	短期投资跌价准备	1	-1
1	L1	003	1111	应收票据	1	1
1	L1	002	1121	应收股利	1	1
1	L1	002	1122	应收利息	1	1
1	L1	004	1131	应收账款	1	1
1	L1	009	1133	其他应收款	1	1

大类	中类	小类	科目号	科目名	借贷余	比率
1	L1	005	1141	坏账准备	1	-1
1	L1	007	1151	预付账款	1	1
1	L1	004	1161	应收补贴款	1	1
1	L1	010	1201	物资采购	1	1
1	L1	010	1211	原材料	1	1
1	L1	010	1221	包装物	1	1
1	L1	010	1231	低值易耗品	1	1
1	L1	010	1232	材料成本差异	1	1
1	L1	010	1241	自制半成品	1	1

表 14.4　核算项目表（核算代号、核算名称）（供参考数据）

核算号	核算名称
000	无
001	工资
002	招待费
021	差旅费
B001	原材料供应商
B002	委外加工商
C001	文化用品销售商

接口科目表（会计类型、会计科目）。

币种汇率表（原币、原币描述、本币、本币描述、兑换率）。

会计期间表（会计年份、会计期间、开始日期、结束日期）。

应收结账单表（结账单号码、版次、结账单日期、付款条件、其他、状态、送货单号码、客户代号、送货地代号、送货单日期）。

应收结账单表（送货单号码、行号、销售订单号、客户单号、版次、货号、客户货号、批号、销售单送货数量、单价、已收、币种、是否完成、备注）。

收款单表 1（收款单号码、状态、客户代号、结账单日期）。

收款单表 2（收款单号码、行号、说明、结账单号码、收款金额、币种、是否扣结账单、备注）。

应付结账单表 1（结账单号码、版次、结账单日期、付款条件、其他、状态、收货单号码、供应商号码、供应商代号、供应商单号、收货单日期）。

应付结账单表 2（收货单号码、行号、采购订单号、版次、货号、供应商货号、批号、收货数量、单价、已收、币种、是否完成、备注）。

付款单表 1（付款单号码、状态、供应商代号、结账单日期）。

付款单表 2（付款单号码、行号、说明、结账单号码、付款金额、币种、是否扣结账单、备注）。

货号成本表（货号、标准成本、本层材料、本层人工、本层制费、本层间接费、本层滚加材料、本层滚加人工、本层滚加制费、本层滚加间接费）。

货号成本暂存表（父项货号、本层材料、本层人工、本层制费、本层间接费）。

金库代码表（金库代码、金库说明）。

库存现金表（金库代码、币种、库存现金）。

现金出纳簿表1（日期、期间、状态、会计员、来源）。

现金出纳簿表2（日期、期间、摘要、金库代码、币种、借方、贷方、备注）。

银行代码表（银行代码、银行名称、银行地址、联络人、电话、传真）。

银行存款表（银行代码、账户、币种、库存现金）。

银行存款出纳簿表1（日期、期间、状态、会计员、来源）。

银行存款出纳簿表2（日期、期间、摘要、银行代码、账户、币种、借方、贷方、备注）。

会计凭证表1（凭证号、凭证类型、凭证状态、日期、会计年份、会计期间、来源、会计员）。

会计凭证表2（凭证号、行号、会计科目、摘要、核算项目、借方、贷方、币种、备注）。

资产负债表（行号、日期、币种、类别1、类别2、科目说明、期初数、期末数、类别2、类别3、科目说明）。

损益表（开始日期、结束日期、币种、行号、类别2、类别3、会计科目、科目名称、数量）。

凭证（凭证号、类型、状态、日期、会计年份、会计期、来源、会计员、行号、摘要、科目、核算、借方金额、贷方金额、备注、会计、核准、复核、记账、出纳、制单、签收）。

（18）模拟设计一个 ERP 系统。要求包括财务会计（总账、报销管理、应收管理、应付管理、固定资产、现金流量表、财务报表）、管理会计（预算管理、成本管理、项目管理、资金管理、公司对账、财务分析）、客户关系管理（客户数据、商机管理、活动管理、费用管理、市场管理、用户统计、用户调查、用户服务）、供应链管理（合同管理、市场分析、销售管理、采购管理、委外管理、库存管埋、存货管理、质量管理、进口管理、出口管理）、生产制造（需求管理、物料清单、主生产计划、订单管理、车间管理、流水线管理、设备管理、设计变更、对外加工、委外工序）、人力资源管理（部门管理、人事管理、人事合同、薪资管理、计件工资、考勤管理、保险福利、招聘管理、培训管理、绩效管理、综合查询）、系统管理（用户管理、角色管理、登录系统、领导查询、经营分析、业务管理、办公事务管理、待批事项、通知与信件、档案管理）。

全系统采用树形菜单控制。

要求订单管理与生产任务监督系统、采购管理过程管理、办公事务管理、客户借还管理等采用工作流控制。

订单管理与生产任务监督系统从市场管理→订单生成→订单批准→列入生产计划→任务下达（并行或串行给各工序）→各工序并行或串行报告进度→部分工序及最后工序送质检（报告质检报告，可能有返工要求）→销售管理（签单、交费、发货）→出厂管理（可能有退货操作）→生成报表→完成订单。其间存在并行、串行、返回等流程。要求高效、限时、准确完成。

采购过程管理从采购计划或申请→招标→签订合同→审批→实现采购→质量检测→入库→信息反馈，完成采购。

企业与客户间常有存货借用、出库、归还一类业务，具有突发性，从客户在主管部门填写借出单→领导审批→办理出库→（转购买或转损耗）→填写归还单→入库→核销借还关系。

实验 15　数据挖掘原理实验

15.1　实验目的

（1）深入了解数据挖掘的概念与意义，了解数据挖掘的主要技术与方法。

（2）了解"公式发现"的概念与常见方法，学习应用"公式发现"程序进行一元线性回归分析、曲线回归分析、指数函数回归分析、正弦函数回归分析、多元回归分析及预测的方法。

（3）了解"关联分析"的概念与常见方法，学习应用"关联分析"程序分析事件之间的联系，求取满足预期最小概率的频繁集的方法。

（4）了解"PF 关联分析"的技术与方法，学习应用"PF 关联分析"程序绘制 PF 树的方法。

（5）了解"IS3 决策树"的概念与方法，学习应用"IS3 决策树"程序绘制决策树的方法。

（6）了解"聚集"的概念，学习应用"聚集"程序求解聚集的方法。

（7）学习在 SQL Server 2008 BI 开发环境中创建 Analysis Services 数据库、添加数据源和数据源视图、设计挖掘模型、进行数据挖掘的技术与方法。具体进行创建关联挖掘结构、决策树、聚类的挖掘模型。

15.2　预备知识

（1）公式发现针对连续性数据设法寻求一个函数式，希望它能最好地表达样本数据中自变量与函数的关系。例如，可以假设样本数据满足一元一次线性方程：y=b+ax 的函数关系，需要找到系数 a 与 b，将样本数据中某个数据视为 x，其相应的另一个数据为 y，将 x 的值带入方程求得 y，要求所求得的 y 和样本的 y 尽量相同。如果所有样本数据都能近似满足该方程，就说该方程实现了拟合。所有样本的所求得的 y 与实际的 y 之间的差称为拟合误差，误差越小拟合越好。如果寻求到了一个拟合较好的函数式，用实际数据 x 值代入公式，计算出 y 值，称为预测值。用这样的方法能辅助决策出最理想的方案。

能用来进行拟合的函数式常有：直线和曲线方程：$y=b+a_1x+a_2x^2+\cdots+a_nx^n$、多元方程：$y=b+a_1x+a_2x_2+\cdots\cdots+a_nx_n$。能变成一元一次方程的函数式，例如 $y=b+a*e^x$、$y=b+a*\sin(x)$、……

如果无法猜测什么样的函数能实现最好的拟合，可以用程序一一尝试拟合，找出其中拟合误差最小的函数式用于预测，可帮助实现更准确的决策。

（2）假设 y 与 x 的关系为：y=a*x+b，已知多组 y 和 x 的实验数据，求取系数 a 和 b，使得到能最好地拟合实验数据的线性方程。

假设实验共得到 n 组数据：$x_1,y_1;x_2,y_2;\cdots\cdots;x_n,y_n$

计算方法为：

$$\sum x_i = x_1 + x_2 + \cdots + x_n$$

$$\sum y_i = y_1 + y_2 + \cdots + y_n$$

$$\sum(x_i * y_i) = x_1 y_1 + x_2 y_2 + \cdots + x_n y_n$$

$$\sum(x_i * x_i) = x_1 x_1 + y_1 y_1 + \cdots + x_n y_n$$

设 $Lxx = \sum(x_i * x_i) - \sum x_i * \sum x_i / n$

设 $Lxy = \sum(x_i * y_i) - \sum x_i * \sum y_i / n$

可得到回归方程：$Y = \sum y_i / n - Lxy * \sum x_i / n / Lxx + (Lxy / Lxx) * x$

（3）如果一组关系涉及若干数据：$I = \{i_1, i_2, \cdots, i_m\}$，它是 m 个不同项目的集合，每个 $i_k (k=1, 2, \cdots, m)$ 称为一个项目。项目的集合 I 称为项目集合，简称为项集。项集中元素个数称为项集的长度，长度为 k 的项集称为 k-项集。项集中一部分数据 X 和另一部分数据 Y 分别为子集，之间存在关系：R：$X \Rightarrow Y$。其中 $X \subset I$，$Y \subset I$，并且 $X \cap Y = \Phi$。

Φ 为 XY 同时出现的概率：如果项集 X 在某一个交易中出现，则会导致项集 Y 按某一概率也会在同一交易中出现。X 称为规则的条件，Y 称为规则的结果，寻求这样的项集之间的关系称为关联分析。关联规则反映了 Y 中项目随 X 项目出现的规律。

交易的全体构成交易集 D。关联规则反映了 Y 中项目随 X 项目出现的规律，表示为：

$$support(X \Rightarrow Y) = \frac{count(X \cup Y)}{|D|}$$

关联规则要求项集必须满足一个最小概率，它表示用户关心的关联规则必须满足的最低重要性。出现的概率大于或等于这个最小概率的项集称为频繁项集，简称频繁集，反之则称为非频繁集。通常 k-项集的频繁集记作 L_k。

（4）Apriori 算法首先产生 1-频繁集 L_1，再经连接、修剪产生 2-频繁集 $L_2 \cdots\cdots$，直到无法产生新的频繁集时终止。

1-频繁集 L_1 要求其中每一商品在交易中出现的概率（出现次数与交易数的比值）大于预期的一个最小概率的值。

2-频繁集 L_2 要求其中每一组（2 个）商品在交易中出现的概率大于预期的一个最小概率的值。

……

从 1-频繁集 L_1 经连接、修剪产生 2-频繁集 L_2 的方法是求 L_1 中所有两个元素的组合，一一测试其在交易中出现的频率，如果大于最小概率，就将之加入到 L_2 之中。

从 L_2 产生 L_3 的方法是求所有 L_1 中的元素与 L_2 中的元素的无重叠组合，一一测试其在交易中出现的频率，如果大于最小概率，就将之加入到 L_3 之中。

……

（5）FP-Growth 算法。

FP-Tree 是一个树形结构。包括一个频繁项组成的头表，一个标记为 NULL 的根节点，它的子节点为一个项前缀子树的集合。

其算法如下：

1）扫描一次数据集，确定每个项的概率计数。丢弃非频繁项，而将频繁项按照概率的递减排序。

2）第二次扫描数据集，构建 FP 树。读入第一个事务中所有元素，依次标记为节点，形成 NULL 到各元素的路径，对该事务编码。该路径上的所有节点的频度计数为 1。

3）读入下一个事务，为每一元素创建新的节点集，连接节点 NULL 与每一元素，形成一条代表新事务的路径。如果该事务与之前事务存在重叠的部分，即有共同的前缀，则重叠的节点不重复设置节点，共用的节点频度计数加 1。

继续该过程，直到每个事务都映射到 FP 树的一条路径。

（6）分类与决策树。

要求把数据样本映射到描述属性和类别属性两类中，描述属性有一到多个，是样本的特征数据，类别属性是一个数据，是分类欲达到的目标。分类的目的是寻求某种规律，使能预测当描述属性为一些什么样的值时，出现类属性预期值的可能性最大。

ID3 决策树算法将特征的判别序列形成一颗树，从树根到叶子节点进行每个节点的判断，根据所预测数据的相关值确定下一判别的路径，再进行下一节点的判断，直到叶节点，叶子节点处对应最终的分类结果，如此可得到预测结果。

决策树分类的关键是树的构造，需要首先找到最关键的判别属性作为根，再由每个节点分析其新属性的判别分支，直到绘制出全树。

ID3 在选择根节点和各个内部节点上的分枝属性时，采用信息增益作为度量标准，选择具有最高信息增益的描述属性作为分枝属性。

假设数据集样本总数为 Total，类别属性有 m 个取值 $\{c_1,c_2,\cdots,c_j,\cdots,c_m\}$；某描述属性 A_f 有数据集 X，共有 q 个取值，将 X 划分为 q 个子集 $\{X_1,X_2,\cdots,X_s,\cdots,X_q\}$；$n_j$ 是数据集 X 中属于类别 c_j 的样本数量，n_{js} 是第 s 个子集中属于类别 c_j 的样本数量，则各类别的先验概率为 $P(c_j)=n_j/Total$，$j=1,2,\cdots,m$。

X 信息增益 $Info_X=-\sum P(c_j)*I(n_1,n_2,\cdots,n_m)$，$j=1,2,\cdots,m$。

其中，$I(n_1,n_2,\cdots,n_m)=\sum P_{js} \log_2(P_{js})$，$s=1,2,\cdots,m$；$P_{js}=n_{js}/n_j$。

依据样本数据计算各个描述属性的条件熵，选择条件熵最小的属性作为根。

再根据根属性下各个分支属性，同样求取下一节点属性，直到叶节点。

（7）聚类分析。

聚类分析是将物理的或者抽象的数据集合划分为多个类别的过程，聚类之后的每个类别中任意两个数据样本之间具有较高的相似度，而不同类别的数据样本之间具有较低的相似度。

如果有若干一维数据 x_i，希望划分为两个聚类。首先假设第一、二个数据 x_1、x_2 分别为两个聚类的中心，根据其他数据与它们之间的那一个距离最近，归属到不同聚类中，最终形成两个聚类。

分别求两个聚类新中心：假定第一个距离新中心为 x_{ik}，解方程 $(x_1-x_{ik})+(x_2-x_{ik})+\cdots+(x_{n1}-x_{ik})=0$，其中 $x_1,x_2,\cdots,x_{n1}$ 为聚类 i 中的数据，得到 i 聚类新中心。同样求 j 聚类新中心。

进行迭代，根据所有数据与两个新中心的距离远近重新划分两个聚类，并再求新中心。

继续迭代，直到聚集划分不再变化后得到结果。

如果是多维数据，可以类似划分聚类，可以依照欧氏距离或曼哈顿距离计算新中心。

（8）应用 SQL Server BI 进行数据挖掘。

SQL Server 中包含了一个分析服务的程序，其主要组件是 Business Intelligence Development Studio（BIDS），它是一个管理工具，为集成服务、报表服务、分析服务和数据挖掘等提供了一个集成平台，支持用户开发商业智能应用程序，可以用来对 SQL Server 关系数据库和多维数据集执行 OLAP 分析。创建多维数据集的方法有两种：第一种方法是先定义独立于任何多维数据集的维度，然后再定义基于这些维度的一个多维数据集；第二种方法是使用"多维数据集向导"来创建多维数据集和相关维度。可以使用分析服务提供的数据挖掘向导，对多维数据集进行挖掘分析。

　　本实验将主要基于关系数据库中数据表进行挖掘原理实验。其实验步骤：创建分析服务项目，包含数据源、数据源视图、多维数据集、维度、挖掘结构、角色、程序集和杂项等 8 个子文件夹，每个文件夹中存放相应的对象。定义数据源，可以是关系数据库（SQL Server），也可以是多维数据集。基于关系数据库，需要指定数据库。定义数据源视图，主要是定义有关数据表。建立挖掘模型，指定具体挖掘结构，说明数据表中有关字段在数据挖掘中的意义，之后完成数据挖掘分析。

15.3　实验范例

15.3.1　公式发现

　　数据集如图 15.1 中数据表所示，求拟合公式与拟合曲线。

　　建立数据表文件 aaa2.txt 如图 15.1 中数据表所示，数据分为两列，第一列为函数 y 的值，第二列为自变量 x 的值。

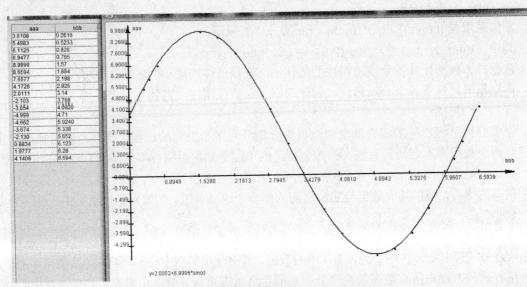

图 15.1　公式发现显示拟合函数与拟合曲线

　　双击"公式发现.jar"，在文件文本框中选择输入 aaa2.txt 窗口中显示该文件数据表。输入横坐标与纵坐标字段名称，单击"显示图形"按钮。

　　所显示拟合图为正弦图形，如图 15.1 所示。在左下角显示拟合公式。输入某 x 数据，单击"预测"按钮，可显示预测的 y 的数据。

　　如果文件中数据与某个曲线函数拟合较好，可得到多项式拟合函数及相应拟合曲线。

　　如果文件中数据与某个指数函数拟合较好，可得到指数拟合函数及相应拟合曲线。

如果文件中数据与某个多元一次函数拟合较好，可得到多元一次拟合函数。多元拟合数据文件格式：每组数据一行，最后一个数据为 y，依次为 $x_1,x_2,x_3,\cdots,y$，彼此间用逗号分隔。拟合完成后均显示拟合函数式，除多元拟合以外均显示拟合曲线，并且提供文本框允许输入自变量 x 的值，多元拟合运行输入 x_1,x_2,x_3 的值，之后单击"预测"按钮，显示所预计的 y 的值。

15.3.2　Apriori 关联分析

已知数据集存放在文件"apri1 频繁集.txt"中，如图 15.2 所示，数据分为两列，第一列为标识数据，第二列为项集数据，每个项数据包括多个数据，彼此用逗号分隔，欲求频繁集情况。如果要求最小支持度为 0.3，求频繁集。

在当前目录下如图 15.2 所示生成数据文件"apri1 频繁集.txt"，双击"关联分析.jar"，在其上文件名文本框中选择输入"apri1 频繁集.txt"读取文件并将数据显示到表格中。

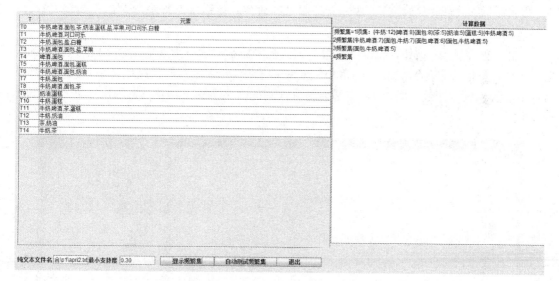

图 15.2　最小支持度为 0.3 时频繁集

单击"自动测试频繁集"按钮，在窗口右边文本域框中显示从"最小支持度=0.05"开始直到"最小支持度=0.9"每间隔 0.05 求得的一组频繁集。可以观察其项集中数据间关联情况。

在"最小支持度"文本框中输入 0.3，单击"显示频繁集"按钮，可在文本域框中显示最小支持度为 0.3 时的频繁集。

15.3.3　FP-Growth 算法

已知数据集如下所示，求 FP 树：

牛奶,啤酒,可口可乐

牛奶,啤酒,可口可乐,白糖,面包,盐,苹果

牛奶,白糖,面包,盐

牛奶,啤酒,面包,盐,苹果

牛奶,啤酒,面包,蛋糕

牛奶,啤酒,面包,奶油

牛奶,啤酒,面包,茶

牛奶,啤酒,蛋糕,茶

牛奶,茶

奶油,茶

蛋糕,奶油,茶

蛋糕,奶油

蛋糕,牛奶

面包,啤酒

奶油,牛奶

在当前目录下生成数据文件 fp1.txt，共一列数据，每行包括多种商品名称，彼此间用逗号分隔。双击"FP 图.jar"，在其上文件名文本框中选择输入 fp1.txt 读取文件并将数据显示到表格中，所有数据已经按行、按元素分布重新排序。表格每一行数据左边一列第一行显示一个箭头。

单击"单步显示"按钮，在窗口右边文本域框中显示由第一个项集元素生成的 FP 树的根、第一个枝。根的标志是 NULL，以下每个圆圈左边显示元素名称，已经按从小到大顺序排序。名称下面显示频度计数，均为 1。右边表格第一列的箭头下移了一行，表示执行了一步，如图15.3 所示。

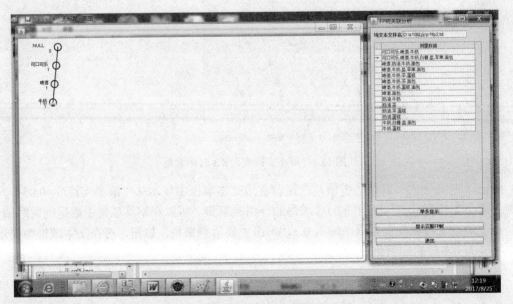

图 15.3　绘制 FP 树第一步显示一条枝

再单击"单步显示"按钮，箭头下移，在"可口可乐"下方频度计数由 1 变为 2，下面形成新分支。继续单击"单步显示"按钮，箭头继续下移，直到箭头消失，生成 FP 树如图 15.4 所示。

从中可看见啤酒有二个节点，频度计数各为 2 和 6，其和为 8，全项集的项数为 15，啤酒属于支持度为"8/15=0.533"的一项集。涉及面包有 7 个节点，均为叶节点，但向上的枝中同时包括面包、牛奶和啤酒的只有 6 枝，频度计数总数为 6，支持度为 6/15=0.4，表示面包、牛奶和啤酒为支持度为 0.4 的三项集。

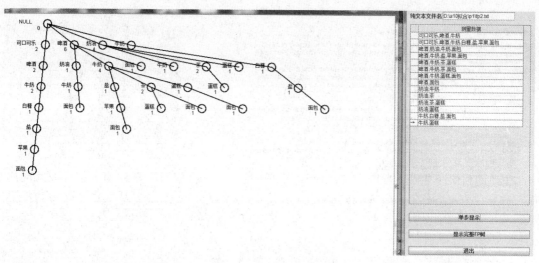

图 15.4 由 fp1.txt 文件中数据所生成的 FP 树

15.3.4 ID3 分类法与决策树

已知数据表如图 15.5 所示，其中"是否购买电脑"为欲预测数据，即"类属性"数据，其他年龄、收入层次、是否学生、信用等级为"描述属性"数据。求绘制 ID3 决策树。

建立数据文件"决策树 1.txt"，其中第一行为表格标题，第二行及以下为样本数据。每行数据为一个样本，对应表格标题分布，数据间用空格或制表符分隔。

年龄	收入层次	学生	信用等级	是否购买电脑
青少年	高	否	一般	否
青少年	高	否	良好	否
中年	高	否	一般	是
老年	中	否	一般	是
老年	低	是	一般	是
老年	低	是	良好	否
中年	低	是	良好	是
青少年	中	否	一般	否
青少年	低	是	一般	是
老年	中	是	一般	是
青少年	中	是	良好	是
中年	中	否	良好	是
中年	高	是	一般	是
老年	中	否	良好	否

双击"决策树.jar"，在顶部文件名文本框中输入文件名"决策树 1.txt"，在右边表格中显示数据表情况。单击"单步绘图"按钮，将显示求根运算的关于每一列数据的条件熵，在最后

一行是结论：对于当前表中数据，年龄条件熵最小，为 0.696，选为下一级的根。实际是全树的根，如图 15.5 所示。

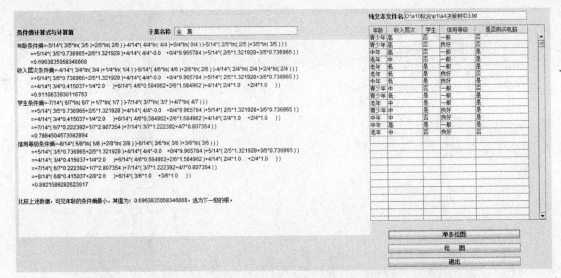

图 15.5　根据"决策树 1.txt"生成的数据表及单步执行一次后的计算结果

继续单击"单步绘图"按钮，将一次次显示迭代生成新节点的计算结果。可以单击"绘图"按钮，显示某一步后生成的决策树情况。全部迭代完成后，单击"绘图"按钮，显示最终生成的决策树，如图 15.6 所示。

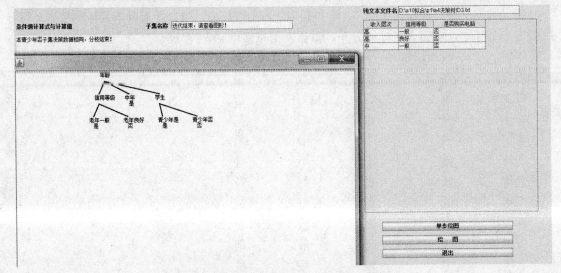

图 15.6　根据"决策树 1.txt"生成的决策树

15.3.5　聚类分析

如果有一组数据：2、4、6、7、9、3、11、15、5、8、12、29、25、17、19、21，求分为二聚类。

建立数据文件"聚类 1.txt"，其中为一列数据，每一行为上述数据中的一个，按上述数据顺序排列。

双击"聚类.jar",在文本文件名文本框中输入"聚类 1.txt",预期分类数中输入 2,预测迭代次数 20。单击"显示迭代情况",结果如图 15.7 所示,全部数据分为第 1 类数据和第 2 类数据,在表中各居一列。

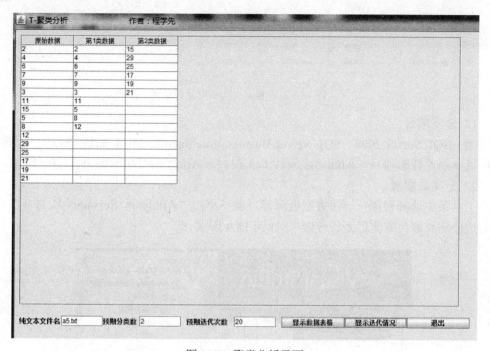

图 15.7 聚类分析界面

在"预期迭代次数"框中输入"1",单击"单步分析"按钮,显示第一次迭代后聚类情况,继续单击"单步分析"按钮直到聚类划分不再变化,可以了解迭代划分聚类的过程,如图 15.7 所示。

15.3.6 SQL Server 数据挖掘

(1)本实验基于环境:SQL Server 2008 Business Intelligence Development Studio,要求安装有 BI。

(2)实验基于关系数据库展开,在 SQL Server 中建立数据库"学生",在其中建立数据表:apri1(NO int,A0 char(10),A1 char(10),A2 char(10),A3 char(10),Aims char(10))。在其中输入数据如图 15.8 所示。

(3)在 Windows 操作系统中选择 Windows 管理工具→计算机管理→本地用户和组→用户,定义用户名与密码(建议不为空)。

1. 关联分析

从随书光盘"实验数据文件备份/实验 15"所附 Sjwj.bak 恢复 Sjwj 数据库,如果因为 DBMS 版本关系无法还原或附加,可将"实验 15 数据备份.doc"中语句复制到查询编辑器并执行,要求生成 apri 表并如图 15.8 所示录入数据,求分析其数据关联情况。

FAN-THINK.学生 - dbo.apri1					
NO	A0	A1	A2	A3	Aims
1	牛奶	啤酒	可口可乐		
2	牛奶	白糖	面包	盐	
3	面包	盐	苹果		
4	面包	啤酒	蛋糕	牛奶	
5	面包	奶油	牛奶	啤酒	
6	面包	茶	奶油	蛋糕	
7	蛋糕	牛奶	茶		
8	奶油	牛奶	茶		
*	NULL	NULL	NULL	NULL	NULL	NULL

图 15.8 顾客一次购买商品记录

（1）建立项目。

开始→SQL Server 2008→SQL Server Business Intelligence Development Studio→文件→新建→项目→商业智能项目→Analysis Services 项目→Analysis Services 项目 1→确定。

（2）定义数据源。

在工具条中选择视图→解决方案资源管理器→单击"Analysis Services 项目 1"项，在窗口右边停靠"解决方案资源管理器"，如图 15.9 所示。

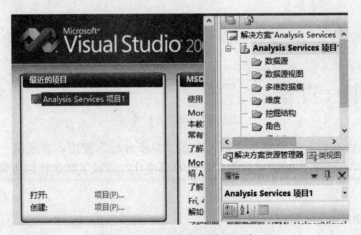

图 15.9 解决方案资源管理器窗口

右击"数据源"项→新建数据源→新建数据源向导→选择如何定义连接→单击"新建"按钮。

本实验基于关系数据库展开，选择（或输入）关系数据库数据库引擎的服务器名。在"连接到一个数据库"中选择数据库：学生。确定后要求输入用户名与密码，输入进入 Windows 系统的用户名与密码→输入数据源名称。

（3）新建数据源视图。

右击"数据源视图"项→新建数据源视图→在"选择表和视图"页面选择数据表：apri1，建立数据源视图。

（4）建立挖掘结构。

1）右击"挖掘结构"项→新建挖掘结构→选择创建数据挖掘技术：Microsoft 关联规则，如图 15.10 所示。

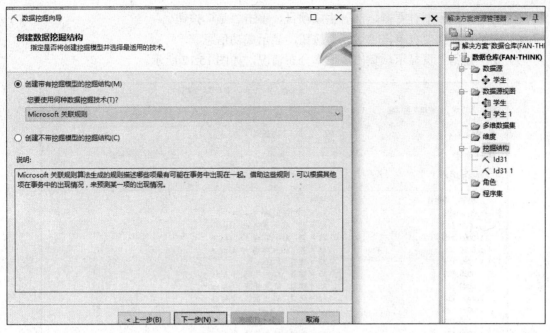

图 15.10　选择数据挖掘技术

2）选择数据源视图：学生 1→选择数据表 apri1→指定定型数据如图 15.11 所示，选择 NO 为键，Aims 为可预测字段，其他字段为输入字段。

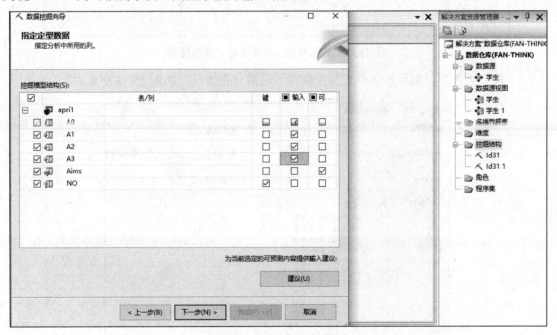

图 15.11　指定定型数据包括选择键、可预测字段和输入字段集

3）在创建测试集页将测试数据百分比改为 0，测试数据集中最大事例数保持空或改为 100（一个较大的数）。

4）给定数据挖掘结构名称与模型名称，选择"允许钻取"选项，然后单击"完成"按钮。

5）选择挖掘模型查看器，部署生成项目，单击"是"按钮。

6）在批设置摘要页单击"运行"按钮，显示成功信息。

7）在"规则"页显示项集出现概率分布情况，如图 15.12 所示。

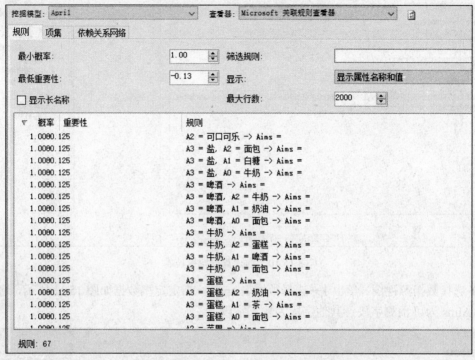

图 15.12　根据概率与重要性显示有关规则

8）在"项集"页面显示各种支持度情况下项集分布情况，如图 15.13 所示。

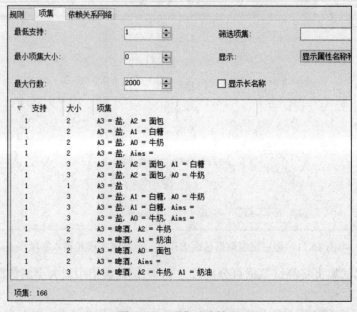

图 15.13　项集分布情况

2. 求决策树

从随书光盘"实验数据文件备份/实验 15"所附 Sjwj.bak 恢复 Sjwj 数据库，如果因为 DBMS 版本关系无法还原或附加，可将"实验 15 数据备份.doc"中语句复制到查询编辑器并执行，要求生成"报到情况分析"表并录入数据，分析学生在录取后决定是否报到的影响因素与关键因素。图 15.14 所示的是其中部分数据。

考生成绩	生源地	符合自愿否	报到否	序号
高分	大城市	否	否	1
高分	省内	否	是	2
高分	外省	否	是	3
中分	大城市	是	是	4
高分	省内	否	否	5
中分	大城市	是	是	6
中分	大城市	是	是	7
中分	省内	是	是	8
中分	省内	否	否	9
中分	外省	否	是	10
中分	外省	是	是	11
低分	外省	是	是	12
低分	省内	否	是	13
低分	大城市	否	否	14
低分	大城市	是	是	15
高分	大城市	是	是	16
高分	大城市	是	是	17
高分	大城市	是	是	18
高分	大城市	是	是	19
高分	大城市	否	否	20
高分	省内	否	是	21
高分	外省	否	是	22
中分	大城市	是	是	23
高分	省内	否	是	24
高分	外省	否	是	25

图 15.14　"报到情况分析"表数据记录

（1）在数据库中建立一个数据表"报到情况分析"，其中字段包括：考生成绩、生源地、符合自愿否、报到否、序号。以序号为关键字，报到否为预测数据。其中数据量以较多为好，否则可能无法画出分支树。

（2）新建数据源视图。

右击"数据源视图"项→新建数据源视图→在"选择表和视图"页面选择数据表：报到情况分析，建立数据源视图"学生 2"完成。

（3）建立挖掘结构，右击"挖掘结构"项→新建挖掘结构→选择创建数据挖掘技术：Microsoft 决策树。

（4）选择数据源视图：学生 2→选择数据表"报到情况分析"→指定定型数据如图 15.15 所示，选择"序号"为键，"报到否"为可预测字段，其他字段为输入字段。

（5）在创建测试集页将测试数据百分比改为 0，测试数据集中最大事例数保持空。

（6）给定数据挖掘结构名称与模型名称，选择"允许钻取"选项，然后单击"完成"按钮。

（7）选择挖掘模型查看器，提示：部署生成项目，单击"是"按钮。

（8）在批设置摘要页单击"运行"按钮。

图 15.15　指定定型数据

（9）在挖掘模型查看器页显示生成决策树图形，如图 15.16 所示。由于数据量较小，只能显示二级树结构。

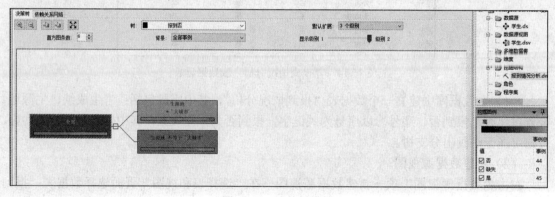

图 15.16　决策树模型

15.4　实验练习

（1）已知数据如表 15.1 所示，求拟合函数式及拟合图形。

表 15.1

5	8	11	14	17	21	24	27	31	34
1	2	3	4	5	6	7	8	9	10

（2）已知数据如表 15.2 所示，求拟合函数式及拟合图形。

表 15.2

18.0	51.1	103.9	177.0	270.3	382.5	516.2	669.0
1.0	2.0	3.0	4.0	5.0	6.0	7.0	8.0

（3）已知数据如表 15.3 所示，求拟合函数式及拟合图形。

表 15.3

40.5	41.5	42.5	43	43	42.5	39.5	40.5	42	44
0.03	0.04	0.05	0.06	0.07	0.08	0.09	0.10	0.11	0.12

（4）已知数据如表 15.4 所示，求拟合函数式及拟合图形。

表 15.4

3.81	5.5	6.12	6.95	9	8.66	7.67	4.17	2.01	-2.10
0.26	0.52	0.63	0.79	1.57	1.88	2.2	2.82	3.15	3.77

（5）已知数据如下所示，最后一列为 y 值，求拟合函数式及拟合图形：

1,1,1,4
1,2,2,6
1,2,3,7
2,1,1,5
2,2,2,7
2,2,3,8
2,3,2,8
3,1,1,6
3,1,2,7
3,2,2,8
4,1,1,7
4,2,2,9
4,3,3,11

（6）已知数据如表 15.5 所示，求拟合函数式及拟合图形。

表 15.5

9.05	9.95	11.68	13.15	16.01	17.17	21.42	25.06	29.5	41.55
0.3	0.5	0.8	1	1.3	1.4	1.7	1.9	2.1	2.5

（7）已知如下数据，求 apri 频繁集：

A,B
B,C,D
A,C,D,E

A,D,E

E,D,A

A,B,C

C,A,D,B

A,B,C,D

A

A,B,C

A,B,D

B,C,E

（8）已知数据情况如题（7），求绘制 FP 树。

（9）求应用 SQL ServerBI 分析第（7）题中各数据关联情况。

（10）已知如下一组数据，分别求二聚集、三聚集：

27,31,1,23,42,35,2,4,7,12,15,6,3,17,22,26,32,31,30,19,51,100,102,104

（11）欲分析准备购买房屋的客户情况，已知样本数据如下，求绘制决策树：

楼型	单价	层数	单元数	客户类型	是否购买
小型	1000	6	30	学生	是
小型	1500	12	60	学生	否
小型	1500	12	60	职工	是
小型	1000	6	60	退休	是
小型	1500	12	60	退休	否
中型	1500	12	60	学生	是
中型	1500	12	60	职工	是
中型	1500	18	90	退休	否
中型	1500	18	90	职工	是
中型	2000	18	90	职工	是
中型	2000	18	90	退休	否
中型	2000	18	90	学生	否
大型	2000	18	90	学生	否
大型	2000	18	90	职工	是
大型	2500	32	150	职工	是
大型	2000	18	90	退休	否
大型	2500	32	150	退休	否
大型	2500	32	150	学生	否

（12）求应用 SQL Server BI 绘制第（11）题中各数据关于是否购房的决策树。

参考文献

[1] 萨师煊，王珊．数据库系统概论．3 版．北京：清华大学出版社，2000．

[2] 冯玉才．数据库系统基础．武汉：华中科技大学出版社，1993．

[3] Silberchatz A．数据库系统概念．杨冬青，等译．北京：机械工业出版社，2006．

[4] Garcia H．数据库系统全书．岳丽华，等译．北京：机械工业出版社，2003．

[5] Uiiman J D．数据库系统基础教程．岳丽华，等译．北京：机械工业出版社，2009．

[6] Garcia-Molina H．数据库系统实现．杨冬青，等译．北京：机械工业出版社，2001．

[7] Stephens R K．数据库设计．何玉洁，等译．北京：机械工业出版社，2001．

[8] 谢兴生．高级数据库系统及其应用．北京：清华大学出版社，2010．

[9] 王浩等．零基础学 SQL Server 2008．北京：机械工业出版社，2009．

[10] 闪四清．SQL Server 2008 基础教程．北京：清华大学出版社，2010．

[11] 卫琳等．SQL Server 2008 数据库应用与开发教程．2 版．北京：清华大学出版社，
     2011．

[12] 柳玲，徐玲，王志平，等．数据库技术及应用实验与课程设计教程．北京：清华大
     学出版社，2012．

[13] 贾铁军．数据库原理及应用学习与实践指导——基于 SQL Server 2014．2 版．北京：
     科学出版社，2016．

[14] 曾建华，梁雪平．SQL Server 2014 数据库设计开发及应用．北京：电子工业出版社，
     2016．

[15] Boggs H，Boggs M．UML 与 Rational Rose 2002 从入门到精通．邱仲潘，等译．北
     京：电子工业出版社，2002．

[16] 徐宝文，周毓明，卢红敏．UML 与软件建模．北京：清华大学出版社，2006．

[17] Han J W，Kamber M，Pei J．数据挖掘概念与技术．范明，等译．北京：机械工业
     出版社，2012．

[18] 西安美林电子有限责任公司．大话数据挖掘．北京：清华大学出版社，2013．

[19] 李钟尉．Java 开发实战 1200 例（第一卷）．北京：清华大学出版社，2011．

[20] 李钟尉．Java 开发实战 1200 例（第二卷）．北京：清华大学出版社，2011．

[21] 李钟尉，李伟．学通 Java 的 24 堂课．北京：清华大学出版社，2011．

[22] 程学先，程传慧，等．数据库原理与技术．2 版．北京：中国水利水电出版社，2009．

[23] 程学先．数据库系统原理与应用．北京：清华大学出版社，2014．

[24] 徐士良．C 常用算法程序集．3 版．北京：清华大学出版社，2009．

[25] 王东迪．ERP 开发实例详解之财务人事薪资篇．北京：人民邮电出版社，2004．

[26] 程学先，等．管理信息系统及其开发．北京：清华大学出版社，2008．

[27] 程学先，夏星，曾玲，等．在关系数据库平台上开发办公自动化系统．武汉理工大
     学学报（交通科学与工程版），2002．